装配式建筑工程设计和施工技术集成与实践

广州市建设科学技术委员会办公室 编

中国建筑工业出版社

图书在版编目(CIP)数据

装配式建筑工程设计和施工技术集成与实践/广州
市建设科学技术委员会办公室编. —北京:中国建筑工
业出版社,2018.10
　　ISBN 978-7-112-22693-1

　　Ⅰ.①装…　Ⅱ.①广…　Ⅲ.①市政工程-建筑施工
Ⅳ.①TU99

　　中国版本图书馆 CIP 数据核字(2018)第 212614 号

本书对现有国家、行业及地方标准进行全面梳理,以装配式建筑技术要点
为主线,汇总串联已有的规范标准,并对主要技术要点进行论述。总结了广州
市装配式建筑实践经验,并对具有代表性的装配式建筑案例进行选编,介绍了
装配式建筑先行单位的实践经验,共汇总 8 个单位共计 10 余个装配式房建市
政项目,涵盖了混凝土结构、钢结构、钢-混凝土结构等类型。其中组合钢板
剪力墙结构体系、免模装配一体化钢筋混凝土结构(即 PI 体系结构)体系均
为国内书籍中首次收录。

　　责任编辑:杨　杰
　　责任设计:李志立
　　责任校对:张　颖

装配式建筑工程设计和施工技术集成与实践
广州市建设科学技术委员会办公室　编

＊

中国建筑工业出版社出版、发行(北京海淀三里河路 9 号)
各地新华书店、建筑书店经销
北京佳捷真科技发展有限公司制版
大厂回族自治县正兴印务有限公司印刷

＊

开本:787×1092 毫米　1/16　印张:17　字数:420 千字
2019 年 1 月第一版　　2019 年 1 月第一次印刷
定价:**68.00** 元
ISBN 978-7-112-22693-1
(32802)

《装配式建筑工程设计和施工技术集成与实践》

本书编委会

主　　编：王　洋

副 主 编：胡芝福　　何炳泉　　苏恒强

编　　委：姜素婷　　蒋明曦　　黄　佳　　邓艺帆　　刘付钧　　徐淦开
　　　　　雷雄武　　汤序霖　　刘福光　　过　凯　　李盛勇　　孙峻岭
　　　　　杨先华　　陈春晖　　潘永东　　黄　昆　　陶运喜

本书审定专家

韦　宏　　徐其功　　唐孟雄　　令狐延　　杨焰文　　赵晓龙

赵力军　　黄晓峰　　邵　泉　　万雄斌　　王红福

主编单位：广州市建设科学技术委员会办公室
　　　　　广州机施建设集团有限公司
　　　　　广东省建筑设计研究院

参编单位：广州容柏生建筑结构设计事务所
　　　　　广州市市政工程设计研究总院
　　　　　上海建工五建集团有限公司
　　　　　广州瀚阳工程咨询有限公司
　　　　　广东省建科建筑设计院有限公司
　　　　　广东草根民墅房屋制造有限公司
　　　　　广州鸿力复合材料有限公司

前　　言

　　装配式建筑是用预制部品部件在工地装配而成的建筑。发展装配式建筑是建造方式的重大变革，是推进供给侧结构性改革和新型城镇化发展的重要举措，有利于节约资源能源、减少施工污染、提升劳动生产效率和质量安全水平，有利于促进建筑业与信息化、工业化深度融合，培育新产业新动能、推动化解过剩产能。

　　装配式建筑的在欧美、日本等发达国家，已经有 40 多年的发展历史，已经积累了丰富的规划、设计、施工、运营维护方面的经验，1989 年在国际建筑研究与文献委员会（CIB）第 11 届大会上，各国建筑专家在对各国建筑经验总结的基础之上，将建筑工业化列为当前建筑界研究的主要趋势之一。而我国由于社会经济、认知层次、技术水平和产业政策等方面诸多因素的制约，近年来虽积极探索发展装配式建筑，但建造方式大多仍以现场浇筑为主，装配式建筑比例和规模化程度较低，与发展绿色建筑的有关要求以及先进建造方式相比还有很大差距，仍然处于粗放型的建设方式的阶段。《中共中央国务院关于进一步加强城市规划建设管理工作的若干意见》（以下简称《意见》）近日印发，《意见》提出力争用 10 年左右的时间，使装配式建筑占新建建筑的比例达到 30％，并计划在装配式建筑方面加大扶持力度。

　　装配式建筑将在我国迎来蓬勃发展的机遇期，但目前我国装配式建筑的基础性研究，特别是预制构件连接节点的受力机理研究仍很欠缺。广州市的现有标准规范对装配式结构体系的支撑力度不足，对装配式建筑的发展方向尚未形成一致意见，迫切需要对当前广州市装配式建筑的设计、施工实践进行总结，并对后续的技术线路研究进行探索，以为后续工作提供指导性意见。

　　本书与现有装配式标准规范、手册及指南相比，考虑华南地区的建筑特色，主要突出了以下几个创新技术点：

　　1.提出了新型装配式建筑的设计应以建筑系统集成的方法统筹，涵盖建筑全寿命期的规划设计、生产运输、施工安装、维护更新的全过程。强调了建筑设计和构件设计的协同、内装修和工厂生产的协同、主体施工和内装修施工的协同。

　　新型装配式建筑的建设过程中，需要建设、设计、生产和施工、运营等单位密切配合、协同工作及全过程参与。

　　2.设计流程中，在方案设计阶段之前增加前期技术策划环节，配合预制构件的生产加工增加预制构件加工图设计环节。

　　3.新增内装部品的概念及规定，部品部件的设计采用标准化的预制工业化部件，形成具有一定功能的部品系统。

　　4.补充了预制构件连接节点大样，并将预制外挂墙板单独成篇。

　　5.补充了装配式钢混组合结构的设计指南，并在其中增加免模装配一体化钢筋混凝土结构（PI结构体系）的论述。

　　6.总结了建筑工业化机电设计与普通建筑机电设计的区别。

　　7.对具有代表性的装配式建筑案例进行选编，介绍了装配式建筑先行单位的实践经验，共汇总8个单位共计10余个装配式房建市政项目，涵盖了混凝土结构、钢结构、钢-混凝土结构等类型。

　　8.本书结合广州市的中国南方航空大厦的工程实际，提出了高层建筑核心筒采用组合钢板剪力墙的预制方案，并总结了装配式钢混结构体系的设计、施工方法。

　　9.征得广州容联建筑科技有限公司的同意，首次详细介绍了其具有完整知识产权的免模装配一体化钢筋混凝土结构（即PI体系结构）体系。

　　本书对广州市装配式建筑的实践进行总结，以期对广州市装配式建筑的发展贡献力量。其中部分结构体系较为新颖，也期望能将广州地区有关模块化建筑设计、装配式钢混组合结构方面的科研成果向实际的生产实践转化。

目　录

1 总 则

1.1 为进一步贯彻落实国务院《绿色建筑行动方案》，推动我市装配式建筑工作，推广装配式混凝土结构，实现提高建筑质量、提高生产效率、实现节能减排和保护环境的目的，结合我市实际情况，特制定本技术指引。

1.2 本技术指引适用于我市工业与民用建筑及构筑物工程的设计、生产、现场施工及工程质量的验收。

1.3 本技术指引在项目实施过程中，尚应遵循现行国家、行业和地方相关技术标准的有关规定。

2 术语与符号

2.1 术语

对装配式建筑所包含的特有的常用术语进行定义。按《建筑结构设计术语和符号标准》GB/T 50083 以及其他国家和行业现行相关标准中规定表述。

2.1.1 装配式建筑 prefabricated building

装配式建筑是指用预制部品部件在工地装配而成的建筑。

2.1.2 装配式（钢筋）混凝土建筑 prefabricated concrete building

混凝土建筑的结构系统、外围护系统、内装系统、设备与管线系统的主要部分采用预制构（部）件部品集成装配建造的建筑。

2.1.3 免模装配一体化钢筋混凝土结构装配式体系（PI 体系）Precast form work integration system of RC structure

一种工厂制作构件笼模、现场安装、免模浇筑的装配式钢筋混凝土建筑体系，与传统钢筋混凝土现浇结构具有相同的受力性能。

2.1.4 建筑系统集成 integration of building systems

以装配式建造方式为基础，实现建筑结构系统、外围护系统、内装系统、设备与管线系统一体化和策划、设计、生产、施工和运维一体化的集成设计建造方法。

2.1.5 建筑结构系统 building structure system

在装配式建筑中，将部件通过各种可靠的连接方式装配而成，用来承受各种荷载或作用的空间受力体。

2.1.6 建筑内装系统 interior decoration system

建筑内部能够满足建筑使用要求的部分，主要包括楼地面、轻质隔墙、吊顶、内门窗和内装设备管线等。

2.1.7 建筑设备与管线系统 facility and pipeline system

满足建筑各种使用功能的设备和管线的总称，包括给排水设备及管线系统、供暖通风空调设备及管线系统、电气和智能化设备及管线系统等。

2.1.8 建筑外围护系统 enclosure system

围合成建筑室内空间，与室外环境分隔的预制构件和部品部件的组合，包括建筑外墙、屋面、门窗、阳台、空调板和装饰件等。

2.1.9 部件 component

在工厂或现场预先制作完成，构成建筑结构的钢筋混凝土构件或其他构件的统称。

2.1.10 部品 parts

由两个或两个以上的建筑单一产品或复合产品在现场组装而成，构成建筑某一部位的一个功能单元，或能满足该部位一项或者几项功能要求的、非承重建筑结构类别的集成产品的统称。包括屋顶、外墙板、幕墙、门窗、管道井、楼地面、隔墙、卫生间、厨房、阳台、楼梯和储柜等建筑外围护系统、建筑内装系统和建筑设备与管线系统类别的部品。

2.1.11 笼模-Reinforcement cage & Template

钢筋笼与永久模板在工厂连接成一体的待浇筑钢筋混凝土结构部件。

2.1.12 焊接钢网箍筋 Welded steel mesh stirrup

由多根钢筋焊接成的整体网状箍筋。

2.1.13 预拼装 test assembling

为检验构件形状和尺寸是否满足质量要求而预先进行的试拼装。

2.1.14 装配式装修 assembled infill

采用干式工法，将工厂生产的内装系统的部品在现场进行组合安装的装修方式。

2.1.15 模数 module

选定的尺寸单位，作为尺度协调中的增值单位。

2.1.16 模数协调 modular coordination

应用模数实现尺寸协调及安装位置的方法和过程。

2.1.17 公差 tolerance

预制构（部）件和部品部件在制作、放线、安装时的允许偏差的数值。

2.1.18 优先尺寸 preferred size

从模数数列中事先排选出的模数或扩大模数尺寸。

2.1.19 协同设计 design coordination

装配式建筑的建筑结构系统与建筑内装系统之间、各专业设计之间、生产建造过程各阶段之间的协同设计工作。

2.1.20 集成式厨房 integrated kitchen

主要采用干式工法装配，由楼地面、吊顶、墙面、橱柜、厨房设备及管线等进行系统集成，并满足炊事活动功能基本单元的模块化部品。

2.1.21 集成式卫生间 integrated bathroom

主要采用干式工法装配，由楼地面、墙板、吊顶、洁具设备及管线等系统集成的具有洗浴、洗漱、便溺等功能基本单元的模块化部品。

2.1.22 整体收纳 system cabinets

由工厂生产、现场装配的满足不同功能空间分类储藏基本单元的模块化部品。

2.1.23 标准化接口 standardization joint

包括建筑部品与公共管网系统连接、建筑部品与配管连接、配管与主管网连接、部品之间连接的部位，要求尺寸规格统一、模数协调。

2.1.24 装配式隔墙、吊顶和楼地面 assembled partition wall，ceiling and floor

由工厂生产的具有隔声、防火或防潮等性能且满足空间和功能要求的隔墙、吊顶和楼地面等集成化部品。

2.1.25 管线分离 pipe&wire detached from skeleton

将设备及管线与建筑结构相分离，不在建筑结构中预埋设备及管线。

2.1.26 装配率 assembled ratio

装配式建筑中预制构件、建筑部品的数量（体积或面积）占同类构件或部品总数量（体积或面积）的比率。

2.1.27 预制混凝土构件 precast concrete component

在工厂或现场预先生产制作的混凝土构件，简称预制构件。

2.1.28 装配式混凝土结构 precast concrete structure

由预制混凝土构件或部件通过各种可靠的连接方式装配而成的混凝土结构，简称装配式结构。

2.1.29 装配整体式混凝土结构 monolithic precast concrete structure

由预制混凝土构件通过可靠的连接方式进行连接并与现场后浇混凝土、水泥基灌浆料形成整体的装配式混凝土结构，简称装配整体式结构。

2.1.30　装配整体式混凝土框架结构 monolithic precast concrete frame structure

全部或部分框架梁、柱采用预制构件构建成的装配整体式混凝土结构。简称装配整体式框架结构。

2.1.31　装配整体式混凝土剪力墙结构 monolithic precast concrete shear wall structure

全部或部分剪力墙采用预制墙板构件建成的装配整体式混凝土结构，简称装配整体式剪力墙结构。

2.1.32　混凝土叠合受弯构件 concrete composite flexural component

预制混凝土梁、板顶部在现场后浇混凝土而形成的整体受弯构件，简称叠合板、叠合梁。

2.1.33　预制外挂墙板 precast concrete facade panel

安装在主体结构上，起维护、装饰作用的非承重预制混凝土外墙板，简称外挂墙板。

2.1.34　预制混凝土夹心保温外墙板 precast concrete sandwich facade panel

内外两层混凝土板采用拉结件可靠连接，中间夹有保温材料的预制外墙板，简称夹心保温外墙板。

2.1.35　混凝土粗糙面 rough surface

采用特殊工具或工艺形成预制构件混凝土凹凸不平或骨料显露的表面，实现预制构件和后浇筑混凝土的可靠结合，简称粗糙面。

2.1.36　钢筋套筒灌浆连接 rebar splicing by grout-filled coupling sleeve

在预制混凝土构件内预埋的金属套筒中插入钢筋并灌注水泥基灌浆料而实现的钢筋机械连接方式。

2.1.37　钢筋浆锚搭接连接 rebar lapping in grout-filled hole

在预制混凝土构件中预留孔道，在孔道中插入需搭接的钢筋，并灌注水泥基灌浆料而实现的钢筋搭接连接方式。

2.1.38　金属波纹管浆锚搭接连接 rebar lapping in grout-filled hole formed with metal bellow

在预制混凝土剪力墙中预埋金属波纹管形成孔道，在孔道中插入需搭接的钢筋，并灌注水泥基灌浆料而实现的钢筋搭接连接方式。

2.1.39　挤压套筒 squeezing coupler

用于热轧带肋钢筋挤压连接的套筒。

2.1.40 挤压套筒接头 squeezing coupler splice

采用挤压套筒连接钢筋的接头。

2.1.41 接头平行试件 accordant specimen of splice

在现场监理人员全程监督下，采用工程所用检验合格的套筒，以及施工现场的钢筋、连接设备和机具，在施工现场组装的接头试件。

2.1.42 水平锚环灌浆连接 connection between precast panel by post-cast area and horizontal anchor loop

同一楼层预制墙板拼接处设置后浇段，预制墙板侧边甩出钢筋锚环并在后浇段内相互交叠而实现的预制墙板竖缝连接方式。

2.1.43 钢丝绳套灌浆连接 connection between precast panel by post-cast area and cable loop

同一楼层预制墙板拼接处设置后浇段，预制墙板侧边甩出钢丝绳并在后浇段内相互交叠而实现的预制墙板竖缝连接方式。

2.1.44 键槽 shear key

预制构件混凝土表面规则且连续的凹凸构造，可实现预制构件和后浇筑混凝土的共同受力作用。

2.1.45 钢结构体系 steel structure system

钢结构抵抗外部作用的构件组成方式。

2.1.46 钢框架结构 steel frame structure

由钢梁和钢柱为主要构件组成的承受竖向和水平作用的结构。

2.1.47 钢框架——支撑结构 steel braced frame structure

由钢框架和钢支撑或支撑构件共同承受竖向和水平作用的结构。

2.1.48 交错桁架结构 staggered truss framing structure

在建筑物横向的每个轴线上，平面桁架各层设置，而在相邻轴线上交错布置的结构体系。

2.1.49 钢筋桁架楼承板组合楼板 composite slabs with steel bar truss deck

钢筋桁架楼承板上现浇混凝土形成的组合楼板。

2.1.50 压型钢板组合楼板 composite slabs with profiled steel sheet

压型钢板上浇筑混凝土形成的组合楼板。

2.1.51 检验 inspection

对被检验项目的特征、性能进行量测、检查、试验等，并将结果与标准规定的要求进行比较，以确定项目每项性能是否合格的活动。

2.1.52 缺陷 defect

混凝土结构施工质量不符合规定要求的检验项或检验点，按其程度可分为严重缺陷和一般缺陷。

2.1.53 严重缺陷 serious defect

对结构构件的受力性能、耐久性能或安装、使用功能有决定性影响的缺陷。

2.1.54 一般缺陷 common defect

对结构构件的受力性能、耐久性能或安装、使用功能无决定性影响的缺陷。

2.1.55 结构性能检验 inspection of structural performance

针对结构构件的承载力、挠度、裂缝控制性能等各项指标所进行的检验。

2.1.56 验收 acceptance

建筑工程质量在施工单位自行检查合格的基础上，由工程质量验收责任方组织，工程建设相关单位参加，对检验批、分项、分部、单位工程及其隐蔽工程的质量进行抽样检验，对技术文件进行审核，并根据设计文件和相关标准以书面形式对工程质量是否达到合格作出确认。

2.1.57 进场验收 site acceptance

对进入施工现场的材料、构配件、器具及半成品等，按有关标准的要求进行检验，并对其质量达到合格与否做出确认的过程。主要包括外观检查、质量证明文件检查、抽样检验等。

2.1.58 质量证明文件 quality certificate document

随同进场材料、构配件、器具及半成品等一同提供用于证明其质量状况的有效文件。

2.1.59 结构实体检验 entitative insoection of structure

在结构实体上抽取试样，在现场进行检验或送至有相应检测资质的检测机构进行的检验。

2.1.60 检验批 inspection lot

按相同的生产条件或按规定的方式汇总起来供抽样检验用的，由一定数量样本组成的检验体。

2.1.61 主控项目 dominant item

建筑工程中对安全、节能、环境保护和主要使用功能起决定性作用的检验项目。

2.1.62 一般项目 general item

除主控项目以外的检验项目。

2.1.63 分段验收 pre-acceptance

将原有主体分部工程按楼层、变形缝等划分验收段，每段验收应满足构件出厂检验、质量证明文件查验和结构实体检验标准的工程验收。

2.1.64 同层排水 same-floor drain

排水横支管布置在排水层或室外，器具排水管不穿楼层的排水方式。

2.2 符号

与《混凝土结构设计规范》GB 50010 等国家现行标准相同的符号基本沿用，并增加了本规程专用的符号。

2.2.1 材料性能

E_c——混凝土的弹性模量；

E_s——钢筋的弹性模量；

C30——立方体抗压强度标准值为 $30N/mm^2$ 的混凝土强度等级；

HRB500——强度级别为 500MPa 的普通热轧带肋钢筋；

HRBF400——强度级别为 400MPa 的细晶粒热轧带肋钢筋；

RRB400——强度级别为 400MPa 的余热处理带肋钢筋；

RPB300——强度级别为 300MPa 的热轧光圆钢筋；

RPB300E——强度级别为 400MPa 且有高抗震性能的普通热轧带肋钢筋；

f_{ck}、f_c——混凝土轴心抗压强度标准值、设计值；

f_{tk}、f_t——混凝土轴心抗拉强度标准值、设计值；

f_{yk}、f_{pyk}——普通钢筋、预应力筋屈服强度标准值；

f_{stk}、f_{ptk}——普通钢筋、预应力筋极限强度标准值；

f_y、f_y'——普通钢筋抗拉、抗压强度设计值；

f_{py}、f_{py}'——预应力筋抗拉、抗压强度设计值；

f_{yv}——横向钢筋的抗拉强度设计值；

δ_{gt}——钢筋最大力下的总伸长率，也称均匀伸长率。

2.2.2 作用的作用效应

N——轴向力设计值；

N_k、N_q——按荷载标准组合、准永久组合计算的轴向力值;

N_{u0}——构件的截面轴心受压或轴心受拉承载力设计值;

N_{p0}——预应力构件混凝土法向预应力等于零时的预加力;

M——弯矩设计值;

M_k、M_q——按荷载标准组合、准永久组合计算的弯矩值;

M_u——构件的正截面受弯承载力设计值;

M_{cr}——受弯构件的正截面开裂弯矩值;

T——扭矩设计值;

V——剪力设计值;

F_l——局部荷载设计值或集中反力设计值;

σ_s、σ_p——正截面承载力计算中纵向钢筋、预应力筋的应力;

σ_{pe}——预应力筋的有效预应力;

σ_l、σ_l'——受拉区、受压区预应力筋在相应阶段的预应力损失值;

τ——混凝土的剪应力;

ω_{max}——按荷载准永久组合或标准组合,并考虑长期作用影响的计算最大裂缝宽度。

2.2.3 几何参数

b——矩形截面宽度,T形、I形截面的腹板宽度;

c——混凝土保护层厚度;

d——钢筋的公称直径(简称直径)或圆形截面的直径;

h——截面高度;

H_0——截面的有效高度;

l_{ab}、l_a——纵向受拉钢筋的基本锚固长度、锚固长度;

l_0——计算跨度或计算长度;

s——沿构件轴线方向上横向钢筋的间距、螺旋筋的间距或箍筋的间距;

x——混凝土受压区的高度;

A——构件截面面积;

A_s、A_s'——受拉区、受压区纵向普通钢筋的截面面积;

A_p、A_p'——受拉区、受压区纵向预应力筋的截面面积;

A_l——混凝土局部受压面积;

A_{cor}——箍筋、螺旋筋或钢筋网所围成的混凝土核心截面面积;

B——受弯构件的截面刚度;

I——截面惯性矩;

W——截面受拉边缘的弹性抵抗矩;

W_t——截面受扭塑性抵抗矩。

2.2.4 计算系数及其他

α_E——钢筋弹性模量与混凝土弹性模量的比值;

γ——混凝土构件的截面抵抗矩塑性影响系数;

η——偏心受压构件考虑二阶效应影响的轴向力偏心距的增大系数；

λ——计算截面的剪跨比，即 $M/(Vh_{\circ})$；

ρ——纵向受力钢筋的配筋率；

ρ_v——间接钢筋或箍筋的体积配箍率；

ϕ——表示钢筋直径的符号，$\phi20$ 表示直径为 20mm 的钢筋。

3 基本规定

3.1 一般规定

3.1.1 装配式建筑应坚持标准化设计、工厂化生产、装配化施工、一体化装修、信息化管理和智能化应用，提高技术水平和工程质量，实现功能完整、性能优良的建筑产品。

3.1.2 装配式建筑由建筑结构系统、外围护系统、内装系统、设备与管线系统组合集成，应按照通用化、模数化、标准化的要求，用系统集成的方法统筹设计、生产、运输、施工和运营维护，实现全过程的一体化。

3.1.3 装配式建筑应遵守模数协调标准，按"少种类、多组合"的原则进行标准化设计，实现系列化和多样化。

3.1.4 装配式建筑应采用适用的技术、工艺和装备机具，进行工厂化生产，建立完善的生产质量控制体系，提高部品部件的生产精度，保障产品质量。

3.1.5 装配式建筑应综合协调建筑、结构、机电、内装，制定相互协同的施工组织方案，采用适用的技术、设备和机具，进行装配式施工，保证工程质量，提高劳动效率。

3.1.6 装配式建筑宜运用 BIM 信息化技术，实现全专业、全产业链的信息化管理。

3.1.7 装配式建筑宜基于人工智能、互联网和物联网等技术，实现智能化应用，提升建筑使用的安全、便利、舒适和环保等性能。

3.1.8 装配式建筑应进行技术策划，以统筹规划设计、部件部品生产、施工安装和运营维护全过程，对技术选型、技术经济可行性和可建造性进行评估。按照保障安全、提高质量、提升效率的原则，确定可行的技术配置和适宜经济的建设标准。

3.1.9 装配式建筑应采用绿色建材和性能优良的系统化部品部件，因地制宜，采用适宜的节能环保技术，积极利用可再生能源，提高建设标准，提升建筑使用性能。

3.2 材料（主体材料、连接材料、其他材料）

3.2.1 装配式结构中所采用的混凝土、钢筋、钢材的各项力学性能指标，以及结构混凝土材料的耐久性能的要求，应分别符合现行国家标准《混凝土结构设计规范》GB 50010—2010，《钢结构设计规范》GB 50017—2017 的相应规定。

3.2.2 预制构件与现浇结构的结合面除考虑拉毛、凿毛处理或露骨料粗糙面外，装配节点后浇筑混凝土的施工要求还应考虑混凝土或灌浆材料的强度收缩性能满足设计要求。

3.2.3 预制构件的连接技术是装配式结构关键的、核心的技术。

3.3 结构非抗震设计规定

3.3.1 预制混凝土结构应进行施工与施工两个阶段承载力极限状态设计，并遵照有关规范的规定。

3.4 结构抗震设计规定

3.4.1 预制混凝土结构应遵照《建筑抗震设计规范》GB 50011—2010 的相关规定。

4 建筑设计篇

4.1 一般规定

4.1.1 新型装配式建筑的设计必须执行国家的建筑方针，必须符合国家政策、法规的要求及相关地方标准的规定。

4.1.2 新型装配式建筑的设计应符合城市规划的要求，与周边环境相协调。在标准化设计的同时，结合总体布局和立面色彩、细部处理等方面丰富建筑造型及空间。

4.1.3 新型装配式建筑的设计应遵循少规格、多组合的原则，在标准化设计的基础上实现系列化和多样化。

4.1.4 新型装配式建筑的设计应符合建筑的使用功能和性能要求，体现以人为本、可持续发展和节能、节地、节材、节水、环境保护的指导思想。

4.1.5 新型装配式建筑的设计应满足抗震、防火、节能、隔声、环保、安全等性能及质量的要求。

4.2 建筑设计

4.2.1 设计阶段文件编制

新型装配式建筑的设计应以建筑系统集成的方法统筹建筑全寿命期的规划设计、生产运输、施工安装、维护更新的全过程。强调了建筑设计和构件设计的协同、内装修和工厂生产的协同、主体施工和内装修施工的协同。

新型装配式建筑的建设过程中，需要建设、设计、生产和施工、运营等单位密切配合、协同工作及全过程参与。建筑设计在方案设计阶段之前应增加前期技术策划环节，配合预制构件的生产加工应增加预制构件加工图设计环节。

1 技术策划阶段设计要点

装配式建筑设计过程中，前期技术策划对项目的实施起到十分重要的作用，设计单位应充分考虑项目定位、建设规模、装配化目标、成本限额以及各种外部条件影响因素，制定合理的建筑概念方案，提高预制构件的标准化程度，并与建设单位共同确定技术实施方案，为后续的设计工作提供设计依据。技术策划阶段要考虑的影响因素、策划内容及技术实施方案的关系见图 4-1 装配式建筑技术策划要点框图。

2 方案设计阶段设计要点

方案设计阶段应根据技术策划实施方案做好平面设计、立面及剖面设计，为初步设计阶段工作奠定基础。

1）依据技术策划，遵循规划要求，满足使用功能；

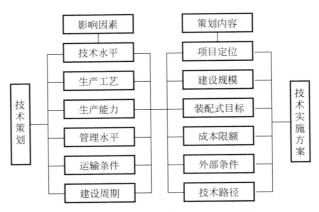

图 4-1　装配式建筑技术策划要点框图

2）构件的"少规格、多组合"，考虑成本的经济型与合理性；

3）平面设计的标准化与系列化，立面设计的个性化和多样化，剖面层高、净高的合理确定。

3　初步设计阶段设计要点

初步设计阶段应与各专业进行协同设计，进一步细化和落实所采用的技术方案的可行性。

1）协调各专业技术要点，优化构件规格种类，考虑管线预留预埋；

2）进行专项经济评估，分析影响成本因素，制定合理技术措施。

4　施工图设计阶段设计要点

施工图设计应按照初步设计阶段制定的技术措施进行设计，形成完整可实施的施工图设计文件。

1）落实初步设计阶段的技术措施，配合内装部品的设计参数，协调设备管线的预留预埋；

2）推敲节点大样的构造工艺，考虑防水、防火的性能特征，满足隔声、节能的规范要求。

5　构件加工图设计阶段设计要点

1）建筑专业可根据需要提供预制构件的尺寸控制图；

2）构件加工图纸可由设计单位与预制构件加工厂配合设计完成；

3）可采用 BIM 技术，提高预制构件设计完成度与精确度。

6　设计文件编制深度要求

新型装配式建筑在设计全过程应提供完整成套的设计文件。

施工图设计文件应完整成套，预制构件的加工图纸应全面准确反映预制构件的规格、类型、加工尺寸、连接形式、预埋设备管线种类与定位尺寸，满足预制构件工厂化生产及机械化安装的需要。

设计文件主要包括技术报告、施工设计图、构件加工设计图、室内装修设计图等。技术报告内容主要包括：项目采用的结构技术体系、主要连接技术与构造措施、一体化设计方法、主要技术经济指标分析等相关资料。装配式建筑相对于现浇混凝土建筑的设计图纸增加了构件加工设计图。构件加工设计图可由建筑设计单位与预制构件加工厂配合设计完成，建筑专业可根据需要提供预制构件的尺寸控制图，设计过程中可采用 BIM 技术，提高预制构件设计完成度与精确度，确保构件加工图全面准确反映预制构件的规格、类型、加工尺寸、连接形式、预埋设备管线种类与定位尺寸。

4.2.2　标准化设计

1　新型装配式建筑应采用标准化、系列化的设计方法，提高模板、模块、部品部件的重复使用率及通用性，满足工厂加工、现场装配的要求。

2　建筑单体标准化设计是对相似或相同体量、功能、机电系统和结构形式的建筑物采用标准化的设计方式。

3　功能模块标准化设计是对建筑单体中具有相同或相似功能的建筑空间及其组成部件（如住宅厨房、住宅卫生间、楼电梯交通核、教学楼内的盥洗间、酒店卫生间等）进行标准化设计。

4　部品部件的设计采用标准化的预制部件，形成具有一定功能的部品系统，如储藏系统、整体厨房、整体卫生间、地板系统等。标准化的结构和围护部件，如墙板、梁、柱、楼板、楼梯、隔墙板等，宜在工厂内进行规模化生产。

5　功能相同、相近建筑空间的层高宜统一，实现外墙、内墙、楼梯、门窗等竖向构件的尺寸标准统一。

4.2.3　设计技术

1　总平面设计

新型装配式建筑的总平面设计应在符合城市总体规划要求、满足国家规范及建设标准要求的同时，配合现场施工方案，充分考虑构件运输通道、吊装及预制构件临时堆场的设置。

2　平面布置

平面布置应考虑结构设计的需要，平面形状宜简单、规则、对称，质量、刚度分布宜均匀，不应采用严重不规则的平面布置。承重墙、柱等竖向构件宜上、下连续。厨房和卫生间的平面布置应合理，其平面尺寸宜满足标准化整体橱柜及整体卫浴的要求；厨房和卫生间的水电设备管线宜采用管井集中布置。竖向管井宜布置在公共空间。

设计要尽量按一个结构空间来设计公共建筑单元空间或住宅的套型空间，根据结构受力特点合理设计结构预制构配件（部品）的尺寸，并注意预制构配件（部品）的定位尺寸既应满足平面功能需要又符合模数协调的原则。

室内空间划分应尽以采用轻质隔墙，对使用轻质隔墙比例的评分在《绿色建筑评价标准》GB/T 50378—2014 中 7.2.4 条有详细规定。室内大空间可根据使用功能需要，采用轻钢龙骨石膏板、轻质条板、家具式分隔墙等轻质隔墙进行灵活的空间划分。轻钢龙骨石膏板隔墙内还可布置设备管线，方便检修和改造更新，满足建筑的可持续发展，符合国家工程建设节能减排，绿色环保的大政方针。

3　平面形状

新型装配式建筑的平面形状、体型及其构件的布置应符合现行国家标准《建筑抗震设计规范》GB 50011—2010 的相关规定，并符合国家工程建设节能减排，绿色环保的要求。

建筑设计的平面形状应保证结构的安全及满足抗震设计的要求。

4　套型模块设计

新型装配式建筑设计应以基本单元或基本户型为模块进行组合设计，套型模块可以分解成若干独立的、相互联系的功能模块，通过对模块进行不同的组合，既满足套型的标准化设计，又满足组合的多样性、灵活性和场地适应性。

5　建筑高度及层高

1）建筑高度

新型装配式建筑选用不同的结构形式，可建设的最大建筑高度不同。结构的最大适用高度具体见《装配式混凝土结构技术规程》JGJ 1—2014 中第 6.1.1 条及本指南第 4.3 章结构设计的相关规定。

2）建筑层高

建筑层高应结合建筑使用功能、工艺要求和技术经济条件综合确定，并符合专用建筑设计规范的要求。应结合架空夹层构造方法选择适宜建筑层高，实现套内各种管线同层敷设，架空高度根据实际设计需要确定。

建筑专业应与结构专业、机电专业及内装修进行一体化设计，配合确定梁的高度及楼板的厚度，合理布置吊顶内的机电管线、避免交叉，尽量减小空间占用，协同确定室内吊顶高度。设计各专业通过协同设计确定建筑层高及室内净高，使之满足建筑功能空间的使用要求。

a. 住宅的层高

新型装配式住宅建筑的层高要根据不同的建设方案、结构选型、内装方式合理确定。采用传统地面构造做法与采用 CSI 体系设计的楼地面高度是不同的。住宅的层高＝房间净高＋楼板厚度＋架空地板（传统地面构造）高度＋吊顶高度。影响住宅层高的因素主要为架空地板与吊顶的高度。

采用传统地面构造做法的建筑，如采用地面辐射供暖时，供暖管线敷设于楼面的垫层，住宅的层高宜为 2.90m。如采用传统的散热器采暖，则与传统现浇混凝土建筑的层高无区别。

采用 CSI 体系技术且通层设置地板架空层的住宅层高不宜低于 3.00m；采用局部设置架空层的住宅层高不宜低于 2.80m。

b. 公共建筑的层高

新型装配式公共建筑的层高应满足使用功能要求及规范对净高的要求。与现浇混凝土建筑的设计相比，楼地面构造做法、吊顶所需建筑空间区别不大。但是，新型装配式建筑在吊顶的设计中应加强与各专业的协同设计，合理布局机电管线、设备管道及设备设施，减少管线交叉，进行准确的预留预埋及构件预留孔洞设计。

6　外围护结构设计

1）预制外墙板设计原则

a. 装配式建筑的外墙应满足结构、抗震、防水、防火、保温、隔热、隔声及建筑造型设计等要求。

b. 装配式建筑的外墙饰面材料选择及施工应结合装配式建筑的特点，考虑经济性原则及符合绿色建筑的要求。饰面的质量应符合《建筑装饰装修工程质量验收规范》GB 50210—2001 的相关规定。

c.装配式建筑的外围护结构的安全性应符合《装配式混凝土结构技术规程》JGJ—2014 第 5.3.2 条的相关规定。

d.围护结构应根据不同的结构形式选择不同的围护结构类型，其主要类型包括预制外挂墙板（安装在主体结构上，起围护和装饰作用的非承重预制混凝土外墙板，简称外挂墙板；其中中间夹有保温层的预制混凝土外墙板，简称夹心外墙板）、蒸压加气混凝土板、非承重玻纤增强无机材料复合保湿墙板（也称夹芯墙板）以及其他类型的围护结构。

e.采用幕墙（如石材幕墙、金属幕墙、玻璃幕墙、人造板材幕墙等）作为围护结构，幕墙厂家须配合预制构件厂做好结构受力构件上幕墙预埋件的预留预埋。

2）预制外挂墙板

a.预制外墙的面砖或石材饰面宜在构件厂采用反打或其他工厂预制工艺完成，不宜采用后贴面砖、后挂石材的工艺和方法。

b.预制外挂墙板的高度不宜大于一个层高，厚度不宜小于 100mm。预制混凝土墙板通常分为整板和条板。整板大小通常为一个开间的长度尺寸，高度通常为一个层高的尺寸。条板通常分为横向板、竖向板等，根据工程设计也可采用非矩形板或非平面构件，在现场拼接成整体。装配式剪力墙结构建筑，外围护结构通常采用具有剪力墙功能的预制混凝土外墙板，一般设计为整间板。框架结构建筑的外围护结构通常采用预制外挂墙板及轻质外墙板等，可设计为整间板、横向板和竖向板。

c.采用预制外挂墙板的立面分格宜结合门窗洞口、阳台、空调板及装饰构件等按设计要求进行划分。预制女儿墙板宜采用与下部墙板结构相同的分块方式和节点做法。

d.预制外墙的各种接缝部位、门窗洞口等构件组装部位的构造设计及材料的选用应满足建筑的各类物理性能、力学性能、耐久性能及装饰性能的要求。

e.预制外挂墙板在生产过程中应满足生产、运输和安装的相关要求。

f.预制外挂墙板设计要充分利用工厂化工艺和装配条件，通过模具浇筑成形、材质组合和清水混凝土等，形成多种装饰效果。宜可通过 BIM 技术进行相应的设计和多样化施工模拟组合，然后再进行实际工厂化生产和装配式施工。

g.预制外墙板接缝的处理以及连接节点的构造设计是影响外墙物理性能设计的关键。预制外墙板的各类接缝设计应施工方便、坚固耐久、构造合理，并应结合本地材料、制作及施工条件进行综合考虑。

h.预制混凝土外挂墙板的建筑立面划分与板型设计可参考国家标准图集《预制混凝土外墙挂板》08SJ110-2、08SG333。

i.预制混凝土外挂墙板按照建筑外墙功能定位可分为围护板系统和装饰板系统，其中围护板系统又可按建筑立面特征划分为整间板体系、横条板体系、竖条板体系等；各体系的板型划分及设计参数要求一般应满足表 4-1 规定。

3）蒸压加气混凝土墙板

a.蒸压加气混凝土板适用于在抗震设防烈度 6～8 度的地震区以及非地震区使用，强度等级为 A2.5 级及以上的蒸压加气混凝土砌块，强度等级为 A3.5 级以上的蒸压加气混凝土配筋板材。应符合《蒸压加气混凝土建筑应用技术规程》JGJ/T 17—2008 的规定。不适用于建筑物防潮层以下的外墙；长期处于浸水和化学侵蚀环境；承重制品表面温度经常处于 80℃以上的部位。

板型划分及设计参数要求 表 4-1

外墙立面划分		立面特征简图	挂板尺寸要求	适用范围
围护板系统	横条板体系		板宽 $B \leqslant 0.0$m 板高 $H \leqslant 2.5$m 板厚 $=140 \sim 300$mm	①混凝土框架的结构 ②钢框架结构
	整间板体系		板宽 $B \leqslant 6.0$m 板高 $H \leqslant 5.4$m 板厚 $\delta = 140 \sim 240$mm	
	竖条板体系		板宽 $B \leqslant 2.5$m 板高 $H \leqslant 6.0$m 板厚 $\delta = 140 \sim 300$mm	
	装饰板系统		板宽 $B \leqslant 4.0$m 板高 $H \leqslant 4.0$m 板厚 $\delta = 60 \sim 140$mm 板面积 $\leqslant 5$m^2	①混凝土剪力墙结构 ②混凝土框架填充墙构造 ③钢结构龙骨构造

b. 蒸压加气混凝土板的常用规格与分类级别如表 4-2 所示。

常用规格 表 4-2

长度（L）	宽度（B）	厚度（D）
1800～6000（300 模数进位）	600	75、100、125、150、175、200、250、300
		120、180、240

注：其他非常用规格和单项工程的实际制作尺寸由供需双方协商确定

c. 蒸压加气混凝土板按蒸压加气混凝土强度分：A2.5、A3.5、A5.0、A7.5 四个强度级别。

d. 蒸压加气混凝土板按蒸压加气混凝土干密度分为 B04、B05、B06、B07 四个干密度级别。

e. 蒸压加气混凝土板均为配筋规格条板，板材墙体按照建筑结构构造特点可选用横版、竖版、拼装大板三种布置形式。建筑设计应尽量选用常用规格板材，节省造价，特殊规格的蒸压加气混凝土板可与企业定制生产或现场切锯组合。

f. 蒸压加气混凝土外墙板的强度级别应至少为 A3.5。

g. 加气混凝土制品用作民用建筑外墙时，应做饰面防护层。

h. 加气混凝土墙板作非承重的围护结构时，其与主体结构应有可靠的连接。当采用竖墙板和拼装大板时，应分层承托；横墙应按一定高度由主体结构承托。

i. 外墙拼装大板，洞口两边和上部过梁板最小尺寸应符合表 4-3 的规定。

最小尺寸限值 表 4-3

洞口尺寸宽×高（mm）	洞口两边板宽（mm）	过梁板板高（mm）
900×1200 以下	300	300
1800×1500 以下	450	300
2400×1800 以下	600	400

注：300mm 或 400mm 板材如窗用 600mm 宽的板材在纵向切锯，不得切锯两边截取中段。如用作过梁板，应经结构验算。

4）装配式玻纤增强无机材料复合保温墙板

a. 装配式玻纤增强无机材料复合保湿墙板适用于非承重的外墙围护结构。适用于非抗震设防地区和抗震设防列席 8 度以下地区，民用与一般工业建筑工程非围护墙及内隔墙的设计、加工制作、安装使用及验收。外围护墙板的应用高度不宜超过 100m。

b. 装配式玻纤增强无机材料复合保湿墙板的设计应符合《装配式玻纤增强无机材料复合保温墙板》CECS396：2015 的规定。

c. 复合墙板按用途分为外围护墙板和隔墙板，玻纤增强无机材料复合保湿墙板可以根据应用部门与使用环境，选择不同面板搭配，其夹芯保温材料也可以根据需要选择聚氨酯板、挤塑聚苯板、模塑聚苯板、岩锦板、无机保温砂浆板、泡沫混凝土板等。

d. 外围护墙板的常用规格尺寸，宜符合下列要求：长度宜为 2100mm、2400mm、2700mm、3000mm；宽度宜为 600mm、900mm、1200mm；厚度宜为 120mm、150mm、200mm；

e. 外围护组合墙体单元高度不宜大于层高，且根据墙厚的不同有所差异。

f.外围护组合墙体单元的高度不宜大于一个层高，并应符合下列要求；120mm厚外围护墙板的组合墙体单元高度不应大于3.6m；150mm厚外围护墙板的组合墙体单元高度不应大于4.2m；200mm厚外围护墙板的组合墙体单元高度不应大于4.8m。

7 外门窗设计

1）装配式建筑立面门窗设计应满足建筑的使用功能、经济美观、采光、通风、防火、节能等现行国家规范标准的要求。

2）门窗洞口的尺寸

门窗洞口尺寸应遵循模数协调的原则，宜采用优先尺寸，并符合《建筑门窗洞口尺寸系列》GB/T 5824—2008的规定。

门窗洞口采用的优先尺寸宜符合表4-4的规定。

门窗洞口的优先尺寸   表4-4

	最小洞宽	最小洞高	最大洞宽	最大洞高	基本模数	扩大模数
门洞口	7M	15M	24M	23（22）M	3M	1M
窗洞口	6M	6M	24M	23（22）M	3M	1M

注：住宅层高2900mm时，门窗洞口的最大洞高优选23M；住宅层高2800mm时，门窗洞口的最大洞高优选22M。

3）门窗洞口的布置

装配式建筑的设计应在确定功能空间的开窗位置、开窗形式的同时重点考虑结构的安全性、合理性，门窗洞口布置应满足《装配式混凝土结构技术规程》JGJ 1—2014第5.2.3及8.2.1条要求。装配式混凝土剪力墙结构不宜采用转角窗设计。

4）门窗连接构造

门窗应采用标准化部件，并宜采用缺口、预留副框或预埋件等方法与墙体可靠连接，如图4-2～图4-4所示。

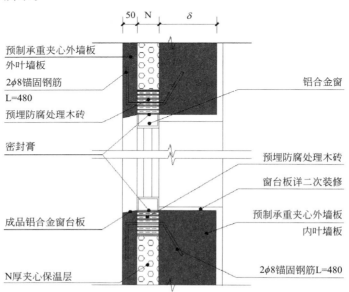

图4-2 预制承重夹心外墙板门窗后装法构造示意图

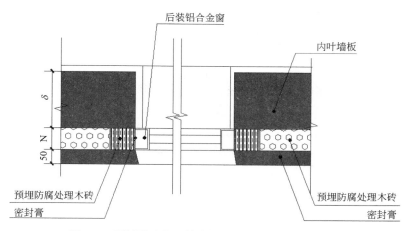

图 4-3   预制承重夹心外墙板门窗后装法构造示意图

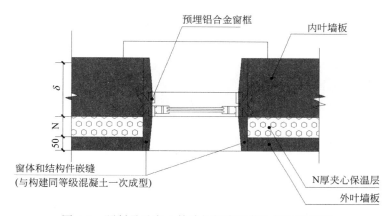

图 4-4   预制承重夹心外墙板门窗后装法构造示意图

8   外墙装饰构件

1）依照"少规格、多组合"的原则尽量减少立面预制构件的规格种类。外围护结构、阳台板、空调板、室外装饰构件等宜采用工厂化加工的预制构件或叠合构件。

2）预制混凝土外墙装饰构件应结合外墙板整体设计，保证与主体结构的可靠连接，并应满足安全、防水及热工的要求。空调室外机建议放置于空调机室外搁板上，具体做法可参照国家建筑标准设计图集《预制钢筋混凝土阳台板、空调板及女儿墙》15G368-1。

3）独立的装饰构件和空调器室外机组等与预制混凝土外墙板应有可靠连接，自重较大者应连接在结构受力构件上。

4.3   内装修设计

4.3.1   一般规定

1   新型装配式建筑的内装修设计应遵循建筑、装修、部品一体化的设计原则，应满足现行国家规范标准要求，达到适用、安全、经济、节能、环保等各项指标的要求。

2 新型装配式建筑的内装修应采用工厂化生产的内装部品，实现集成化的成套供应。部品和构件宜通过优化参数、公差配合和接口技术等措施，提高部品、构件互换性和通用性。装修部品应优先选用绿色、环保材料，并具有可变性和适应性，便于施工安装、使用维护和维修改造。

3 新型装配式建筑内装修的主要特点、内容详见图 4-5 装配式建筑内装修设计要点框图。

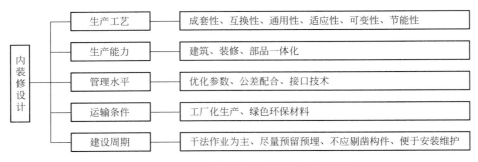

图 4-5 装配式建筑内装修设计要点框图

4 室内部品的接口应符合以下规定：

1）接口应做到位置固定，连接合理，拆装方便，使用可靠。

2）接口尺寸应符合模数协调要求，与系统配套。

3）各类接口应按照统一、协调的标准进行设计。

4）套内水电管材和管件、隔墙系统、收纳系统之间的连接应采用标准化接口。

5 内装部品的施工安装宜采用干法施工。应结合内装部品的特点，采用适宜的施工方式和机具，应最大化的减少现场手工制作、影响施工质量和进度的操作；杜绝现场临时开洞、剔凿等对建筑主体结构耐久性有影响的做法，严禁降低建筑主体结构的设计使用年限。

6 新型装配式建筑的室内装修设计应符合行业标准《住宅室内装饰装修设计规范》JGJ 367—2015 的规定，室内装修施工安装应符合国家标准《建筑装饰装修工程质量验收规范》GB 50210—2001，《住宅装饰装修工程施工规范》GB 50327—2001 和行业标准《住宅室内装饰装修工程质量验收规范》JGJ/T304—2013 的规定。

7 内装部品中装修材料及制品的燃烧性能及应用，应符合国家标准《建筑材料及制品燃烧性能分级》GB 8624—2012，《建筑设计防火规范》GB 50016—2014，《建筑内部装修设计防火规范》GB 50222—1995 和《建筑内部装修防火施工及验收规范》GB 50354—2005 的要求。

8 内装部品中装修材料及制品的环保性能应符合国家标准《民用建筑工程室内环境污染控制规范》GB 50325—2010 的规定。

9 室内装修轻钢龙骨石膏板隔墙、吊顶可参照国家建筑标准设计图集《轻钢龙骨石膏板隔墙、吊顶》07CJ03-1 进行设计和施工安装；卫生间排水系统安装可参照国家建筑标准设计图集《住宅卫生间同层排水系统安装》12S306 进行设计和施工安装；室内楼（地）面及吊顶装修宜参照国家建筑标准设计图集《内装修-楼（地）面装修》13J502-3、《内装修-室内吊顶》12J502-2 和《内装修-墙面装修》13J501-1 选用。

4.3.2　内装部品

1　厨房

1）新型装配式建筑室内装修中设置的厨房宜采用整体厨房的形式，整体厨房选型应采用标准化内装部品，安装应采用干式工法的施工方式。

2）新型装配式建筑采用标准化、模块化的设计方式设计制造标准单元，通过标准单元的不同组合，适应不同空间大小，达到标准化、系列化、通用化的目标。

3）整体厨房内装部品的选择，应考虑到厨房炊事工作的特点，并符合人体工程学的要求及建筑模数化的要求。合理设计和配置整体厨房清洗、储藏、烹饪/烘烤等功能模块。

4）整体厨房设计时，其基本尺寸、设备种类、设备布置要满足使用的相关要求，应符合行业标准《住宅整体厨房》JG/T 184—2011 的规定。

5）对整体厨房中组成部件的模数选择，不应影响厨房整体的模数协调原则，在保证厨房整体模数协调的前提下，合理布置各个组成部件，达到协调统一的目的，可参考图 4-6。

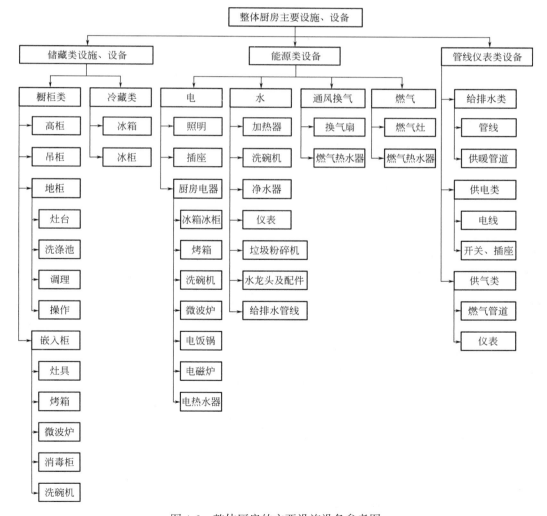

图 4-6　整体厨房的主要设施设备参考图

6）整体厨房的给排水、燃气管线等应集中设置、合理定位，并设置管道检修口。

2 卫生间

1）选型宜采用标准化的整体卫浴内装部品，安装应采用干式工法的施工方式。

2）整体卫浴设计宜采用干湿分离方式，给排水、通风和电气等管道管线连接应在设计预留的空间内安装完成，并在各专业设备系统预留的接口处设置检修口；整体卫浴的地面不宜高于套内地面完成面的高度。

3）整体卫浴应符合国家现行标准《整体浴室》GB/T 13095—2008，《住宅整体卫浴间》JG/T 183—2011 的规定，内部配件应符合相关产品标准的规定。要求如下：

a. 整体卫浴内空间尺寸偏差允许为±5mm；

b. 壁板、顶板、防水底盘材质的氧指数不应低于 32；

c. 整体卫浴的门应设置有在应急时可从外面开启的装置；

d. 坐便器及洗面器产品应自带存水弯或配有专用存水弯，水封深度至少为 50mm。

3 收纳

1）室内装修中设置的收纳部品宜采用整体收纳的形式，整体收纳选型应采用标准化内装部品，安装应采用干式工法的施工方式。

2）收纳系统的设计，应充分考虑人体工程与室内设计相关的尺寸、收取物品的习惯、视线等各方面因素，使收纳系统的设计具有更好的舒适性、便捷性和高效性。

3）储藏收纳系统包含独立玄关收纳、入墙式柜体收纳、步入式衣帽间收纳、台盆柜收纳、镜柜收纳等；

4）储藏收纳系统设计应布局合理、方便使用，宜采用步入式设计，墙面材料宜采用防霉、防潮材料，收纳柜门宜设置通风百叶。

5）收纳系统的设计，各使用空间及物品框图可按照图 4-7 进行合理设置。

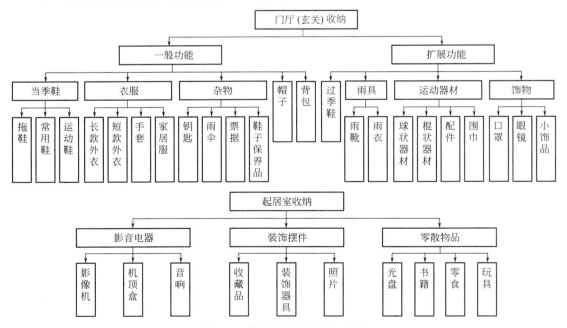

图 4-7　收纳系统的收纳参考图

4.4　模数与模数协调设计

4.4.1　一般规定

1　新型装配式建筑应符合现行国家标准《建筑模数协调标准》GB/T 50002—2013 的有关规定，实现建筑的设计、生产、装配等活动的相互协调，以及建筑、结构、内装、设备管线等集成设计的相互协调。

2　新型装配式建筑设计应按照建筑模数制的要求，采用基本模数、扩大模数或分模数的设计方法。基本模数为 1M（1M＝100mm）。

3　建筑物的开间或柱距、进深或跨度，宜采用水平基本模数数列和水平扩大模数数列，且水平扩大模数数列宜采用 $2n$M、$3n$M（n 为自然数）。

4　建筑物的高度、层高和门窗洞口高度等宜采用竖向基本模数数列和竖向扩大模数数列，且竖向扩大模数数列宜采用 nM，最小竖向模数不应小于 1/2M。

5　梁、板、柱、墙等部件的截面、构造节点和部件的接口尺寸等宜采用分模数数列，分模数数列宜采用 M/10、M/5、M/2。

6　装配式建筑应遵循部品部件生产和装配的要求，考虑主体结构层间变形、密封材料变形能力、施工误差、温差变形等要求，实现建筑部品部件尺寸以及安装位置的公差协调。

7　新型装配式建筑中各部分的模数及模数协调规定，尚应符合下列规定：

1）预制构件生产和装配应满足模数和模数协调，并考虑制作公差和安装公差对构件组合的影响。

2）预制构件的配筋应进行模数协调，应便于构件的标准化和系列化，还应与构件内的机电设备管线、点位及内装预埋等实现协调。

3）预制构件内的设备管线、终端点位的预留预埋宜依照模数协调规则进行设计，并与钢筋网片实现模数协调，避免碰撞和交叉。

4）门窗、防护栏杆、空调百叶等外围护墙上的建筑部品，应采用符合模数的工业产品，并与门窗洞口、预埋节点等协调。

8　建筑部件的规格应统筹考虑模数要求与原材料基材的规格，提高材料利用率，减少材料损耗。

4.4.2　居住建筑应按表 4-5 选用常用优选尺寸。

装配式剪力墙住宅适用的优选尺寸系列（M）　　　　表 4-5

类型	建筑尺寸			预制墙板尺寸			预制楼板尺寸	
部位	开间	进深	层高	厚度	长度	高度	宽度	厚度
基本模数	3M	3M	1M	1M	3M	1M	3M	0.2M
扩大模数	2M	2M/1M	0.5M	0.5M	2M	0.5M	2M	0.1M
类型	门洞尺寸		窗洞尺寸		内隔墙尺寸			
部位	宽度	高度	宽度	高度	厚度	长度	高度	
基本模数	3M	1M	3M	1M	1M	2M	1M	
扩大模数	2M/1M	0.5M	2M/1M	0.5M	0.2M	1M	0.2M	

注：1. 楼板厚度的优选尺寸序列为 80、100、120、140、150、160、180mm。

2. 内隔墙厚度优选尺寸序列为 60、80、100、120、150、180、200mm，高度与楼板的模数序列相关。

3. 本表中 M 是模数协调的最小单位，1M＝100mm（以下同）。

4.4.3　集成式厨房应按表4-6选用优选尺寸

集成式厨房的优选尺寸（M）

表4-6

厨房家具布置形式	厨房最小净宽度	厨房最小净长度	扩大模数
单排型	15M(16M)/20M	30M	1M
双排型	22M/27M	27M	1M
L形	16M/27M	27M	1M
U形	19M/21M	27M	1M
壁柜型	7M	21M	1M

4.4.4　集成式卫生间应按表4-7选用优选尺寸。

集成式卫生间的优选尺寸（M）

表4-7

卫生间平面布置形式	卫生间最小净宽度	卫生间最小净长度	扩大模数
单设便器卫生间	9M	16M	0.5M
设便器,洗面器两件洁具	15M	15.5M	0.5M
设便器,洗浴器两件洁具	16M	18M	0.5M
设三件洁具(喷淋)	16.5M	20.5M	0.5M
设三件洁具(浴缸)	17.5M	24.5M	0.5M
设三件洁具无障碍卫生间	19.5M	25.5M	0.5M

4.4.5　楼梯应按表4-8选用优选尺寸。

楼梯的优选尺寸（M）

表4-8

楼梯类别	踏步最小宽度	踏步最大高度	扩大模数
共用楼梯	2.6M	1.75M	0.05M
服务楼梯,住宅套内楼梯	2.2M	2M	0.05M

4.4.6　门窗洞口应按表4-9选用优选尺寸。

门窗洞口的优选尺寸（M）

表4-9

	最小洞宽	最小洞高	最大洞宽	最大洞高	基本模数	扩大模数
门洞口	7M	15M	24M	23(22)M	3M	1M
窗洞口	6M	6M	24M	23(22)M	3M	1M

4.5　新型装配式建筑的防火设计

4.5.1　新型装配式建筑的防火设计应符合《建筑设计防火规范》GB 50016—2014 的

规定。

4.5.2 节点缝隙和明露钢支撑构件部位是保证结构整体承载力的关键部位，应采取防火保护措施，耐火极限满足《建筑设计防火规范》GB 50016—2014 的相应要求。

4.5.3 预制外墙板与各层楼板、防火墙相交部位应设置防火封堵，封堵构造的耐火极限应满足现行国家建筑设计防火规范对建筑外墙的要求，如图 4-8 所示。

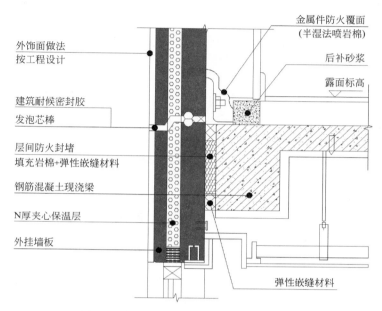

图 4-8 外挂墙板层间防火封堵构造示意图

4.5.4 建筑外墙采用保温材料与两侧墙体构成无空腔复合保温结构体时，该结构体的耐火极限应符合《建筑设计防火规范》GB 50016—2014 的第 3.2 节和第 5.1 节对建筑外墙的防火要求；建筑的保温系统中应尽量采用燃烧性能为 A 级的保温材料当保温材料的燃烧性能为 B1、B2 级时，保温材料两侧的墙体应采用不燃烧材料且厚度均不应小于 50mm。

预制钢筋混凝土夹心保温外墙示意详见图 4-9。

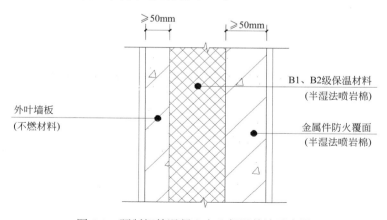

图 4-9 预制钢筋混凝土夹心保温外墙示意图

构造节点可参照国家建筑标准设计图集《预制混凝土外墙挂板》08SJ110-208SG333、《装配式混凝土结构住宅建筑设计示例（剪力墙结构）》15J939-1。

4.6 新型装配式建筑的防水设计

4.6.1 一般规定

1 防水设计应具有良好的排水功能和阻止水侵入建筑物内的作用。

2 防水设计适应主体结构的受力变形和温差变形。

3 承受雨、雪荷载的作用不产生破坏。

4 应根据建筑物的建筑造型、使用功能、环境条件，合理设计防水等级和设防要求。

4.6.2 楼地面防水设计

1 防水设计应满足相关规范的规定，有用水要求的房间、部位应做防水处理，采取可靠的防水措施。

2 设备管线穿过楼板的部位，应采取防水、防火、隔声等措施。

3 设置用水管线的架空层底板应做柔性防水并向上泛起，严密防水及防渗漏。其顶板应在适当位置设置检修用活动盖板。

4 厨房、卫生间等用水房间，管线敷设较多，条件较为复杂，设计时应提前考虑，可采用现浇混凝土结构。如果采用叠合楼板，预制构件留洞、留槽、降板等均应协同设计，提前在工厂加工完成。采用架空地板的须预留检修盖板，并推荐使用柔性防水材料，如图 4-10 所示。

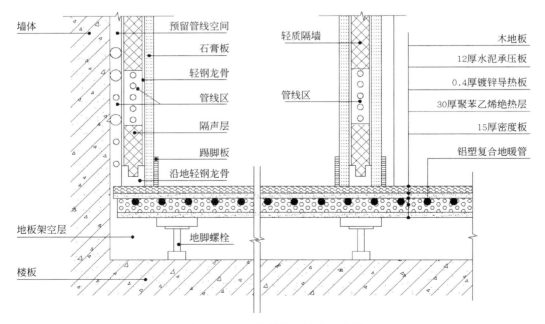

图 4-10 CSI 体系地面构造示意图

4.6.3　屋面防水设计

1　屋面防水设计应符合《屋面工程技术规范》GB 50345—2012 的规定。

2　薄壳、装配式结构、钢结构及大跨度建筑屋面，应选用耐候性好、适应变形能力强的防水材料。

3　卷材、涂膜的基层宜设找平层。找平层厚度和技术要求应符合表 4-10 的规定。

找平层厚度和技术要求 表 4-10

找平层分类	适用的基层	厚度(mm)	技术要求
水泥砂浆	整体现浇混凝土板	15~20	1:2.5 水泥砂浆
	整体材料保温层	20~25	
细石混凝土	装配式混凝土板	30~35	C20 混凝土、宜加钢筋网片
	板状材料保温层		C20 混凝土

4　叠合板屋盖，应采取增强结构整体刚度的措施，采用细石混凝土找平层；基层刚度较差时，宜在混凝土内加钢筋网片。

5　女儿墙板内侧在要求的泛水高度处应设凹槽、挑檐或其他泛水收头等构造。

6　在女儿墙顶部设置顶制混凝土压顶或金属盖板，压顶的下沿做出鹰嘴或滴水。预制承重夹心女儿墙板构造示意详见图 4-11。

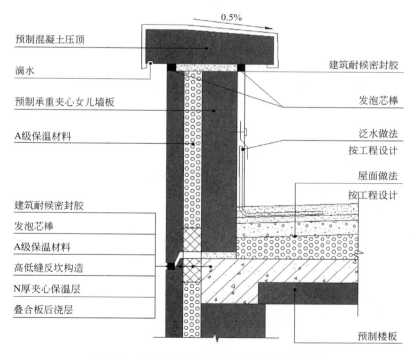

图 4-11　预制承重夹心女儿墙板构造示意图

7　外挂墙板女儿墙可以在女儿墙内侧设置现浇叠合内衬墙，与现浇屋面楼板形成整体式的刚性防水构造。外挂墙板女儿墙构造示意详见图 4-12。

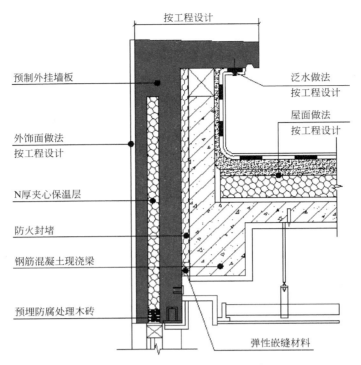

图 4-12　外挂墙板女儿墙构造示意图

4.6.4　外墙防水设计

1　外墙防水设计应符合《建筑外墙防水工程技术规范》JGJ/T235—2015 的规定。

2　预制外墙板的接缝及门窗洞口处应作防排水处理，应根据预制外墙板不同部位接缝的特点及使用环境、使用年限等要求选用构造防排水、材料防水或构造和涂料相结合的防排水系统，并应符合下列规定：

1）预制外墙板接缝采用构造防排水时，水平缝宜采用企口缝或高低缝。竖缝宜采用双直槽线，与水平面夹角小于 30°的斜缝宜按水平缝处理，其余斜缝应按竖缝处理。

2）预制外墙板十字缝部位每隔 2～3 层应设置导水管作引水处理，板缝内侧应增设气密条密封构造。当竖缝下方因门窗等开口部位被隔断时，应在开口部位上部竖缝处设置导水管。

3　预制外墙板接缝采用构造防水时，水平缝宜采用企口缝或高低缝，竖缝宜采用双直槽缝，并在预制外墙板十字缝部位每隔三层设置排水管引水外流。

4　预制外墙板接缝采用材料防水时，必须使用防水性能、耐候性能和耐老化性能优良的防水密封胶作嵌缝材料，以保证预制外墙板接缝防排水效果和使用年限。板缝宽度不宜大于 20mm，材料防水的嵌缝深度不得小于 20mm。

5　预制外墙板接缝采用构造和材料相结合的（如弹性物盖缝）防排水系统时，其接缝构造和所用材料应满足接缝防排水要求。

6　外墙板接缝处的密封材料应符合下列规定：

1）密封胶应与混凝土具有相容性，以及规定的抗剪切和伸缩变形能力；密封胶尚应具有防霉、防水、防火、耐候等性能；

2）硅酮、聚氨酯、聚硫建筑密封胶应分别符合国家现行标准《硅酮和改性硅酮建筑密封胶》GB/T 14683—2017、《聚氨酯建筑密封胶》JC/T 482—2003、《聚硫建筑密封胶》JC/T 483—2006 的规定；

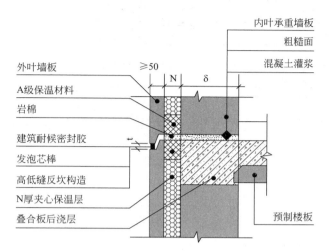

图 4-13　预制承重夹心外墙板水平缝构造示意图

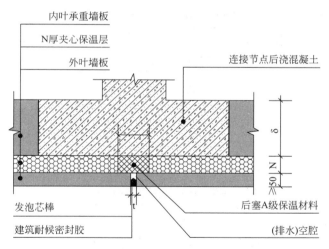

图 4-14　预制承重夹心外墙板垂直缝构造示意图

7　斜缝：与水平面夹角小于 34°的斜缝按水平缝构造设计，其余斜缝按垂直缝构造设计。T 形缝、十字缝：预制外墙板立面接缝不宜形成 T 形缝。外墙板十字缝部位每隔 2～3 层应设置排水管引水处理，板缝内侧应增设气密条密封构造。当垂直缝下方为门窗等其他构件时，应在其上部设置引水外流排水管。

8　变形缝：外墙变形缝的构造设计应符合建筑相应部位的设计要求。有防火要求的建筑变形缝应设置阻火带，采取合理的防火措施；有防水要求的建筑变形缝应安装止水带，采取合理的防排水措施；有节能要求的建筑变形缝应填充保温材料，符合国家现行节能标准的要求。具体构造可参见国家建筑标准设计图集 14J936《变形缝建筑构造》。外挂墙板变形缝构造示意详见图 4-15～图 4-17。

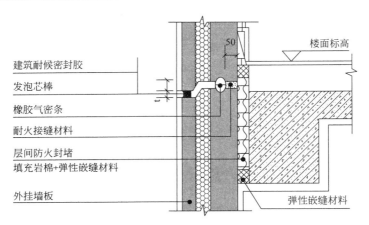

图 4-15　外挂墙板水平缝构造示意图

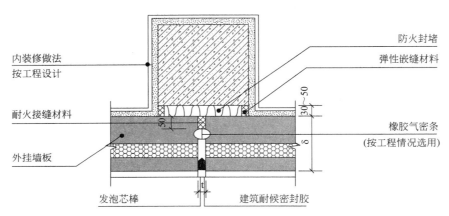

图 4-16　外挂墙板垂直颖构造示意图

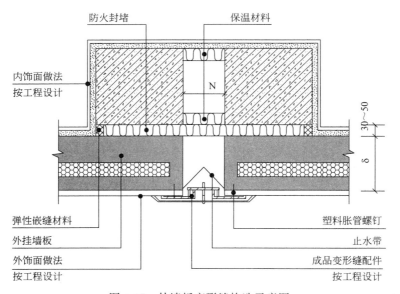

图 4-17　外墙板变形缝构造示意图

4.7 新型装配式建筑的节能设计

4.7.1 一般规定

1 新型装配式建筑应根据不同的气候分区及建筑的类型按现行国家或行业标准《夏热冬冷地区居住建筑节能设计标准》JGJ 134—2010、《夏热冬暖地区居住建筑节能设计标准》JGJ 75—2012、《公共建筑节能设计标准》GB 50189—2015 执行。

2 外墙和屋面的隔热性能应符合现行国家标准《民用建筑热工设计规范》GB 50176 的有关规定。

3 单一加气混凝土围护结构的隔热低限厚度可按表 4-11 采用：

加气混凝土围护结构隔热低限厚度　　　　　　　　表 4-11

围护结构类别	隔热低限厚度(mm)
外墙(不包括内外饰面)	175～200
屋面板	250～300

4 外墙可采用蒸压加气混凝土板外敷保温材料的复合墙体，也可为单独的蒸压加气混凝土板外墙。板材厚度可根据经济性的原则和节能的要求以及外墙的保温形式根据热工计算的结果选定。对于夏热冬暖地区和夏热冬冷地区，宜采用 150～200mm 的外墙板，满足外墙结构、保温、隔热要求。

5 装配式住宅外墙应采取防止形成热桥的构造措施。采用外保温的混凝土结构预制外墙与梁、板、柱、墙的连接处应保持墙体保温材料的连续性。

4.7.2 预制混凝土外挂墙面节能设计

1 夹心外墙板中的保温材料，其导热系数不宜大于 0.04W/(m·K)，体积比吸水率不宜大于 0.3%，燃烧性能不应低于国家标准《建筑材料及制品燃烧性能分级》GB 8624—2012 中 B2 级的要求。

2 预制混凝土外挂墙板的热工设计要满足墙体保温隔热性能和防结露性能要求，应采用预制外墙主断面的平均传热阻值或传热系数作为其热工设计值。墙板设计时应尽可能减少混凝土肋、金属件等热桥影响，避免内墙面或墙体内部结露。预制混凝土外挂墙板的保温层厚度可根据各地节能设计要求确定。

3 装饰外挂墙板通常是用在混凝土剪力墙或砌体墙外，单纯用于装饰功能，可以和保温材料、空气层组合形成复合墙体外保温构造。

4 复合保温外挂墙板是由内外混凝土层和内置的保温层通过连接件组合而成，具有围护、保温、隔热、隔声、装饰等功能。

5 预制混凝土外挂墙板也可以采用内保温墙身构造，由于梁柱及楼板周围与挂板内侧一般要求留有 30～50mm 调整间隙，内保温可以和防火做法结合实现连续铺设，不会存在热桥影响。

6 预制混凝土外挂墙板几种复合保温墙身设计时可以参考的构造做法与热工性能指标。

预制混凝土外挂墙板墙身的热工性能指标　　　　　　　　表 4-12

分类	墙身构造简图	板厚 δ_1 (mm)	保温层 δ_2 (mm)	传热阻值（m²·K/W）		传热系数（W/m²·K）	
				EPS	XPS	EPS	XPS
外保温系统	装饰面层 外墙挂板 空气层 保温层 结构墙 内装饰层	60	40	1.39	1.77	0.72	0.56
		80	50	1.64	2.11	0.61	0.47
		120	50	1.66	2.13	0.60	0.47
		140	50	1.67	2.14	0.60	0.47
		160	50	1.68	2.16	0.60	0.47
夹芯保温系统	装饰面层 外层混凝土 内层混凝土 保温层 内装饰层	180	40	1.18	1.56	0.85	0.64
		200	50	1.43	2.90	0.70	0.53
		200	60	1.66	2.23	0.60	0.45
		220	60	1.67	2.24	0.60	0.45
		220	80	2.14	2.90	0.48	0.34
		240	80	2.15	2.91	0.48	0.34
内保温系统	装饰面层 外墙挂板 空气层 保温层 内装饰层	140	40	1.18	1.56	0.85	0.64
		160	50	1.43	1.90	0.70	0.53
		180	50	1.44	1.92	0.69	0.52
		200	60	1.69	2.26	0.59	0.44
		220	60	1.70	2.27	0.59	0.44
		220	80	2.16	2.93	0.46	0.34

注：1. 普通混凝土 $\lambda = 1.74$W/(m·K)，发泡聚苯乙烯（EPS）$\lambda = 0.041$W/(m·K)，挤塑聚苯乙烯（XPS）$\lambda = 0.030$W/(m·K)；

2. δ_1 表示预制混凝土厚度，δ_2 表示保温层厚度，E 为结构墙。

4.7.3 蒸压加气混凝土板外墙节能设计

1 加气混凝土外墙和屋面传热系数（K 值）（当外墙中有钢筋混凝土柱、梁等热桥影响时，应为外墙平均传热系数 K_m 值）和热惰性指标（D 值），应符合国家现行有关标准的规定。

2 夏热冬冷地区，外墙中的钢筋混凝土梁、柱等热桥部位外侧应做保温处理，如图 4-18 所示。

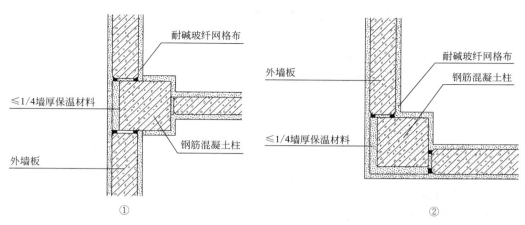

图 4-18　梁柱外保温节点

3　蒸压加气混凝土外墙板应设构造缝，外墙板的室外侧缝隙应采用专用密封胶密封，室内侧板缝应采用嵌缝剂嵌缝。

4　板材与其他墙、梁、柱、顶板接触连接时，端部需留 10～20mm 缝隙，应用聚合物或发泡剂填充；有防火要求时应用岩棉填塞。

5　外围护组合墙体单元与主体结构的连接节点及构造应满足保温、受力及变形等要求，其连接预埋件的形状尺寸及位置需按照设计要求进行埋设，如图 4-19 所示。

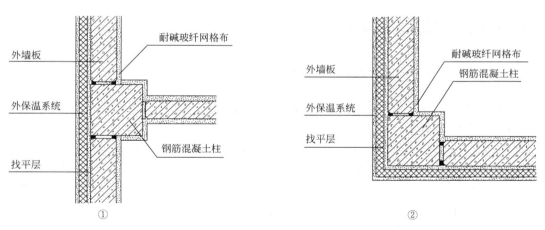

图 4-19　外墙外保温节点

4.7.4　门窗节能设计

1　门窗洞口应满足建筑构造、结构设计及节能设计要求，门窗安装应满足气密性要求及防水、保温的要求，外门、窗框或附框与墙体之间应采取保温及防水措施。门窗口上端可采用聚合物砂浆抹滴水线或鹰嘴，也可采用成品滴水槽，窗台外侧聚合物砂浆抹面做坡度。

2　外窗具有良好的气密性能。带有门窗的预制外墙板，其门窗洞口与门窗框间的气密性不应低于门窗的气密性。

4.8 新型装配式建筑的绿色建筑设计

建筑产业现代化项目的绿色设计应在建筑的全寿命周期内，最大限度地节约资源（节能、节地、节水、节材）、保护环境和减少污染，为人们提供健康、适用和高效的使用空间。主要做法包括：

1 协同设计

从建筑设计、生产建造、运维管理等建筑全生命周期内入手，充分考虑建筑产业现代化项目设计流程特点以及项目实际条件，结合信息化手段实现各个专业的设计协同，尽力避免后期变更或信息不对称造成的结构破坏和浪费。

2 被动节能设计

通过对建筑朝向的合理布置、遮阳的设置、建筑围护结构的保温隔热技术、有利于自然通风的建筑开口设计等实现建筑需要的采暖、空调、通风等能耗的降低。

3 一体化装修

将主体结构、装修部品和设备设施进行高度集成，应用模数协调结构构件及装修部品之间的尺寸关系，减少、优化部件或组合件的尺寸，使设计、制造、安装等环节的配合简单、精确，基本实现土建和装修的"集成"，实现大部分装修部品部件的"工厂化制造"和室内装修的"装配式施工"。

4 建筑造型要素应简约，且无大量装饰性构件。

4.9 装配式建筑的集成设计

4.9.1 新型装配式建筑的设计应以部品部件为基础，将建筑结构系统、外围护系统、内装系统、设备与管线系统集成为有机整体。

4.9.2 新型装配式建筑在设计阶段应进行整体策划，以统筹规划设计、构件部品生产、施工建造和运营维护。

4.9.3 集成设计的关键是做好各相关单位、相关专业的"协同"工作，"协同"有多种方法，当前比较先进的手段是通过协同工作软件和互联网等手段提高协同的效率和质量。比如运用 BIM 技术，从项目技术策划阶段开始，贯穿设计、生产、施工、运营维护各个环节，保证建筑信息在全过程的有效衔接。

4.9.4 建筑专业进行协同设计技术要点

新型装配式建筑应进行建筑、结构、机电设备、室内装修集成设计，应充分考虑新型装配式建筑的特点及项目的技术经济条件，利用信息化技术手段实现各专业间的协同配合，保证内装修设计、建筑结构、机电设备及管线、生产、施工形成完整的系统，利于实现新型装配式建筑建造的设计技术要求。

建筑专业协同各专业设计的主要内容详见图 4-20 建筑专业进行协同设计技术要点框图。

4.9.5 装配率应根据表 4-13 中评价项分值按下式计算：

$$P = Q_1 + Q_2 + Q_3 \times 100\% \qquad (4.9.1\text{-}1)$$

式中 P——装配率；

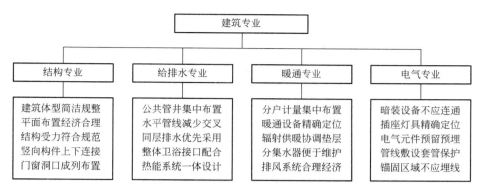

图 4-20 建筑专业进行协同设计技术要点框图

Q_1——主体结构指标实际得分值；

Q_2——围护墙和内隔墙指标实际得分值；

Q_3——装修和设备管线指标实际得分值。

装配式建筑评分表   表 4-13

	评价项	评价要求	评价分值	最低分值
主体结构 （50分）	柱、支撑、承重墙、延性墙板等竖向构件	35%≤比例≤80%	20～30 *	20
	梁、板、楼梯、阳台、空调板等构件	70%≤比例≤80%	10～20 *	
围护墙和 内隔墙 （20分）	非承重围护墙非砌筑	比例≥80%	5	10
	围护墙与保温、隔热、装饰一体化	50%≤比例≤80%	2～5 *	
	内隔墙非砌筑	比例≥50%	5	
	内隔墙与管线、装修一体化	50%≤比例≤80%	2～5 *	
装修和设 备管线 （30分）	全装修	—	6	6
	干式工法楼面、地面	比例≥70%	6	—
	集成厨房	70%≤比例≤90%	3～6 *	
	集成卫生间	70%≤比例≤90%	3～6 *	
	管线分离	50%≤比例≤70%	4～6 *	

注：表中带"＊"项的分值采用"内插法"计算，计算结果取小数点后1位。

5 结构设计篇

5.1 混凝土结构

5.1.1 一般规定

1 基本要求

1）装配式混凝土结构应该符合现行国家标准《混凝土结构设计规范》GB 50010—2010 第三章中的各项基本要求。如果房屋层数为 10 层及 10 层以上或者高度大于 28m，还应该参照《高层建筑混凝土结构技术规程》JGJ 3—2010 第 3.1 节中关于结构设计的一般性规定。

2）装配式混凝土结构的设计应符合下列规定：

a. 应采取有效措施加强结构的整体性；

b. 装配式结构宜采用高强混凝土、高强钢筋；

c. 装配式结构的节点和接缝应受力明确、构造可靠，并应满足承载力、延性和耐久性等要求；

d. 应根据连接节点和接缝的构造方式和性能，确定结构的整体计算模型。

2 装配式混凝土结构最大适用高度

装配整体式框架结构、装配整体式框架-现浇剪力墙结构、装配整体式剪力墙结构、装配整体式部分框支剪力墙结构的房屋最大适用高度应满足表 5-1 的要求，并应符合下列规定：

1）当结构中竖向构件全部为现浇且楼盖采用叠合梁板时，房屋最大适用高度可按现行行业标准《高层建筑混凝土结构技术规程》JGJ 3—2010 中的规定采用。

2）装配整体式剪力墙结构和装配整体式部分框支剪力墙结构，在规定的水平力作用下，当预制剪力墙构件底部承担的总剪力大于该层总剪力的 50% 时，其最大适用高度应适当降低；当预制剪力墙构件底部承担的总剪力大于该层总剪力的 80% 时，最大适用高度应取表 5-1 括号内的数值。

装配整体式结构房屋的最大适用高度 表 5-1

结构类型	非抗震设计	抗震设防烈度			
		6 度	7 度	8 度(0.2g)	8 度(0.3g)
装配整体式框架结构	70	60	50	40	30
装配整体式框架—现浇剪力墙结构	150	130	120	100	80
装配整体式剪力墙结构	140(130)	130(120)	110(100)	90(80)	70(60)
装配整体式部分框支剪力墙结构	120(110)	110(100)	90(80)	70(60)	40(30)

注：房屋高度指室外地面到主要屋面的高度，不包括局部突出屋顶的部分。

对于预制预应力混凝土装配整体式框架结构其最大适用高度在《预制预应力混凝土装配整体式框架结构技术规程》JGJ 224—2010 中第 3.1.1 条进行了规定：

［3.1.1］对预制预应力混凝土装配整体式框架结构，乙类、丙类建筑的适用高度应符合表 3.1.1 的规定（表 5-2）。

预制预应力混凝土装配整体式结构适用的最大高度（m）　　　表 5-2

结构类型		非抗震设计	抗震设防烈度	
			6 度	7 度
装配式框架结构	采用预制柱	70	55	45
	采用现浇柱	70	55	50
装配式框架—剪力墙结构	采用现浇柱、墙	140	120	110

3　装配式混凝土结构的抗震等级

1）装配整体式结构的抗震设计，应根据设防类别、烈度、结构类型和房屋高度采用不同的抗震等级，并应符合相应的计算和构造措施要求。丙类装配整体式结构的抗震等级应按表 5-3 确定。

丙类装配整体式结构的抗震等级　　　表 5-3

结构类型		抗震设防烈度					
		6 度		7 度		8 度	
装配整式框架结构	高度（m）	≤24	>24	≤24	>24	≤24	>24
	框架	四	三	三	二	二	一
	大跨度框架	三		二		一	
装配整体式框架—现浇剪力墙结构	高度（m）	≤60	>60	≤24	>24 且≤60	>60	≤24	>24 且≤60	>60
	框架	四	三	四	三	二	三	二	一
	剪力墙	三	三	三	二	二	二	一	
装配整体式剪力墙结构	高度（m）	≤70	>70	≤24	>24 且≤70	>70	≤24	>24 且≤70	>70
	剪力墙	四	三	四	三	二	三	二	
装配整体式部分框支剪力墙结构	高度（m）	≤70	>70	≤24	>24 且≤70	>70	≤24	>24 且≤70	
	现浇框支框架	二	二	二	二	一	一	一	
	底部加强部位剪力墙	三	二	三	二	一	二	一	
	其他区域剪力墙	四	三	四	三	二	三	二	

注：大跨度框架指跨度不小于 18m 的框架。

2）乙类装配整体式结构应按本地区抗震设防烈度提高一度的要求加强其抗震措施；当本地区抗震设防烈度为 8 度且抗震等级为一级时，应采取比一级更高的抗震措施；当建筑场地为Ⅰ类时，仍可按本地区抗震设防烈度的要求采取抗震构造措施。

3）多层装配式剪力墙结构抗震等级应符合下列规定：

a.抗震设防烈度为 8 度时取三级；

b.抗震设防烈度为 6、7 度时取四级。

c.预制预应力混凝土装配整体式房屋应根据设防类别、烈度、结构类型和房屋高度采用不同的抗震等级，并应符合相应的计算和构造措施要求。丙类建筑的抗震等级应符合表 5-4 的规定。

预制预应力混凝土装配整体式房屋的抗震等级　　　　表 5-4

结构类型		烈度			
		6		7	
装配式框架结构	高度（m）	≤24	>24	≤24	>24
	框架	四	三	三	二
	大跨度框架	三		二	
装配式框架—剪力墙结构	高度（m）	≤24	>24	≤24	>24 且≤60	>60
	框架	四	三	四	三	二
	剪力墙	三		三		二

注：1. 建筑场地为Ⅰ类时，剪力墙除 6 度外允许按表内降低一度所对应的抗震等级采取抗震构造措施。但相应的计算要求不应降低；

2. 接近或等于高度分界线时，允许结合房屋不规则程度及场地、地基条件确定抗震等级；

3. 乙类建筑应按本地区抗震设防烈度提高一度的要求加强其抗震措施，当建筑场地为Ⅰ类时，除 6 度外允许仍按本地区抗震设防烈度的要求采取抗震构造措施；

4. 大跨度框架指跨度不小于 18m 的框架。

4　装配式混凝土结构的高宽比

高层装配整体式结构的高宽比不宜超过表 5-5 的数值。

高层装配整体式结构适用的最大高宽比　　　　表 5-5

结构类型	非抗震设计	抗震设防烈度	
		6 度、7 度	8 度
装配整体式框架结构	5	4	3
装配整体式框架—现浇剪力墙结构	6	6	5
装配整体式剪力墙结构	6	6	5

5　装配式结构的平面、竖向布置及规则性

1）装配式结构的平面布置宜符合下列规定：

a. 平面形状宜简单、规则、对称，质量、刚度分布宜均匀；不应采用严重不规则的平面布置；

b. 平面长度不宜过长，长宽比（L/B）宜按表 5-6 采用；

c. 平面突出部分的长度 L 不宜过大、宽度 B 不宜过小，L/B_{max}、L/b 宜按表 5-6 采用；

d. 平面不宜采用角部重叠或细腰形平面布置。

平面尺寸及突出部位尺寸的比值限值　　　　表 5-6

抗震设防烈度	L/B	L/B_{max}	L/b
6、7 度	≤6.0	≤0.35	≤2.0
8 度	≤5.0	≤0.30	≤1.5

2）装配式结构竖向布置应连续、均匀、应避免抗侧力结构的侧向刚度和承载力沿竖向突变，并应符合现行国家标准《建筑抗震设计规范》GB 50011—2010 的有关规定。

3）装配整体式剪力墙结构的布置应满足下列要求：

a.应沿两个方向布置剪力墙；

b.剪力墙的截面宜简单、规则；预制墙的门窗洞口宜上下对齐、成列布置。

4）预制预应力混凝土装配整体式框架建筑及其抗侧力结构的平面布置宜规则、对称，并应具有良好的整体性；建筑的立面和竖向剖面宜规则，结构的侧向刚度宜均匀变化，竖向抗侧力构件的截面尺寸和材料强度宜自下而上逐渐减小，避免抗侧力结构侧向刚度突变。

5）多层框架结构不宜采用单跨框架结构，高层的框架结构以及乙类建筑的多层框架结构不应采用单跨框架结构。楼梯间的布置不应导致结构平面显著不规则，并应对楼梯构件进行抗震承载力验算。

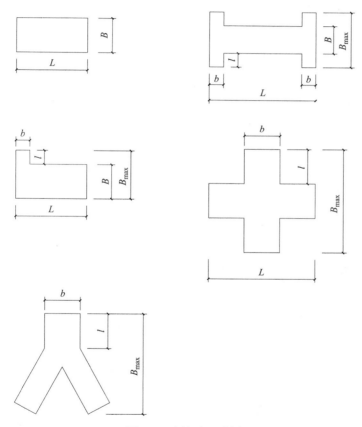

图 5-1　建筑平面示例

6）在进行建筑方案设计时，需考虑装配式混凝土结构对规则性的要求，尽量避免采用不规则的平面、竖向布置。

6　装配式混凝土结构中某些部位适合采用现浇混凝土，应按以下规定执行。

1）高层装配整体式结构应符合下列规定：

a.宜设置地下室，地下室宜采用现浇混凝土；

b.剪力墙结构底部加强部位的剪力墙宜采用现浇混凝土；

c. 框架结构首层柱宜采用现浇混凝土,顶层宜采用现浇楼盖结构。

2)带转换层的装配整体式结构应符合下列规定:

a. 当采用部分框支剪力墙结构时,底部框支层不宜超过 2 层,且框支层及相邻上一层应采用现浇结构;

b. 部分框支剪力墙以外的结构中,转换梁、转换柱宜现浇。

3)装配整体式结构的楼盖宜采用叠合楼盖。结构转换层、平面复杂或开洞较大的楼层、作为上部结构嵌固部位的地下室楼层宜采用现浇楼盖。

4)抗震设防烈度为 8 度时,高层装配整体式剪力墙结构中的电梯井筒宜采用现浇混凝土结构。

5)当顶层楼盖采用叠合楼盖时,应加大现浇层的厚度,以保证结构整体性能。

7 高层装配整体式结构进行抗震性能化设计,其范围和方法应符合以下规定。

1)抗震设计的高层装配整体式结构,当其房屋高度、规则性、结构类型等超过《装配式混凝土结构技术规程》JGJ1—2014 的规定或者抗震设防标准有特殊要求时,可按现行行业标准《高层建筑混凝土结构技术规程》JGJ 3—2010 的有关规定进行结构抗震性能设计。

2)在进行结构抗震性能设计时,构件的性能目标设定应有针对性,对抗震关键部位、不规则部位设定较高的性能目标,如中震不屈服或中震弹性;一般构件可不必设定超出规范要求的性能目标。

3)构件的性能目标宜区分受力状态,抗剪、偏拉、偏压可分别设定性能目标,一般抗剪的性能目标>偏拉>偏压。

4)重要节点及接缝也应设置合适的性能目标,接缝的性能目标不宜低于墙肢抗剪的性能目标。

5)结构整体弹塑性分析时应考虑拼缝的影响,进行合理的模拟。

8 防连续倒塌设计

1)对于可能遭受偶然作用,且倒塌可能引起严重后果的重要结构,宜进行防连续倒塌设计。

装配式结构应具有在偶然作用发生时适宜的抗连续倒塌能力,不允许采用摩擦连接传递重力荷载,应采用构件连接传递重力荷载;应具有适宜的多余约束性、整体连续性、稳固性和延性;水平构件应具有一定的反向承载能力,如连续梁边支座、非地震区简支梁支座顶面及连续梁、框架梁梁中支座底面应有一定数量的配筋及合适的锚固连接构造,防止偶然作用发生时,该构件产生过大破坏。

2)对于防连续倒塌设计,应按照《混凝土结构设计规范》GB 50010—2010 中第 3.6 条的要求进行。如果房屋层数为 10 层及 10 层以上或者房屋高度大于 28m,还应该按照《高层建筑混凝土结构技术规程》JGJ 3—2010 第 3.12 节的基本要求进行。

3)防连续倒塌应满足如下构造要求:

a. 强调结构的整体性,提出节点及接缝区域连接钢筋的数量不少于构件,后浇混凝土或者灌浆料强度不低于构件,塑性铰区接缝受剪承载力高于构件截面受剪承载力,即"强接缝、弱构件"的概念。

b. 在预制剪力墙的水平及竖向接缝内,均强调墙体钢筋的可靠连接和锚固,保证传力的连续性。

c.在结构中沿各层楼面预制墙顶设置连续封闭的现浇圈梁及水平后浇带，并强调其中纵向钢筋的连续性，增加结构的多余约束性、整体连续性。

d.在楼板边支座及端支座处，板端设置伸出钢筋或者设置附加钢筋，增强楼板与支承构件的连续性、抗剪能力和水平传力能力，并保证楼板具有一定的反向承载能力。

4）对于重要的或有特殊要求的建筑，如需进行防连续倒塌设计时，可采用下列方法：

a.局部加强法：提高可能遭受偶然作用而发生局部破坏的竖向重要构件和关键传力部位的安全储备，也可直接考虑偶然作用进行设计；

b.拉结构件法：在结构局部竖向构件失效的条件下，可根据具体情况分别按梁-拉结模型、悬索-拉结模型和悬臂-拉结模型进行承载力验算，维持结构的整体稳固性；

c.拆除构件法：按一定规则拆除结构的主要受力构件，验算剩余结构体系的极限承载力；也可采用倒塌全过程分析进行设计。

9　装配式混凝土结构中使用的主要材料包括钢筋（包括焊网）、混凝土、钢材、钢筋连接锚固材料、生产和施工中使用的配件等。其中钢筋、钢材及混凝土材料应满足以下要求。

1）混凝土、钢筋和钢材的力学性能指标和耐久性要求等应符合现行国家标准《混凝土结构设计规范》GB 50010—2010 和《钢结构设计规范》GB 50017—2017 的规定。

2）预制构件的混凝土强度等级不宜低于 C30；预应力混凝土预制构件的混凝土强度等级不宜低于 C40，且不应低于 C30；现浇混凝土的强度等级不应低于 C25。

3）钢筋的选用应符合现行国家标准《混凝土结构设计规范》GB 50010—2010 的规定，普通钢筋采用套筒灌浆连接和浆锚搭接连接时，钢筋应采用热轧带肋钢筋。

4）钢筋焊接网应符合现行行业标准《钢筋焊接网混凝土结构技术规程》JGJ 114—2014 的规定。

5）预制构件的吊环应采用未经冷加工的 HPB300 级钢筋制作。吊装用内埋式螺母或吊杆的材料应符合国家现行相关标准的规定。

6）预制构件节点及接缝处后浇混凝土强度等级不应低于预制构件的混凝土强度等级；多层剪力墙结构中墙板水平接缝用坐浆材料的强度等级值应大于被连接构件的混凝土强度等级值。

7）套筒灌浆连接的钢筋应采用符合现行国家标准《钢筋混凝土用钢 第 2 部分：热轧带肋钢筋》GB 1499.2—2018、《钢筋混凝土用余热处理钢筋》GB 13014—2013 要求的带肋钢筋；钢筋直径不宜小于 12mm，且不宜大于 40mm。

8）采用套筒灌浆连接的构件混凝土强度等级不宜低于 C30。

10　对于预制预应力混凝土装配整体式框架结构，材料还应符合如下规定。

1）预制预应力混凝土装配整体式框架所使用的混凝土应符合表 5-7 的规定：

预制预应力混凝土装配整体式框架的混凝土强度等级　　　　　　表 5-7

名称	叠合板		叠合梁		预制柱	节点键槽以外部分	现浇剪力墙、柱
	预制板	叠合板	预制板	叠合板			
混凝土强度等级	C40 及以上	C30 及以上	C40 及以上	C30 及以上	C30 及以上	C30 及以上	C30 及以上

2）键槽节点部分应采用比预制构件混凝土强度等级高一级且不低于 C45 的无收缩细

石混凝土填实。

3）预应力筋宜采用预应力螺旋肋钢丝、钢绞线，且强度标准值不宜低 1570MPa。

4）预制预应力混凝土梁键槽内的 U 形钢筋应采用 HRB400 级、HRB500 级或 HRB335 级钢筋。

11 钢筋连接及锚固材料

1）钢筋套筒灌浆连接接头采用的套筒应符合现行行业标准《钢筋连接用灌浆套筒》JG/T 398—2012 的规定。

2）钢筋套筒灌浆连接接头采用的灌浆料应符合现行行业标准《钢筋连接用套筒灌浆料》JG/T 408—2013 的规定。

3）钢筋浆锚搭接连接接头应采用水泥基灌浆料，灌浆料的性能应满足表 5-8 的要求。

钢筋浆锚搭接连接接头用灌浆料性能要求　　　　表 5-8

项目		性能指标	试验方法标准
泌水率（%）		0	《普通混凝土拌合物性能试验方法标准》GB/T 50080
流动度（mm）	初始值	≥200	《水泥基灌浆材料应用技术规范》GB/T 50448
	30min 保留值	≥150	
竖向膨胀率（%）	3h	≥0.02	《水泥基灌浆材料应用技术规范》GB/T 50448
	24h 与 3h 的膨胀率之差	0.02～0.5	
抗压强度（MPa）	1d	≥35	《水泥基灌浆材料应用技术规范》GB/T 50448
	3d	≥55	
	28d	≥80	
最大氯离子含量（%）		0.06	《混凝土外加剂匀质性试验方法》GB/T 8077

4）钢筋锚固板的材料应符合现行行业标准《钢筋锚固板应用技术规程》JGJ 256—2011 的规定。

5）连接用焊接材料，螺栓、锚栓和铆钉等紧固件的材料应符合国家现行标准《钢结构设计规范》GB 50017—2017、《钢结构焊接规范》GB 50661—2011 和《钢筋焊接及验收规程》JGJ 18—2012 等的规定。

6）灌浆套筒应符合现行行业标准《钢筋连接用灌浆套筒》JG/T 398—2012 的有关规定。灌浆套筒灌浆端最小内径与连接钢筋公称直径的差值不宜小于表 5-9 规定的数值，用于钢筋锚固的深度不宜小于插入钢筋公称直径的 8 倍。

灌浆套筒灌浆段最小内径尺寸要求　　　　表 5-9

钢筋直径（mm）	套筒灌浆段最小内径与连接钢筋公称直径差最小值（mm）
12～25	10
28～40	15

7）灌浆料性能及试验方法应符合现行行业标准《钢筋连接用套筒灌浆料》JG/T408—2017的有关规定，并应符合下列规定：

a.灌浆料抗压强度应符合表5-10的要求，且不应低于接头设计要求的灌浆料抗压强度；灌浆料抗压强度试件尺寸应按40mm×40mm×160mm尺寸制作，其加水量应按灌浆料产品说明书确定，试件应按标准方法制作、养护；

灌浆料抗压强度要求　　　　　　　　　　　　　　　　　　　表 5-10

时间（龄期）	抗压强度（N/mm²）
1d	≥35
3d	≥60
28d	≥85

b.灌浆料竖向膨胀率应符合表5-11的要求；

灌浆料竖向膨胀率要求　　　　　　　　　　　　　　　　　　表 5-11

项目	竖向膨胀率（%）
3h	≥0.02
24h 与 3h 的差值	0.02～0.50

c.灌浆料拌合物的工作性能应符合表5-12的要求，泌水率试验方法应符合现行国家标准《普通混凝土拌合物性能试验方法标准》GB/T 50080—2016 的规定。

灌浆料拌合物的工作性能要求　　　　　　　　　　　　　　　表 5-12

项目		工作性能要求
流动度（mm）	初始	≥300
	30min	≥260
泌水率（%）		0

8）套筒灌浆连接接头应满足强度和变形性能要求。

9）钢筋套筒灌浆连接接头的抗拉强度不应小于连接钢筋抗拉强度标准值，而且破坏时应断于接头外钢筋。

10）钢筋套筒灌浆连接接头的屈服强度不应小于连接钢筋屈服强度标准值。

11）套筒灌浆连接接头应能经受规定的高应力和大变形反复拉压循环检验，而且在经历拉压循环后，其抗拉强度仍应符合《钢筋套筒灌浆连接应用技术规程》JGJ 355—2015第3.2.2条的规定。

12）套筒灌浆连接接头单向拉伸、高应力反复拉压、大变形反复拉压试验加载过程中，当接头拉力达到连接钢筋抗拉荷载标准值的1.15倍而未发生破坏时，应判为抗拉强度合格，可停止试验。

13）套筒灌浆连接接头的变形性能应符合表5-13的规定。当频遇荷载组合下，构件中钢筋应力高于钢筋屈服强度标准值的0.6倍时，设计单位可对单向拉伸残余变形的加载峰值提出调整要求。

套筒灌浆连接接头的变形性能 表 5-13

项目		工作性能要求
对中单向拉伸	残余变形（mm）	$\leq 0.10(d \leq 32)$ $\leq 0.14(d > 32)$
	最大力下总伸长率（%）	≥ 6.0
高应力反复拉压	残余变形（mm）	≤ 0.3
大变形反复拉压	残余变形（mm）	≤ 0.3 且 ≤ 0.6

注：一接头试件加载至 0.6 并卸载后在规定标距内的残余变形；一接头试件的最大力下总伸长率；一接头试件按规定加载制度经高应力反复拉压 20 次后的残余变形；一接头试件按规定加载制度经大变形反复拉压 4 次后的残余变形；一接头试件按规定加载制度经大变形反复拉压 8 次后的残余变形。

12 预留预埋件材料

受力预埋件的锚板及锚筋材料应符合现行国家标准《混凝土结构设计规范》GB 50010 的有关规定。专用预埋件及连接件材料应符合国家现行有关标准的规定。

夹心外墙板中内外叶墙板的拉结件应符合下列规定：

1）金属及非金属材料拉结件均应具有规定的承载力、变形和耐久性能，并应经过试验验证；

2）拉结件应满足夹心外墙板的节能设计要求。

5.1.2 结构计算

1 作用及作用组合

1）装配式结构的作用及作用组合应根据国家现行标准《建筑结构荷载规范》GB 50009—2012、《建筑抗震设计规范》GB 50011—2010、《高层建筑混凝土结构技术规程》JGJ 3—2010 和《混凝土结构工程施工规范》GB 50666—2011 等确定。

2）装配式结构设计过程中，作用与作用组合与其他类型结构是一致的。需要注意的是短暂设计状况下的构件及连接节点验算：包括构件脱模翻身、吊运、安装阶段的承载力及裂缝控制，吊具承载力验算；构件安装阶段的临时支撑验算、临时连接预埋件验算等。施工阶段的荷载及荷载组合主要按照《混凝土结构工程施工规范》GB 50666—2011 等确定，并应符合《装配式混凝土结构技术规程》JGJ 1—2014 中的规定。

2 装配式混凝土结构的整体分析方法

1）在各种设计状况下，装配整体式结构可采用与现浇混凝土结构相同的方法进行结构分析。当同一层内既有预制又有现浇抗侧力构件时，地震设计状况下宜对现浇抗侧力构件在地震作用下的弯矩和剪力进行适当放大。

2）装配整体式结构承载能力极限状态及正常使用极限状态的作用效应分析可采用弹性方法，并宜按结构实际情况建立分析模型。

3）除另有规定外，装配整体式框架结构可按现浇混凝土框架结构进行设计。

4）抗震设计时，对同一层内既有现浇墙肢也有预制墙肢的装配整体式剪力墙结构，现浇墙肢水平地震作用弯矩、剪力宜乘以不小于 1.1 的增大系数。

5）在结构内力与位移计算时，对现浇楼盖和叠合楼盖，均可假定楼盖在其自身平面内为无限刚性；楼面梁的刚度可计入翼缘作用予以增大；梁刚度增大系数可根据翼缘情况近似取为 1.3～2.0。

3 装配式混凝土结构的层间位移角限值

按弹性方法计算的风荷载或多遇地震标准值作用下的楼层层间最大位移与层高之比的限值宜按表 5-14 采用。

楼层层间最大位移与层高之比的限值 表 5-14

结构类型	限值
装配整体式框架结构	1/550
装配整体式框架－现浇剪力墙结构	1/650
装配整体式剪力墙结构、装配整体式部分框支剪力墙结构	1/800
多层装配式剪力墙结构	1/1200

5.1.3 构件设计

1 民用建筑工程中常用的预制构件类型包括：框（排）架柱、剪力墙、柱梁节点、支撑、梁（屋架）、板、楼梯、围护和分隔墙、功能性部品和部件等，详见表 5-15。

预制构件类型 表 5-15

构件类型	构件描述	标准、规范编号	技术发展和应用
框（排）架柱	实心、空心、格构	GB 50010—2010 JGJ 1—2014 JGJ 3—2010	铰接和半刚接连接技术、混合连接框架结构体系推广应用
剪力墙	实心 空心、叠合（单面/双面）、格构	JGJ 1—2014 地方标准	干式和干湿混合连接技术推广应用
柱梁节点	一字形、L 形、T 形、十字形、牛腿式/柱、梁、节点一体化	GB 50010—2010 JGJ 1—2014	推广应用
支撑	X 形、V 形、K 形……	无	完善结构体系
梁（屋架）	预制、叠合、实心、空心、析架、格构……	GB 50010—2010 JGJ 1—2014 JGJ 3—2010	干式连接、与型钢配合的技术等推广应用
板	预制、叠合/平板、带肋、双 T、V 形折板、槽形、格栅……预应力板（空心、实心、带肋）	GB 50010—2010 JGJ 1—2014 JGJ 3—2010 JGJ/T 258—2011	推广应用
楼梯	板式、梁式/剪刀、双跑、多跑	JGJ 1—2014 国家建筑标准设计	推广应用
围护和分隔墙	实心、空心、复合型、幕墙、装饰……	JGJ 1—2014 在编	点、线连接技术，与预制混凝土结构和装修相结合，推广应用
功能性部品部件	送排风道、管道井、电梯井边、整体式厨房和卫生间、太阳能支架、门窗套、遮阳……	无	完善产品标准与建筑体系结合推广应用
其他	地下设施、地面服务设施……	无	完善产品标准和技术标准

2 预制构件的质量验收方法和标准和性能评定方法和标准详见表 5-16。

预制构件性能

表 5-16

类型	描述	标准、规范编号	技术发展
构件质量验收	构件缺陷评价、部分结构性能、构件耐久性能、构件防火性能	GB 50010—2010、GB 50016—2014、GB 50204—2015、GB 50666—2011、JGJ 1—2014	基本齐全，但标准较低，协调性较差，需要研究、完善和提高
构件性能评定	结构性能、耐久性能、建筑物理性能……	GB 50096—2011、GB 50204—2015、JGJ 1—2014	需要发展性能评价方法和评价等级和指标体系

3 预制构件的设计原则

1）装配式、装配整体式混凝土结构中各类预制构件及连接构造应按下列原则进行设计：

a.应在结构方案和传力途径中确定预制构件的布置及连接方式，并在此基础上进行整体结构分析和构件及连接设计；

b.预制构件的设计应满足建筑使用功能，并符合标准化设计的要求；

c.预制构件的连接宜设置在结构受力较小处，且宜便于施工；结构构件之间的连接构造应满足结构传递内力的要求；

d.各类预制构件及其连接构造应按从生产、施工到使用过程中可能产生的不利工况进行验算，对预制非承重构件尚应符合《混凝土结构设计规范》GB 50010—2010 第 9.6.8 条的规定。

2）装配式、装配整体式混凝土结构中各类预制构件的连接构造，应便于构件安装、装配整体式。对计算时不考虑传递内力的连接，也应有可靠的固定措施。

3）非承重预制构件的设计应符合下列要求：

a.与支承结构之间宜采用柔性连接方式；

b.在框架内镶嵌或采用焊接连接时，应考虑其对框架抗侧移刚度的影响；

c.外挂板与主体结构的连接构造应具有一定的变形适应性。

4）预制构件应遵循少规格、多组合的原则。

5）装配式结构中，预制构件的连接部位宜设置在结构受力较小的部位，其尺寸和形状应符合下列规定：

a.应满足建筑使用功能、模数、标准化要求，并应进行优化设计；

b.应根据预制构件的功能和安装部位、加工制作及施工精度等要求，确定合理的公差；

c.应满足制作、运输、堆放、安装及质量控制要求。

4 预制构件设计内容

预制构件深化设计的深度应满足建筑、结构和机电设备等各专业以及构件制作、运输、安装等各环节的综合要求。

5 装配式剪力墙结构施工图部分的设计应包括结构施工图和预制构件制作详图设计两阶段，并应符合下列规定：

1）结构施工图设计的内容和深度除应满足现行国家和广州市有关施工图设计文件编

制深度的规定外，还应满足预制构件制作详图的编制需求和安装施工的要求；应根据建设项目的具体情况，增加如下设计内容：

　　a. 预制构件制作和安装施工的设计说明；

　　b. 预制构件模板图和配筋图；

　　c. 预制构件明细表或索引图；

　　d. 预制构件连接计算和连接构造大样图；

　　e. 预制构件安装大样图；

　　f. 对建筑、机电设备、精装修等专业在预制构件上的预留洞口、预埋管线、预埋件和连接件等，进行设计综合；

　　g. 预制构件制作、安装施工的工艺流程及质量验收要求；

　　h. 连接节点施工质量检测、验收要求。

　　2）预制构件制作详图设计应根据结构施工图的内容和要求进行编制，设计深度应满足预制构件制作、工程量统计的需求和安装施工的要求，且应包括如下内容：

　　a. 预制构件制作和使用说明，包括对材料、制作工艺、模具、质量检验、运输要求、堆放存储和安装施工要求等的规定；

　　b. 预制构件的平面和竖向布置图，包括预制构件生产编号、布置位置和数量等内容；

　　c. 预制构件模板图、配筋图和预埋件布置图的深化及调整；

　　d. 预制夹心外墙板内外叶之间的连接件布置图和计算书、保温板排板图等，带饰面砖或饰面板构件的排砖图或排板图；

　　e. 预制构件材料和配件明细表；

　　f. 预制构件在制作、运输、存储、吊装和安装定位、连接施工等阶段的复核计算和预设连接件、预埋件、临时固定支撑等的设计。

　　6　预制构件的计算应包括持久设计状况、地震设计状况和短暂设计状况。

　　其中，持久设计状况和地震设计状况的计算内容及方法应符合现行国家标准《混凝土结构设计规范》GB 50010—2010、《建筑抗震设计规范》GB 50011—2010 和《装配式混凝土结构技术规程》JGJ 1—2014 及《高层建筑混凝土结构技术规程》JGJ 3—2010 的有关规定；短暂设计状况的计算内容及方法除应符合现行国家标准《混凝土结构工程施工规范》GB 50666—2011 及《装配式混凝土结构技术规程》JGJ 1—2014 的有关规定外，尚应满足预制构件生产和建造全过程的实际状态的需要。

　　7　预制构件的设计应符合下列规定：

　　1）对持久设计状况，应对预制构件进行承载力、变形、裂缝控制验算；

　　2）对地震设计状况，应对预制构件进行承载力验算；

　　3）对制作、运输、堆放、安装等短暂设计状况下的预制构件验算，应符合现行国家标准《混凝土结构工程施工规范》GB 50666—2011 的有关规定。

　　8　装配式结构构件及节点应进行承载能力极限状态及正常使用极限状态设计，并应符合现行国家标准《混凝土结构设计规范》GB 50010—2010、《建筑抗震设计规范》GB 50011—2010、《混凝土结构工程施工规范》GB 50666—2011 等的有关规定。

　　9　抗震设计时，构件及节点的承载力抗震调整系数应按表5-17采用。

　　预埋件锚筋截面计算的承载力抗震调整系数应取为1.0；当仅考虑竖向地震作用组合

时，承载力抗震调整系数应取 1.0。

构件及节点承载力抗震调整系数　　表 5-17

结构构件类别	正截面承载力计算					斜截面承载力计算	受冲切承载力计算、接缝受剪承载力计算
	受弯构件	偏心受压柱		偏心受拉构件	剪力墙	各类构件及框架节点	
		轴压比小于 0.15	轴压比不小于 0.15				
	0.75	0.75	0.80	0.85	0.85	0.85	0.85

10　预制构件短暂设计工况验算

1）预制混凝土构件在生产、施工过程中，应按实际工况的荷载、计算简图、混凝土实体强度进行施工阶段验算。验算时，应将构件自重乘以相应的动力系数：对脱模、翻转、吊装、运输时可取 1.5，临时固定时可取 1.2。

注：动力系数尚可根据具体情况适当增减。

2）装配式混凝土结构施工前，应根据设计要求和施工方案进行必要的施工验算。

3）预制构件在脱模、吊运、运输、安装等环节的施工验算，应将构件自重标准值乘以脱模吸附系数或动力系数作为等效荷载标准值，并应符合下列规定：

a. 脱模吸附系数宜取 1.5，也可根据构件和模具表面状况适当增减；复杂情况，脱模吸附系数宜根据试验确定；

b. 构件吊运、运输时，动力系数宜取 1.5；构件翻转及安装过程中就位、临时固定时，动力系数可取 1.2。当有可靠经验时，动力系数可根据实际受力情况和安全要求适当增减。

4）预制构件的施工验算应符合设计要求。当设计无具体要求时，宜符合下列规定：

a. 钢筋混凝土和预应力混凝土构件正截面边缘的混凝土法向压应力，应满足下式的要求：

$$\sigma_{cc} \leqslant 0.8 f'_{ck} \qquad (5.1.3\text{-}1)$$

式中　σ_{cc}——各施工环节在荷载标准值组合作用下产生的构件正截面边缘混凝土法向压应力（MPa），可按毛截面计算；

f'_{ck}——与各施工环节的混凝土立方体抗压强度相应的抗压强度标准值（MPa），按现行国家标准《混凝土结构设计规范》GB50010—2010 表 5.1.1.3-1 以线性内插法确定。

b. 钢筋混凝土和预应力混凝土构件正截面边缘的混凝土法向拉应力，宜满足下式的要求：

$$\sigma_{ct} \leqslant 1.0 f'_{tk} \qquad (5.1.3\text{-}2)$$

式中　σ_{ct}——各施工环节在荷载标准值组合作用下产生的构件正截面边缘混凝土法向拉应力（MPa），可按毛截面计算；

f'_{tk}——与各施工环节的混凝土立方体抗压强度相应的抗压强度标准值（MPa），按现行国家标准《混凝土结构设计规范》GB50010—2010 表 5.1.1.3-2，以线性内插法确定。

c. 预应力混凝土构件的端部正截面边缘的法向拉应力，可适当放松，但不应大于：

　　d.施工过程中允许出现裂缝的钢筋混凝土构件，其正截面边缘混凝土法向拉应力限值可适当放松，但开裂截面受拉钢筋的应力，应满足下列要求：

$$\sigma_s \leqslant 0.7 f_{yk} \qquad (5.1.3-3)$$

式中　σ_s——各施工环节在荷载标准值组合作用下产生的构件受拉钢筋应力，应按开裂截面计算（MPa）；

　　　　f_{yk}——受拉钢筋强度标准值（MPa）。

　　e.叠合式受弯构件尚应符合现行国家标准《混凝土结构设计规范》GB 50010—2010的有关规定。在叠合层施工阶段验算中，作用在叠合板上的施工活荷载标准值可按实际情况计算，且取值不宜小于 $1.5kN/m^2$。

　　5）预制构件中的预埋吊件及临时支撑，宜按下式进行计算：

$$K_c S_c \leqslant R_c \qquad (5.1.3-4)$$

式中　K_c——施工安全系数，可按表5.1.26的规定取值；当有可靠经验时，可根据实际情况适当增减；

　　　　S_c——施工阶段荷载标准组合作用下的效应值，施工阶段的荷载标准值按《混凝土结构工程施工规范》GB 50666—2011 附录 A 及第 9.2.3 条的有关规定取值；

　　　　R_c——按材料强度标准值计算或根据试验确定的预埋吊件、临时支撑、连接件的承载力；对复杂或特殊情况，宜通过试验确定。

预埋吊件及临时支撑的施工安全系数 表 5-18

项目	施工安全系数
临时支撑	2
临时支撑的连接件 预制构件中用于连接临时支撑的预埋件	3
普通预埋吊件	4
多用途的预埋吊件	5

　　注：对采用 HPB300 钢筋吊环的预埋吊件，应符合现行国家标准《混凝土结构设计规范》GB 50010—2010 的有关规定。

　　6）预制构件在翻转、运输、吊运、安装等短暂设计状况下的施工验算，应将构件自重标准值乘以动力系数后作为等效静力荷载标准值。构件运输、吊运时，动力系数宜取1.5；构件翻转及安装过程中就位、临时固定时，动力系数可取1.2。

　　7）预制构件进行脱模验算时，等效静力荷载标准值应取构件自重标准值乘以动力系数后与脱模吸附力之和，且不宜小于构件自重标准值的1.5倍。动力系数与脱模吸附力应符合下列规定：

　　a.动力系数不宜小于1.2；

　　b.脱模吸附力应根据构件和模具的实际情况取用，且不宜小于1.5。

　　8）用于固定连接件的预埋件与预埋吊件、临时支撑用预埋件不宜兼用；当兼用时，应同时满足各种设计工况要求。预制构件中预埋件的验算应符合现行国家标准《混凝土结构设计规范》GB 50010—2010、《钢结构设计规范》GB 50017—2017 和《混凝土结构工程施工规范》GB 50666—2010 等有关规定。

9）预制构件中外露预埋件凹入构件表面的深度不宜小于 10mm。

11 叠合构件

1）二阶段成形的水平叠合受弯构件，当预制构件高度不足全截面高度的 40% 时，施工阶段应有可靠支撑。

施工阶段有可靠支撑的叠合受弯构件，可按整体受弯构件设计计算，但其斜截面受剪承载力和叠合面受剪承载力应按《混凝土结构设计规范》GB 50010—2010 附录 H 计算。

施工阶段无支撑的叠合受弯构件，应对底部预制构件及浇筑混凝土后的叠合构件按《混凝土结构设计规范》GB 50010—2010 附录 H 的要求进行二阶段受力计算。

2）由预制构件及后浇混凝土成形的叠合柱和墙，应按施工阶段及使用阶段的工况分别进行预制构件及整体结构的计算。

3）叠合板可根据预制板接缝构造、支座构造、长宽比按单向板或双向板设计。当预制板之间采用分离式接缝（图 5-2a）时，宜按单向板设计。对长宽比不大于 3 的四边支承叠合板，当其预制板之间采用整体式接缝（图 5-2b）或无接缝（图 5-2c）时，可按双向板设计。

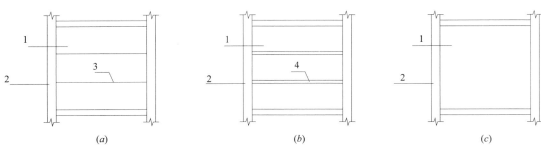

图 5-2　叠合板的预制板布置形式示意

1—预制板；2—梁或墙；3—板侧分离式接缝；4—板侧整体式接缝

（a）单向叠合板；（b）带接缝的双向叠合板；（c）无接缝的双向叠合板

4）叠合构件的计算尚应满足下列要求：

a. 叠合梁、叠合板等水平叠合受弯构件应按施工现场支撑布置的具体情况，进行整体计算或考虑二阶段受力验算。

b. 由预制构件及后浇混凝土成形的叠合柱和墙等竖向叠合构件，可按整体构件进行构件验算。

c. 叠合构件的预制部分应进行短暂工况设计验算；当预制构件作为施工现场现浇混凝土的模板时，尚应补充施工阶段的相关验算。

12 装配整体式框架的构件构造

1）装配整体式框架结构中，当采用叠合梁时，框架梁的后浇混凝土叠合层厚度不宜小于 150mm（图 5-3a），次梁的后浇混凝土叠合层厚度不宜小于 120mm；当采用凹口截面预制梁时（图 5-3b），凹口深度不宜小于 50mm，凹口边厚度不宜小于 60mm。

2）叠合梁的箍筋配置应符合下列规定：

a. 抗震等级为一、二级的叠合框架梁的梁端箍筋加密区，宜采用整体封闭箍筋（图 5-4a）；

b. 采用组合封闭箍筋的形式（图 5-4b）时，开口箍筋上方应做成 135°弯钩；非抗震设

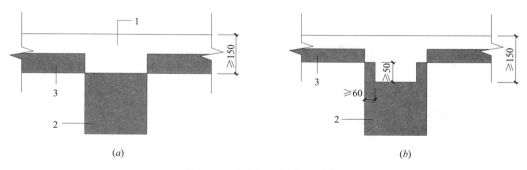

图 5-3 叠合框架梁截面示意

1—后浇混凝土叠合层；2—预制梁；3—预制板

（a）矩形截面预制梁；（b）凹口截面预制梁

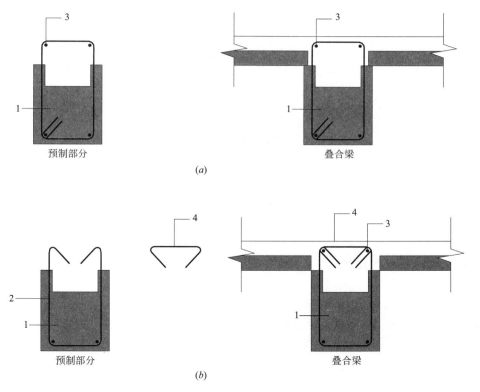

图 5-4 叠合梁箍筋构造示意

1—预制梁；2—开口箍筋；3—上部纵向钢筋；4—箍筋帽

（a）采用整体封闭箍筋的叠合梁；（b）采用组合封闭箍筋的叠合梁

计时，弯钩端头平直段长度不应小于 $5d$（d 为箍筋直径）；抗震设计时，平直段长度不应小于 $10d$。现场应采用箍筋帽封闭开口箍，箍筋帽末端应做成 $135°$ 弯钩；非抗震设计时，弯钩端头平直段长度不应小于 $5d$；抗震设计时，平直段长度不应小于 $10d$。

3）预制柱的设计应符合现行国家标准《混凝土结构设计规范》GB 50010—2010 的要求，并应符合下列规定：

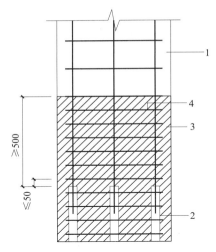

图 5-5　钢筋采用套筒灌浆连接时柱底
箍筋加密区域构造示意

1—预制柱；2—套管灌浆链接接头；3—箍筋
加密区（阴影区域）；4—加密区箍筋

a. 柱纵向受力钢筋直径不宜小于 20mm；

b. 矩形柱截面宽度或圆柱直径不宜小于 400mm，且不宜小于同方向梁宽的 1.5 倍；

c. 柱纵向受力钢筋采用套筒灌浆连接时，柱箍筋加密区长度不应小于纵向受力钢筋连接区域长度与 500mm 之和；套筒上端第一个箍筋距离套筒顶部不应大于 50mm（图 5-5）。

4）装配整体式框架结构的构造设计应注意以下几点：

a. 预制柱、预制（叠合）梁外伸钢筋的配筋构造必须考虑相邻构件安装施工时的钢筋连接和避让及现场施工钢筋的放置和固定等要求。

b. 预制柱、预制（叠合）梁内的钢筋构造应尽量采用适合于钢筋骨架机械加工的方式，如在框架柱内宜采用螺旋箍筋、焊接封闭箍筋等形式。

c. 预制柱底部和顶部、预制（叠合）梁柱边塑性铰区、主次梁交叉处主梁两侧等部位，应保证箍筋加密的构造要求。

d. 预制柱、预制（叠合）梁内的纵向受力钢筋布置在同等的情况下，宜采用较少根数、较大直径的方式。

13　预制剪力墙板构造

1）预制剪力墙宜采用一字形，也可采用 L 形、T 形或 U 形；开洞预制剪力墙洞口宜居中布置，洞口两侧的墙肢宽度不应小于 200mm，洞口上方连梁高度不宜小于 250mm。

2）预制剪力墙的连梁不宜开洞；当需开洞时，洞口宜预埋套管，洞口上、下截面的有效高度不宜小于梁高的 1/3，且不宜小于 200mm；被洞口削弱的连梁截面应进行承载力验算，洞口处应配置补强纵向钢筋和箍筋，补强纵向钢筋的直径不应小于 12mm。

3）预制剪力墙开有边长小于 800mm 的洞口且在结构整体计算中不考虑其影响时，应沿洞口周边配置补强钢筋；补强钢筋的直径不应小于 12mm，截面面积不应小于同方向被洞口截断的钢筋面积；该钢筋自孔洞边角算起伸入墙内的长度，非抗震设计时不应小于，抗震设计时不应小于（图 5-6）。

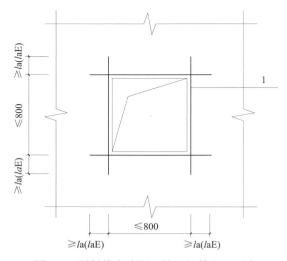

图 5-6　预制剪力墙洞口补强钢筋配置示意
1—洞口补强钢筋

4）当采用套筒灌浆连接时，自套筒底部至套筒顶部并向上延伸 300mm 范围内，预制剪力墙的水平分布筋应加密（图 5-7），加密区水平分布筋的最大间距及最小直径应符合表 5-19 的规定，套筒上端第一道水平分布钢筋距离套筒顶部不应大于 50mm。

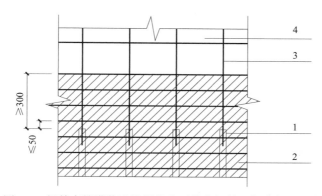

图 5-7 钢筋套筒灌浆连接部位水平分布钢筋的加密构造示意

1—灌浆套筒；2—水平分布钢筋加密区域（阴影区域）；3—竖向钢筋；4—水平分布钢筋

加密区水平分布钢筋的要求 表 5-19

抗震等级	最大间距(mm)	最小直径(mm)
一、二级	100	8
三、四级	150	8

5）端部无边缘构件的预制剪力墙，宜在端部配置两根直径不小于 12mm 的竖向构造钢筋；沿该钢筋竖向应配置拉筋，拉筋直径不宜小于 6mm、间距不宜大于 250mm。

6）当预制外墙采用夹心墙板时，应满足下列要求：

a.外叶墙板厚度不应小于 50mm，且外叶墙板应与内叶墙板可靠连接；

b.夹心墙板的夹层厚度不宜大于 120mm；

c.当作为承重墙时，内叶墙板应按剪力墙进行设计。

7）当房屋高度不大于 10m 且不超过 3 层时，预制剪力墙截面厚度不应小于 120mm；当房屋超过 3 层时，预制剪力墙截面厚度不宜小于 140mm。

8）当预制剪力墙截面厚度不小于 140mm 时，应配置双排双向分布钢筋网。剪力墙水平及竖向分布筋最小配筋率不应小于 0.15%。

14 叠合楼板预制底板构造

1）叠合板应按现行国家标准《混凝土结构设计规范》GB 50010—2010 进行设计，并应符合下列规定：

a.叠合板的预制板厚度不宜小于 60mm，后浇混凝土叠合层厚度不应小于 60mm；

b.当叠合板的预制板采用空心板时，板端空腔应封堵；

c.跨度大于 3m 的叠合板，宜采用桁架钢筋混凝土叠合板；

d.跨度大于 6m 的叠合板，宜采用预应力混凝土预制板；

e.板厚大于 180mm 的叠合板宜采用混凝土空心板。

2）桁架钢筋混凝土叠合板应满足下列要求：

a.桁架钢筋应沿主要受力方向布置；

b. 桁架钢筋距板边不应大于 300mm，间距不宜大于 600mm；

c. 桁架钢筋弦杆钢筋直径不宜小于 8mm，腹杆钢筋直径不应小于 4mm；

d. 桁架钢筋弦杆混凝土保护层厚度不应小于 15mm。

3）当未设置桁架钢筋时，在下列情况下，叠合板的预制板与后浇混凝土叠合层之间应设置抗剪构造钢筋：

a. 单向叠合板跨度大于 4.0m 时，距支座 1/4 跨范围内；

b. 双向叠合板短向跨度大于 4.0m 时，距四边支座 1/4 短跨范围内；

c. 悬挑叠合板；

d. 悬挑板的上部纵向受力钢筋在相邻叠合板的后浇混凝土锚固范围内。

4）叠合板的预制板与后浇混凝土叠合层之间设置的抗剪构造钢筋应符合下列规定：

a. 抗剪构造钢筋宜采用马凳形状，间距不宜大于 400mm，钢筋直径 d 不应小于 6mm；

b. 马凳钢筋宜伸到叠合板上、下部纵向钢筋处，预埋在预制板内的总长度不应小于 $15d$，水平段长度不应小于 50mm。

15 预制楼梯构造

1）预制板式楼梯的梯段板底应配置通长的纵向钢筋。板面宜配置通长的纵向钢筋；当楼梯两端均不能滑动时，板面应配置通长的纵向钢筋。

2）预制楼梯与支承构件之间宜采用简支连接。采用简支连接时，应符合下列规定：

a. 预制楼梯宜一端设置固定铰，另一端设置滑动铰，其转动及滑动变形能力应满足结构层间位移的要求，且预制楼梯端部在支承构件上的最小搁置长度应符合表 5-20 的规定；

b. 预制楼梯设置滑动铰的端部应采取防止滑落的构造措施。

预制楼梯在支承构件上的最小搁置长度　　　　　　　　　表 5-20

抗震设防烈度	6 度	7 度	8 度
最小搁置长度(mm)	75	75	100

16 非承重预制构件

1）非承重预制构件的设计应符合下列要求：

a. 与支承结构之间宜采用柔性连接方式；

b 在框架内镶嵌或采用焊接连接时，应考虑其对框架抗侧移刚度的影响；

c. 外挂板与主体结构的连接构造应具有一定的变形适应性。

2）外挂墙板的高度不宜大于一个层高，厚度不宜小于 100mm。

3）外挂墙板宜采用双层、双向配筋，竖向和水平钢筋的配筋率均不应小于 0.15%，且钢筋直径不宜小于 5mm，间距不直大于 200mm。

4）门窗洞口周边、角部应配置加强钢筋。

5）外挂墙板最外层钢筋的混凝土保护层厚度除有专门要求外，应符合下列规定：

a. 对石材或面砖饰面，不应小于 15mm；

b. 对清水混凝土，不应小于 20mm；

c. 对露骨料装饰面，应从最凹处混凝土表面计起，且不应小于 20mm。

6）外挂墙板的截面设计应符合《装配式混凝土结构技术规程》JGJ 1—2014 第 6.4 节的要求。

7）外挂墙板与主体结构采用点支承连接时，连接件的滑动孔尺寸，应根据穿孔螺栓的直径、层间位移值和施工误差等因素确定。

8）外挂墙板间接缝的构造应符合下列规定：

a. 接缝构造应满足防水、防火、隔声等建筑功能要求；

b. 接缝宽度应满足主体结构的层间位移、密封材料的变形能力、施工误差、温差引起变形等要求，且不应小于 15mm。

5.1.4　预制构件连接设计

1　装配整体式混凝土结构中预制构件的连接是通过后浇混凝土、灌浆料和坐浆材料、钢筋及连接件等实现预制构件间的接缝以及预制构件与现浇混凝土间结合面的连续，满足设计需要的内力传递和变形协调能力及其他结构性能要求。

2　装配整体式混凝土结构中，接缝的正截面承载力验算与现浇混凝土结构相同，应符合现行国家标准《混凝土结构设计规范》GB 50010—2010 的规定；接缝的受剪承载力应符合行业标准《装配式混凝土结构技术规程》JGJ 1—2014 的规定。

1）装配整体式结构中，接缝的正截面承载力应符合现行国家标准《混凝土结构设计规范》GB 50010 —2010 的规定。接缝的受剪承载力应符合下列规定：

a. 持久设计状况：

$$\gamma_a V_{jd} \leqslant V_u \qquad (5.1.4-1)$$

b. 地震设计状况：

$$V_{jdE} \leqslant V_u / \gamma_{RE} \qquad (5.1.4-2)$$

在梁、柱端部箍筋加密区及剪力墙底部加强部位，尚应符合下列要求：

$$\eta_j V_{mua} \leqslant V_{uE} \qquad (5.1.4-3)$$

式中　γ_a——结构重要性系数，安全等级为一级时不应小于 1.1，安全等级为二级时不应小于 1.0；

V_{jd}——持久设计状况下接缝剪力设计值；

V_{jdE}——地震设计状况下接缝剪力设计值；

V_u——持久设计状况下梁端、柱端、剪力墙底部接缝受剪承载力设计值；

V_{uE}——地震设计状况下梁端、柱端、剪力墙底部接缝受剪承载力设计值；

V_{mua}——被连接构件端部按实配钢筋面积计算的斜截面受剪承载力设计值；

η_j——接缝受剪承载力增大系数，抗震等级为一、二级取 1.2，抗震等级为三、四级取 1.1。

2）叠合梁端竖向接缝的受剪承载力设计值应按下列公式计算：

a. 持久设计状况：

$$V_u = 0.07 f_c A_{cl} + 0.10 f_c A_k + 1.65 A_{sd} \sqrt{f_c f_y} \qquad (5.1.4-4)$$

b. 地震设计状况：

$$V_{uE} = 0.04 f_c A_{cl} + 0.06 f_c A_k + 1.65 A_{sd} \sqrt{f_c f_y} \qquad (5.1.4-5)$$

式中　A_{cl}——叠合梁端截面后浇混凝土叠合层截面面积；

f_c——预制构件混凝土轴心抗压强度设计值；

f_y——垂直穿过结合面钢筋的抗拉强度设计值；

A_k——各键槽的根部截面面积之和，按后浇键槽根部截面和预制键槽根部截面分别计算，并取两者的较小值；

A_{sd}——垂直穿过结合面所有钢筋的面积，包括叠合层内的纵向钢筋。

3）在地震设计状况下，预制柱底水平接缝的受剪承载力设计值应按下列公式计算：

当预制柱受压时：

$$V_{uE} = 0.8N + 1.65 A_{sd} \sqrt{f_c f_y}$$ （5.1.4-6）

当预制柱受拉时：

$$V_{uE} = 1.65 A_{sd} \sqrt{f_c f_y \left[1 - \left(\frac{N}{A_{sd} f_y}\right)^2\right]}$$ （5.1.4-7）

式中 f_c——预制构件混凝土轴心抗压强度设计值；

f_y——垂直穿过结合面钢筋抗拉强度设计值；

N——与剪力设计值 V 相应的垂直于结合面的轴向力设计值，取绝对值进行计算；

A_{sd}——垂直穿过结合面所有钢筋的面积；

V_{uE}——地震设计状况下接缝受剪承载力设计值。

4）在地震设计状况下，剪力墙水平接缝的受剪承载力设计值应按下式计算：

$$V_{uE} = 0.6 f_y A_{sd} + 0.8N$$ （5.1.4-8）

式中 f_y——垂直穿过结合面的钢筋抗拉强度设计值；

N——与剪力设计值 V 相应的垂直于结合面的轴向力设计值，压力时取正，拉力时取负；

A_{sd}——垂直穿过结合面的抗剪钢筋面积。

5）在地震设计状况下，预制剪力墙水平接缝的受剪承载力设计值应按下列公式计算：

$$V_{uE} = 0.6 f_y A_{sd} + 0.6N$$ （5.1.4-9）

式中 f_y——垂直穿过结合面的钢筋抗拉强度设计值；

N——与剪力设计值 V 相应的垂直于结合面的轴向力设计值，压力时取正，拉力时取负；

A_{sd}——垂直穿过结合面的抗剪钢筋面积

3 预制构件与后浇混凝土、灌浆料和座浆材料的结合面

1）混凝土叠合梁、板应符合下列规定：

a. 叠合梁的叠合层混凝土的厚度不宜小于 100mm，混凝土强度等级不宜低于 C30。预制梁的箍筋应全部伸入叠合层，且各肢伸入叠合层的直线段长度不宜小于 $10d$，d 为箍筋直径。预制梁的顶面应做成凹凸差不小于 6mm 的粗糙面。

b. 叠合板的叠合层混凝土的厚度不应小于 40mm，混凝土强度等级不宜低于 C25。预制板表面应做成凹凸差不小于 4mm 的粗糙面。承受较大荷载的叠合板以及预应力叠合板，宜在预制底板上设置伸入叠合层的构造钢筋。

2）装配整体式结构中框架梁的纵向受力钢筋和柱、墙中的竖向受力钢筋宜采用机械连接、焊接等形式；板、墙等构件中的受力钢筋可采用搭接连接形式；混凝土结合面应进行粗糙处理或做成齿槽；拼接处应采用强度等级不低于预制构件的混凝土灌缝。

装配整体式结构的梁柱节点处，柱的纵向钢筋应贯穿节点；梁的纵向钢筋应满足锚固要求。

当柱采用装配式榫式接头时，接头附近区段内截面的轴心受压承载力宜为该截面计算所需承载力的 1.3～1.5 倍。此时，可采取在接头及其附近区段的混凝土内加设横向钢筋网、提高后浇混凝土强度等级和设置附加纵向钢筋等措施。

3）预制构件与后浇混凝土、灌浆料、座浆材料的结合面应做粗糙面、键槽，并应符合下列规定：

a. 预制板与后浇混凝土叠合层之间的结合面应设置粗糙面。

b. 预制梁与后浇混凝土叠合层之间的结合面应设置粗糙面；预制梁端面应设置键槽（图 5-8）且宜设置粗糙面。键槽的尺寸和数量应按《装配式混凝土结构技术规程》JGJ 1—2014 第 7.2.2 条的规定计算确定：键槽的深度 t 不宜小于 30mm，宽度 w 不宜小于深度的 3 倍且不宜大于深度的 10 倍；键槽可贯通截面，当不贯通时槽口距离截面边缘不宜小于 50mm；键槽间距宜等于键槽宽度；键槽端部斜面倾角不宜大于 30°。

c. 预制剪力墙的顶部和底部与后浇混凝土的结合面应设置粗糙面；侧面与后浇混凝土的结合面应做成粗糙面，也可设置键槽；键槽深度 t 不宜小于 20mm，宽度 w 不宜小于深度的 3 倍且不宜大于深度的 10 倍，键槽间距宜等于键槽宽度，键槽端部斜面倾角不宜大于 30°。

d. 预制柱的底部应设置键槽且宜做成粗糙面，键槽应均匀布置，键槽深度不宜小于 30mm，键槽端部斜面倾角不宜大于 30°。柱顶应设置粗糙面。

e. 粗糙面的面积不宜小于结合面的 80％，预制板的粗糙面凹凸深度不应小于 4mm，预制梁端、预制柱端、预制墙端的粗糙面凹凸深度不应小于 6mm。

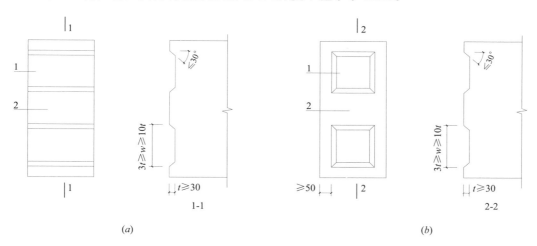

图 5-8 梁端键槽构造示意

1—键槽；2—梁截面

（a）键槽贯通截面；（b）键槽贯通截面

4 空心板剪力墙、双面叠合板剪力墙、预制空心柱等竖向叠合构件、预制整体式盒子间构件等与现浇混凝土的结合面规定尚无统一的技术标准，可参考北京市地方标准《装配式剪力墙结构设计规程》DB 11/1003—2013 第 7 章、安徽省地方标准《叠合板式混凝土剪力墙结构技术规程》DB34/810—2008 中关于双面叠合板剪力墙结构的相关内容。

5 预制框架柱的连接面设计

装配整体式框架结构中，预制柱水平接缝处不宜出现拉力。

6 钢筋连接

1) 装配整体式结构中，节点和接缝处的纵向钢筋连接宜根据接头受力、施工工艺等要求选用机械连接、套筒灌浆连接、浆锚搭接连接、焊接连接、绑扎搭接连接等连接方式，并应符合国家现行有关标准的规定。

2) 预制构件纵向钢筋宜在后浇混凝土内直线锚固；当直线锚固长度不足时，可采用弯折、机械锚固方式，并应符合现行国家标准《混凝土结构设计规范》GB 50010—2010和《钢筋锚固板应用技术规程》JGJ 256—2011 的规定。

7 叠合板支座处的纵向钢筋应符合下列规定：

1) 板端支座处，预制板内的纵向受力钢筋宜从板端伸出并锚入支承梁或墙的后浇混凝土中，锚固长度不应小于 $5d$（d 为纵向受力钢筋直径），且宜伸过支座中心线（图 5-9a）；

2) 单向叠合板的板侧支座处，当预制板内的板底分布钢筋伸入支承梁或墙的后浇混凝土中时，应符合本条第 1 款的要求；当板底分布钢筋不伸入支座时，宜在紧邻预制板顶面的后浇混凝土叠合层中设置附加钢筋，附加钢筋截面面积不宜小于预制板内的同向分布钢筋面积，间距不宜大于 600mm，在板的后浇混凝土叠合层内锚固长度不应小于 $15d$，在支座内锚固长度不应小于 $15d$（d 为附加钢筋直径）且宜伸过支座中心线（图 5-9b）。

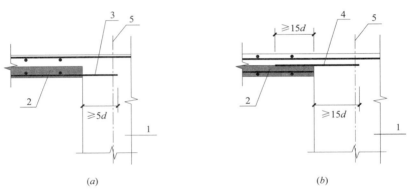

(a) *(b)*

图 5-9 叠合板端及板侧支座构造示意

1—支撑梁或墙；2—预制板；3—纵向受力钢筋；4—附加钢筋；5—支座中心线

（a）板端支座（b）板侧支座

8 单向叠合板板侧的分离式接缝宜配置附加钢筋（图 5-10），并应符合下列规定：

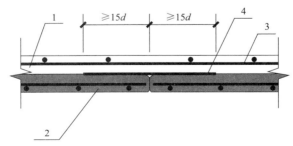

图 5-10 单向叠合板板侧分离式拼缝构造示意

1—后浇混凝土叠合层；2—预制板；3—后浇层内钢筋；4—附加钢筋

1）接缝处紧邻预制板顶面宜设置垂直于板缝的附加钢筋，附加钢筋伸入两侧后浇混凝土叠合层的锚固长度不应小于 $15d$（d 为附加钢筋直径）；

2）附加钢筋截面面积不宜小于预制板中该方向钢筋面积，钢筋直径不宜小于 6mm，间距不宜大于 250mm。

9 双向叠合板板侧的整体式接缝宜设置在叠合板的次要受力方向上且宜避开最大弯矩截面。接缝可采用后浇带形式，并应符合下列规定：

1）后浇带宽度不宜小于 200mm；

2）后浇带两侧板底纵向受力钢筋可在后浇带中焊接、搭接连接、弯折锚固；

3）当后浇带两侧板底纵向受力钢筋在后浇带中弯折锚固时（图 5-11），应符合下列规定：

a. 叠合板厚度不应小于 $10d$，且不应小于 120mm（d 为弯折钢筋直径的较大值）；

b. 接缝处预制板侧伸出的纵向受力钢筋应在后浇混凝土层内锚固，且锚固长度不应小于 l_a；两侧钢筋在接缝处重叠的长度不应小于 $10d$，钢筋弯折角度不应大于 $30°$，弯折处沿接缝方向应配置不少于 2 根通长构造钢筋，且直径不应小于该方向预制板内钢筋直径；

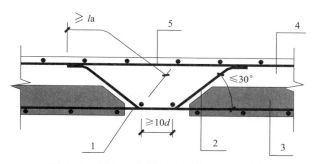

图 5-11 双向叠合板整体式接缝构造示意

1—通长构造钢筋；2—纵向受力钢筋；3—预制板；4—后浇混凝土层叠合层；5—后浇层内钢筋

10 阳台板、空调板宜采用叠合构件或预制构件。预制构件应与主体结构可靠连接；叠合构件的负弯矩钢筋应在相邻叠合板的后浇混凝土中可靠锚固，叠合构件中预制板底钢筋的锚固应符合下列规定：

1）当板底为构造配筋时，其钢筋锚固应符合《装配式混凝土结构技术规程》JGJ 1—2014 第 6.6.4 条第 1 款的规定；

2）当板底为计算要求配筋时，钢筋应满足受拉钢筋的锚固要求。

11 装配整体式结构中框架梁的纵向受力钢筋和柱、墙中的竖向受力钢筋宜采用机械连接、焊接等形式；板、墙等构件中的受力钢筋可采用搭接连接形式；混凝土结合面应进行粗糙处理或做成齿槽；拼接处应采用强度等级不低于预制构件的混凝土灌缝。

装配整体式结构的梁柱节点处，柱的纵向钢筋应贯穿节点；梁的纵向钢筋应满足锚固要求。

当柱采用装配式榫式接头时，接头附近区段内截面的轴心受压承载力宜为该截面计算所需承载力的 1.3～1.5 倍。此时，可采取在接头及其附近区段的混凝土内加设横向钢筋网、提高后浇混凝土强度等级和设置附加纵向钢筋等措施。

12 装配整体式框架结构中，预制柱的纵向钢筋连接应符合下列规定：

1）当房屋高度不大于 12m 或层数不超过 3 层时，可采用套筒灌浆、浆锚搭接、焊接等连接方式：

2）当房屋高度大于 12m 或层数超过 3 层时，宜采用套筒灌浆连接。

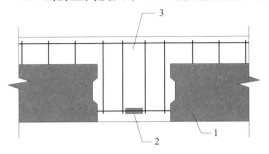

图 5-12　叠合梁连接节点示意

1—预制梁；2—钢筋连接接头；3—后浇带

13　叠合梁可采用对接连接（图 5-12），并应符合下列规定：

1）连接处应设置后浇段，后浇段的长度应满足梁下部纵向钢筋连接作业的空间需求；

2）梁下部纵向钢筋在后浇段内宜采用机械连接、套筒灌浆连接或焊接连接；

3）后浇段内的箍筋应加密，箍筋间距不应大于 5d（d 为纵向钢筋直径），且不应大于 100mm。

14　主梁与次梁采用后浇段连接时，应符合下列规定：

1）在端部节点处，次梁下部纵向钢筋伸入主梁后浇段内的长度不应小于 12d。次梁上部纵向钢筋应在主梁后浇段内锚固。当采用弯折锚固（图 5-13a）或锚固板时，锚固直段长度不应小于 0.6；当钢筋应力不大于钢筋强度设计值的 50% 时，锚固直段长度不应小于 0.35l_{ab}；弯折锚固的弯折后直段长度不应小于 12d（d 为纵向钢筋直径）。

2）在中间节点处，两侧次梁的下都纵向钢筋伸入主梁后浇段内长度不应小于 12d（d 为纵向钢筋直径）；次梁上部纵向钢筋应在现浇层内贯通（图 5-13b）。

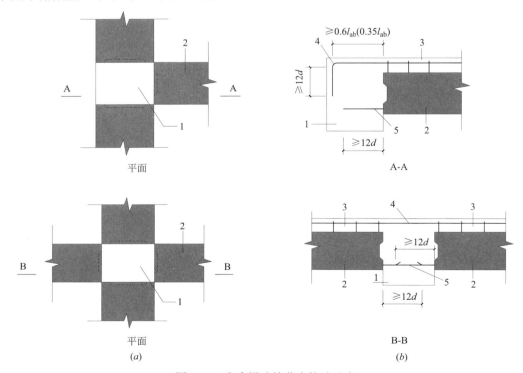

图 5-13　主次梁连接节点构造示意

1—主梁后浇段；2—次梁；3—后浇混凝土叠合层；4—次梁上部纵向钢筋；5—次梁下部纵向钢筋

15　采用预制柱及叠合梁的装配整体式框架中，柱底接缝宜设置在楼面标高处（图 5-14），并应符合下列规定：

1）后浇节点区混凝土上表面应设置粗糙面；

2）柱纵向受力钢筋应贯穿后浇节点区；

3）柱底接缝厚度宜为 20mm，并应采用灌浆料填实。

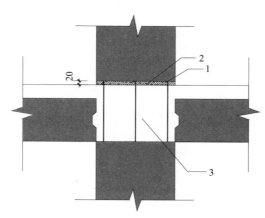

图 5-14　预制柱底接缝构造示意

1—后浇节点区混凝土上表面粗糙面；2—接缝灌浆层；3—后浇区

16　梁、柱纵向钢筋在后浇节点区内采用直线锚固、弯折锚固或机械锚固的方式时，其锚固长度应符合现行国家标准《混凝土结构设计规范》GB 50010 中的有关规定；当梁、柱纵向钢筋采用锚固板时，应符合现行行业标准《钢筋锚固板应用技术规程》JGJ 256 中的有关规定。

17　采用预制柱及叠合梁的装配整体式框架节点，梁纵向受力钢筋应伸入后浇节点区内锚固或连接，并应符合下列规定：

1）对框架中间层中节点，节点两侧的梁下部纵向受力钢筋宜锚固在后浇节点区内（图 5-15a），也可采用机械连接或焊接的方式直接连接（图 5-15b）；梁的上部纵向受力钢筋应贯穿后浇节点区。

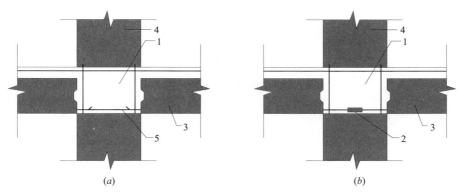

(a)　　　　　　　　　　　　　　(b)

图 5-15　预制柱及叠合梁框架中间层中节点构造示意

1—后浇区；2—下部纵向受力钢筋连接；3—预制梁；4—预制柱；5—下部纵向受力钢筋锚固

（a）梁下部纵向受力钢筋锚固；（b）梁下部纵向受力钢筋连接

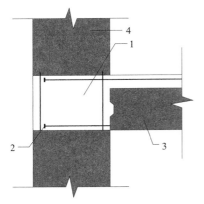

图 5-16 预制柱及叠合梁框架中间层
端节点构造示意

1—后浇区；2—梁纵向受力钢筋锚固；
3—预制梁；4—预制柱

2）对框架中间层端节点，当柱截面尺寸不满足梁纵向受力钢筋的直线锚固要求时，宜采用锚固板锚固（图 5-16），也可采用 90°弯折锚固。

3）对框架顶层中节点，梁纵向受力钢筋的构造应符合本条第 1 款的规定。柱纵向受力钢筋宜采用直线锚固；当梁截面尺寸不满足直线锚固要求时，宜采用锚固板锚固（图 5-17）。

4）对框架顶层端节点，梁下部纵向受力钢筋应锚固在后浇节点区内，且宜采用锚固板的锚固方式；梁、柱其他纵向受力钢筋的锚固应符合下列规定：

a. 柱宜伸出屋面并将柱纵向受力钢筋锚固在伸出段内（图 5-18a），伸出段长度不宜小于 500mm，伸出段内箍筋间距不应大于 5d （d 为柱纵向受力钢筋直径），且不应大于 100mm；柱纵向钢筋宜采用锚固板锚固，锚固长度不应小于 40d；梁上部纵向受力钢筋宜采用锚固板锚固：

b. 柱外侧纵向受力钢筋也可与梁上部纵向受力钢筋在后浇节点区搭接（图 5-18b），其构造要求应符合现行国家标准《混凝土结构设计规范》GB 50010—2010 中的规定；柱内侧纵向受力钢筋宜采用锚固板锚固。

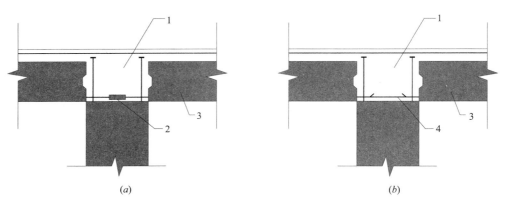

(a)   (b)

图 5-17 预制柱及叠合梁框架顶层中节点构造示意
1—后浇区；2—下部纵向受力钢筋连接；3—预制梁；4—下部纵向受力筋锚固
（a）梁下部纵向受力钢筋连接；（b）梁下部纵向受力钢筋锚固

18 采用预制柱及叠合梁的装配整体式框架节点，梁下部纵向受力钢筋也可伸至节点区外的后浇段内连接（图 5-19），连接接头与节点区的距离不应小于 1.5 （为梁截面有效高度）。

19 现浇柱与叠合梁组成的框架节点中，梁纵向受力钢筋的连接与锚固应符合《装配式混凝土结构技术规程》JGJ 1—2014 第 7.3.7～7.3.9 条的规定。

20 上、下层预制剪力墙的竖向钢筋，当采用套筒灌浆连接和浆锚搭接连接时，应符合下列规定：

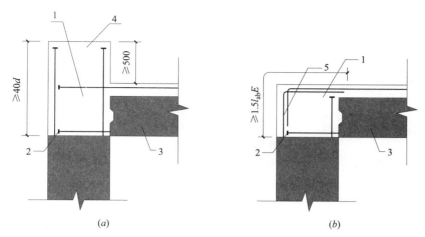

图 5-18 预制柱及叠合梁框架顶层边节点构造示意

1—后浇区；2—纵向受力钢筋锚固；3—预制梁；4—柱延伸段；5—梁柱外侧钢筋搭接

（a）柱向上伸长；（b）梁柱外侧钢筋搭接

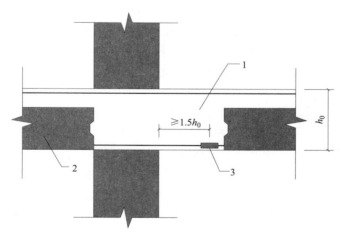

图 5-19 梁纵向钢筋在节点区外的后浇段内连接示意

1—后浇段；2—预制梁；3—纵向受力钢筋连接

1）边缘构件竖向钢筋应逐根连接。

2）预制剪力墙的竖向分布钢筋当仅部分连接时（图 5-20），被连接的同侧钢筋间距不应大于 600mm，且在剪力墙构件承载力设计和分布钢筋配筋率计算中不得计入不连续的分布钢筋；不连接的竖向分布钢筋直径不应小于 6mm。

3）一级抗震等级剪力墙以及二、三级抗震等级底层加强部位，剪力墙的边缘构件竖向钢筋宜采用套筒灌浆连接。

21 钢筋搭接连接的形式包括绑扎搭接连接、间接搭接连接、浆锚搭接连接和约束浆锚固搭接连接、环套搭接连接等。

1）绑扎搭接连接适用于叠合梁纵向钢筋、墙体分布钢筋、叠合板整体式接缝处纵向钢筋；

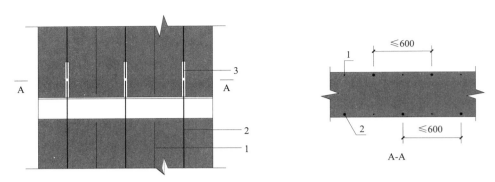

图 5-20 预制剪力墙竖向分布钢筋连接构造示意
1—不连接的竖向分布钢筋；2—连接的竖向分布钢筋；3—连接接头

a. 叠合梁纵筋和墙体竖向分布钢筋的连接要求应符合现行国家标准《混凝土结构设计规范》GB 50010—2010 的规定，小偏心受拉的剪力墙肢竖向分布钢筋不宜采用绑扎搭接连接；

b. 墙体接缝在满足《装配式混凝土结构技术规程》JGJ 1—2014 第 8 章的规定时，水平分布钢筋可在同一截面采用 100% 搭接连接，钢筋搭接长度允许采用 1.2 或 1.2；

c. 叠合板整体式接缝在满足《装配式混凝土结构技术规程》JGJ 1—2014 第 6.6.6 条规定时，受力钢筋可在同一截面采用 100% 搭接连接，搭接连接长度允许 1.2，且取消了纵向钢筋绑扎搭接连接最小长度 300mm 的规定。

2）钢筋间接搭接连接适用于预制梁、空心板剪力墙、双面叠合板剪力墙、叠合柱等纵向受力钢筋、分布钢筋的连接，钢筋连接均处于现浇混凝土区段。

3）浆锚搭接连接是在我国装配整体式剪力墙结构工程实践中形成的一种适用于剪力墙竖向钢筋连接的形式，这种钢筋连接形式属于钢筋间接搭接连接的一种形式，在一些地方标准中也给出了一些应用的指导性规定。鉴于我国尚无浆锚搭接连接接头的统一技术标准，且目前针对该项技术的研究中尚存在一些需要完善的方面。因此，在行业标准《装配式混凝土结构技术规程》JGJ 1—2014 中虽允许使用，但是给出了一些较为严格的规定，以规范工程应用，以及指导技术研究。

22 在预制构件连接中使用的钢筋机械连接形式包括套筒挤压钢筋接头、直螺纹钢筋接头和钢筋套筒灌浆接头三种。

1）直螺纹钢筋接头一般可用于预制构件与现浇混凝土结构之间的纵向钢筋连接，应符合行业标准《钢筋机械连接技术规程》JGJ 107—2016 的规定。

2）钢筋套筒灌浆接头有全灌浆和半灌浆两种形式，钢筋接头的性能应符合行业标准《钢筋套筒灌浆连接应用技术规程》JGJ 355—2015 的规定，钢筋接头的设计要求应符合行业标准《装配式混凝土结构技术规程》JGJ 1—2014 的规定。

a. 灌浆套筒全灌浆接头一般设在预制构件间的后浇段内，待两侧预制构件安装就位后，纵向钢筋伸入套筒后实施灌浆，如预制梁的纵向钢筋连接。

b. 灌浆套筒半灌浆接头一般设置预制构件边缘，与之相邻的预制构件钢筋伸入套筒后实施灌浆，如预制柱、预制墙的纵向钢筋连接。

23 预制构件采用连接件的连接方式时，应对连接件、焊缝、螺栓或铆钉等紧固件在不同设计状况下的承载力进行验算，并应符合现行国家标准《钢结构设计规范》GB 50017—2017 和《钢结构焊接规范》GB 50661 等的规定。

24 抗震等级为三级的多层装配式剪力墙结构，在预制剪力墙转角、纵横墙交接部位应设置后浇混凝土暗柱，并应符合下列规定：

1）后浇混凝土暗柱截面高度不宜小于墙厚，且不应小于 250mm，截面宽度可取墙厚（图 5-21）；

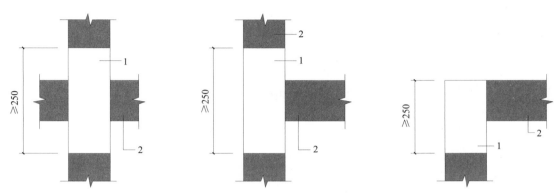

图 5-21　多层装配式剪力墙结构后浇混凝土暗柱示意
1—后浇带；2—预制剪力墙

2）后浇混凝土暗柱内应配置竖向钢筋和箍筋，配筋应满足墙肢截面承载力的要求，并应满足表 5-21 的要求；

3）预制剪力墙的水平分布钢筋在后浇混凝土暗柱内的锚固、连接应符合现行国家标准《混凝土结构设计规范》GB 50010—2010 的有关规定。

多层装配式剪力墙结构后浇混凝土暗柱配筋要求　　　　　　表 5-21

底层			其他层		
纵向钢筋最小量	箍筋（mm）		纵向钢筋最小量	箍筋（mm）	
	最小直径	沿竖向最大间距		最小直径	沿竖向最大间距
$4\phi12$	6	200	$4\phi10$	6	250

25 楼层内相邻预制剪力墙之间的间距接缝可采用后浇段连接，并应符合下列规定：

1）后浇段内应设置竖向钢筋，竖向钢筋配筋率不应小于墙体竖向分布筋配筋率，且不宜小于 $2\phi12$；

2）预制剪力墙的水平分布钢筋在后浇段内的锚固、连接应符合现行国家标准《混凝土结构设计规范》GB 50010—2010 的有关规定。

26 预制剪力墙水平接缝宜设置在楼面标高处，并应满足下列要求：

1）接缝厚度宜为 20mm。

2）接缝处应设置连接节点，连接节点间距不宜大于 1m；穿过接缝的连接钢筋数量应满足接缝受剪承载力的要求，且配筋率不应低于墙板竖向钢筋配筋率，连接钢筋直径不应小于 14mm。

3）连接钢筋可采用套筒灌浆连接、浆锚搭接连接、焊接连接，并应满足《装配式混凝土结构技术规程》JGJ 1—2014 附录 A 中相应的构造要求。

27 当房屋层数大于 3 层时，应符合下列规定：

1）预制屋面、楼面宜采用叠合楼盖，叠合板与预制剪力墙的连接应符合《装配式混凝土结构技术规程》JGJ 1—2014 第 6.6.4 条的规定；

2）沿各层墙顶应设置水平后浇带，并应符合《装配式混凝土结构技术规程》JGJ 1—2014 第 8.3.3 条的规定；

3）当抗震等级为三级时，应在屋面设置封闭的后浇钢筋混凝土圈梁，圈梁应符合《装配式混凝土结构技术规程》JGJ 1—2014 第 8.3.2 条的规定。

28 当房屋层数不大于 3 层时，楼面可采用预制楼板，并应符合下列规定：

1）板在墙上的搁置长度不应小于 60mm，当墙厚不能满足搁置长度要求时可设置挑耳；板端后浇混凝土接缝宽度不宜小于 50mm，接缝内应配置连续的通长钢筋，钢筋直径不应小于 8mm。

2）当板端伸出锚固钢筋时，两侧伸出的锚固钢筋应互相可靠连接，并应与支承墙伸出的钢筋、板端接缝内设置的通长钢筋拉结。

3）板端不伸出锚固钢筋时，应沿板跨方向布置连系钢筋，连系钢筋直径不应小于 10mm，间距不应大于 600mm；连系钢筋应与两侧预制板可靠连接，并应与支承墙伸出的钢筋、板端接缝内设置的通长钢筋拉结。

29 连梁宜与剪力墙整体预制，也可在跨中拼接。预制剪力墙洞口上方的预制连梁可与后浇混凝土圈梁或水平后浇带形成叠合连梁；叠合连梁的配筋及构造要求应符合现行国家标准《混凝土结构设计规范》GB 50010—2010 的有关规定。

30 预制剪力墙与基础的连接应符合下列规定：

1）基础顶面应设置现浇混凝土圈梁，圈梁上表面应设置粗糙面；

2）预制剪力墙与圈梁顶面之间的接缝构造应符合《装配式混凝土结构技术规程》JGJ 1—2014 第 9.3.3 条的规定，连接钢筋应在基础中可靠锚固，且宜伸入到基础底部；

3）剪力墙后浇暗柱和竖向接缝内的纵向钢筋应在基础中可靠锚固，且宜伸入到基础底部。

5.1.5 PI 体系结构

免模装配一体化钢筋混凝土结构（即 PI 体系结构）由广州容联建筑科技有限公司研发，拥有多项国家专利，适用于各种钢筋混凝土结构，如框架结构、剪力墙结构、框架-剪力墙、筒体结构、地下室等，可广泛应用于各类结构体系。

1 框架构件部品拆分原则

应根据建筑图和结构图，将建筑合理拆分成各种构件。部品的拆分应尽量标准化，遵循受力合理、便于生产组装及现场安装、满足运输、吊装的相关要求原则。

根据构件重量和截面尺寸确定构件的吊装方式、吊点数量和位置，吊钩和吊点埋件的形式和大样。构件的拆分及施工措施埋件必须满足建筑设计和结构安全的要求。拆分后，按构件分类编号，编制深化图。

框架构件可拆分为柱、梁构件，再进一步拆分为工厂制作的笼模部件，具体构造如图 5-22、图 5-23 所示。

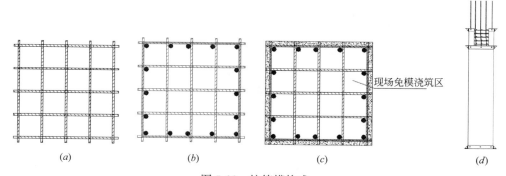

现场免模浇筑区

图 5-22　柱笼模构成
（*a*）柱箍筋网片；（*b*）柱钢筋笼；（*c*）柱笼模；（*d*）柱笼模立面图

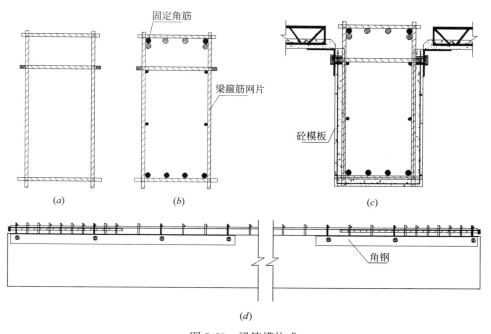

固定角筋

梁箍筋网片

砼模板

角钢

图 5-23　梁笼模构成
（*a*）箍筋网片；（*b*）钢筋笼；（*c*）笼模；（*d*）梁笼模立面图

2　剪力墙构件部品拆分原则

剪力墙构件可拆分成墙身、连梁部件。对于较长的剪力墙，应根据吊装、运输要求合理分段，拆分为几个墙身段，并合理设置搭接区。

拆分过程中，还应考虑吊装、安装过程中的埋件及相应措施。墙身笼模通常可分为以下几种类型（图 5-24）：

3　结构计算

1）作用及作用组合

a. PI 体系需进行持久设计状况、短暂设计状况和偶然设计状况下的计算。

b. 持久设计状况和偶然设计状况的验算应符合现行国家标准《混凝土结构设计规范》GB 50010—2010、《建筑抗震设计规范》GB 50011—2010 和《高层建筑混凝土结构技术规

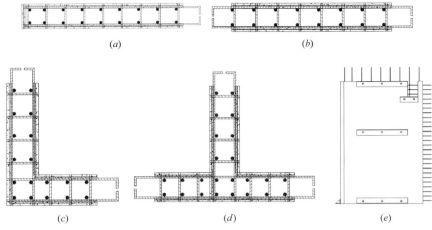

图 5-24　剪力墙构件拆分大样

（a）端部墙笼模；（b）中段墙笼模；（c）L形墙笼模；（d）T形墙笼模；（e）墙笼模立面图

程》JGJ 3—2010 的各项基本要求。

c.短暂设计状况的作用及作用组合应根据国家标准《建筑结构荷载规范》GB 50009—2012、《混凝土结构工程施工规范》GB 50666—2011、《建筑施工模板安全技术规范》JGJ 162—2008 等确定，同时尚应满足预制部件生产和建造全过程的实际状态的需要。

2）短暂设计状况验算

a.短暂设计状况下的构件及连接节点验算包括：笼模、叠合板和楼梯等部件的脱模翻身、吊装、运输、安装和浇筑混凝土阶段的承载力、变形、裂缝控制及稳定性验算；施工阶段的临时支撑、临时连接验算等。

b.预制部件在生产、施工过程中应按实际工况的荷载、计算简图、混凝土实体强度进行短暂设计状况验算。

c.梁、柱、墙笼模在浇筑混凝土阶段的验算应符合下列规定：

ⅰ 计算荷载根据《建筑施工模板安全技术规范》JGJ 162—2008 确定，强度验算按新浇混凝土侧压力和倾倒混凝土时产生的荷载设计值计算；挠度验算按新浇混凝土侧压力产生的荷载标准值计算。

ⅱ 进行永久模板的抗弯、抗剪、抗冲切和局部受压承载力验算时，应采用与浇筑混凝土阶段相应的永久模板混凝土强度设计值和钢筋强度设计值进行计算。

d.叠合板可根据预制板接缝构造、支座构造、长宽比，按单向板或双向板设计。叠合板应按施工现场支撑布置的具体情况，进行整体计算或考虑二阶段受力验算。叠合板的预制部分应进行短暂工况设计验算，当预制部分作为施工现场现浇混凝土的模板时，尚应补充施工阶段的相关验算。

e.PI体系结构施工前，尚应根据设计要求和施工方案进行必要的施工验算。

4　楼板、楼梯

1）楼板宜采用叠合板。应根据楼板平面形状特点，将标准层楼板分解为标准板块，局部采用非标准板块。拼缝位置应避开叠合板受力较大位置。板与板拼缝应采取合理的连接构造措施。

楼板计算要求，应满足堆放、运输、吊装等验算要求。应根据吊装方案进行验算，并合理留设吊点，采取合理构造措施。

2）梯柱、梯梁应与主体结构整体浇筑。楼梯踏步段宜为整体预制构件。

3）构造要求（图5-25）。

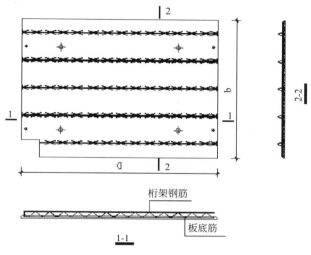

图 5-25 叠合板构造大样

a. PI 叠合板模板厚度宜为 40mm，桁架间距不大于 400mm，桁架边距不大于 200mm。如有特殊要求，则应满足生产、吊装、安装中承载力和挠度、裂缝要求。

b. 单向叠合板板侧的分离式接缝宜配置附加钢筋，并应符合下列规定：

ⅰ 接缝处紧邻预制板顶面宜设置垂直于板缝的附加钢筋，附加钢筋伸入两侧后浇混凝土叠合层的锚固长度不应小于 15d（d 为附加钢筋直径）；

ⅱ 附加钢筋截面面积不宜小于预制板中该方向钢筋面积，钢筋直径不宜小于 6mm、间距不宜大于 250mm。

c. 双向叠合板板侧的整体式接缝宜设置在叠合板的次要受力方向上且宜避开最大弯矩截面。接缝可采用后浇带形式，并应符合下列规定：

ⅰ 叠合板厚度应满足施工、运输、吊装刚度要求；

ⅱ 接缝处预制板侧伸出的纵向受力钢筋应在后浇混凝土叠合层内锚固，且锚固长度不应小于 L_a；两侧钢筋在接缝处重叠的长度不应小于 10d，钢筋弯折角度不应大于 30°，弯折处沿接缝方向应配置不少于 2 根通长构造钢筋，且直径不应小于该方向预制板内钢筋直径。

d. 预制楼梯梯板上部应配置通长的构造钢筋，配筋率不宜小于 0.15%；下部钢筋应按计算确定；分布钢筋直径不宜小于 6mm，间距不宜大于 250mm。

5 连接和构造

1）柱笼模应预留梁柱连接口部，并应采取相应构造措施，预防浇筑过程中漏浆。

2）箍筋网片应采用工厂焊接连接形成。材料、焊接强度、检验标准应满足相关规范要求。

3）笼模构件在节点区宜直线锚固，当锚固长度不足时，可采用机械直锚。

4）构件之间的钢筋可采用搭接连接或对接连接。

5）应考虑结构体系在现场安装过程中的整体稳定性，并预留相关连接件及埋件。

6）梁纵向受力钢筋在端节点处采用机械直锚时，锚固长度不应小于 $0.5L_a$（L_{aE}）和梁长度方向柱边长的 3/4。顶层端节点梁顶纵筋采用机械直锚时，柱顶面高出梁顶面的高度不宜小于梁高的 1/2 且不小于 500mm，伸出端箍筋间距不应大于 $5d$ 且不应大于 100mm。柱纵筋宜采用锚固板锚固，从梁底伸出的长度不应小于钢筋直径 d 的 40 倍。

7）笼模应满足加工、堆放、运输、吊装等验算要求。

8）梁柱节点核心区抗震受剪承载力验算和构造应符合现行国家标准《混凝土结构设计规范》GB 50010—2010 及《建筑抗震设计规范》GB 50011—2010 中的有关规定（图 5-26～图 5-28）。

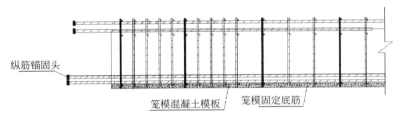

图 5-26　梁笼模纵向剖面图　　　　　　　图 5-27　柱笼模节点平面图

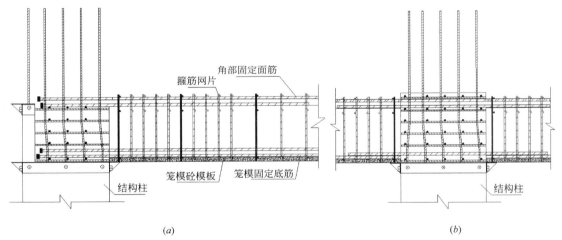

图 5-28　梁柱节点大样

（a）边柱与梁锚固节点；（b）中柱与梁锚固节点

9）梁纵向受力钢筋在墙端节点处采用机械直锚时，锚固长度不应小于 $0.5L_a$（L_{aE}），墙与梁平面外连接时，如墙厚不能满足锚固要求，宜设置扶壁柱或其他有效方式。

10）当剪力墙多段笼模进行拼装时，搭接区应设置搭接箍筋，并满足相关规范要求。

5.2　钢结构

5.2.1　一般规定

5.2.1.1　装配式钢结构建筑的结构设计应符合下列规定：

1 符合现行国家标准《工程结构可靠性设计统一标准》GB 50153—2008 的规定，结构的设计使用年限不应少于 50 年，其安全等级不应低于二级；

2 应按现行国家标准《建筑工程抗震设防分类标准》GB 50223—2008 的规定确定其抗震设防类别，并应按照现行国家标准《建筑抗震设计规范》GB 50011—2010 进行抗震设防设计；

3 荷载和效应的标准值、荷载分项系数、荷载效应组合、组合值系数应满足现行国家标准《建筑结构荷载规范》GB 50009—2012 的规定；

4 结构构件设计应符合现行国家标准《钢结构设计标准》GB 50017—2017、《钢管混凝土结构技术规范》GB 50936—2014 的规定。

5.2.1.2　概念设计

1 多高层建筑钢结构体系，应注重概念设计，具有明确的计算简图和合理的地震作用传递途径，必要的承载能力和刚度，良好的变形能力和消耗地震能量的能力；结构刚度、承载力和质量在竖向和水平方向的分布应合理，避免因局部突变或结构扭转效应而形成薄弱部位。对可能出现的薄弱部位，应采取有效的加强措施。

2 不规则的建筑方案体形，应按规定采取加强措施；特别不规则的建筑方案，应进行专门研究和论证，采用特别的加强措施；严重不规则的建筑方案不应采用。

5.2.1.3　结构布置

装配式钢结构建筑的结构布置应符合下列要求：

1）结构平面布置宜规则、对称，应尽量减少因刚度、质量不对称造成结构扭转；

2）结构的竖向布置宜保持刚度、质量变化均匀，避免出现突变和薄弱层；

3）结构布置考虑温度效应、地震效应、不均匀沉降等因素，需设置伸缩缝、防震缝、沉降缝时，满足伸缩、防震与沉降的功能要求；

4）结构布置应与建筑功能相协调，大开间或跃层时的柱网布置，支撑、剪力墙等抗侧力构件的布置，次梁的布置等，均宜经比选、优化并与建筑设计协调确定。

5.2.1.4　材料规定

1 钢材的选用应综合考虑构件的重要性和荷载特征、结构形式和连接方法、应力状态、工作环境以及钢材品种和厚度等因素，合理地选用钢材牌号、质量等级及其性能要求，并应在设计文件中完整地注明对钢材的技术要求。在工程需要时，可采用耐候钢、耐火钢、高强度钢等高性能钢材。

2 压型钢板宜采用镀锌钢板、镀铝锌钢板或在其基材上涂有彩色有机涂层的钢板辊压成型。屋面、墙面压型钢板的基材厚度宜取 0.4～1.6mm，用作楼面模板的压型钢板厚度不宜小于 0.5mm。压型钢板宜采用长尺板材，以减小板长方向之搭接。

3 冷弯薄壁型钢结构构件的壁厚不宜大于 6mm，也不宜小于 1.5mm（压型钢板除外），主要承重结构构件的壁厚不宜小于 2mm。

4 用于刚架梁、柱的冷弯薄壁型钢，其壁厚不应小于 2mm。在低层冷弯薄壁型钢房屋的结构设计和材料订货文件中，应注明所采用的钢材的牌号、质量等级、供货条件等以及连接材料的型号（或钢材的牌号）。必要时尚应注明对钢材所要求的机械性能和化学成分的附加保证项目。钢板厚度不得出现负公差。

5.2.1.5　楼板体系

除门式刚架结构外，装配式钢结构建筑的楼板应符合下列规定：

1 楼板可选用适用装配式施工的压型钢板组合楼板、钢筋桁架楼承板组合楼板、钢筋桁架混凝土叠合楼板、预制带肋底板混凝土叠合楼板（PK 板）及预制预应力空心板叠合楼板（SP 板）等；

2 楼板应与钢结构主体进行可靠连接；

3 抗震设防烈度为 6、7 度且房屋高度不超过 28m 时，可采用装配式楼板（全预制楼板）或其他轻型楼盖。当有可靠依据时，建筑高度可增加至 50m，并应采取下列措施之一保证楼板的整体性：

1）设置水平支撑；

2）加强预制板之间的连接性能；

3）增设带有钢筋网片的混凝土后浇层；

4）其他可靠方式。

4 装配式钢结构建筑可采用装配整体式楼板（混凝土叠合板），但高度限值应适当降低；

5 楼盖舒适度应符合国家现行标准《混凝土结构设计规范》GB 50010—2010 及《高层建筑混凝土结构技术规程》JGJ 3—2010 的要求。

5.2.1.6 位移限值

除门式刚架结构外，在风荷载或多遇地震标准值作用下，楼层层间最大水平位移与层高之比不宜大于 1/250（采用钢管混凝土柱时不宜大于 1/300）；同时，层间位移角不应大于围护系统的容许变形能力。装配式钢结构住宅风荷载作用下的楼层层间最大水平位移与层高之比尚不应大于 1/300。

5.2.1.7 其他

1 钢结构应进行防火和防腐设计，并应符合《建筑设计防火规范》GB 50016—2014、《建筑用钢结构防腐涂料》JG/T 224—2007、《钢结构设计规程》DBJ 15—102 及《建筑钢结构防腐技术规程》JGJ/T 251—2017 的规定。

1）钢结构构件防腐措施应根据其使用环境、材质、结构形式、防腐要求年限、防腐施工及维护作业条件等要求，因地制宜，综合选择防腐蚀方案。

2）钢结构构件的防腐蚀设计耐久年限，可根据建筑物的重要性及重新涂装的难易程度确定，可划分为 2～5 年，5～10 年、10～20 年三种情况。

3）在钢结构设计文件中应注明防腐的耐久性、使用年限及定期检查和维修的要求。

2 当有可靠依据时，通过相关论证，可采用新型构件、节点及结构体系。

3 装配式钢结构建筑的楼梯可采用装配式混凝土楼梯，也可采用梁式钢楼梯；当采用钢楼梯时，踏步宜采用预制混凝土板；楼梯宜与主体结构柔性连接，不宜参与整体受力。

5.2.2 结构计算

结构计算主要包括荷载作用及各种作用的组合、结构分析方法、结构稳定性分析以及地震作用分析等内容。

1 多高层钢结构建筑的结构设计，须考虑竖向荷载、温度作用、风荷载、屋面雪荷载等以及水平和竖向地震作用。对于房屋高度大于 30m 且高宽比大于 1.5 的房屋，应考虑风压脉动对结构产生顺风向振动的影响。对横向风振作用效应或扭转风振作用效应明显的高层民用建筑，应考虑横风向风振或扭转风振的影响。

2 对风荷载比较敏感的高层民用建筑，承载力设计时应按基本风压的 1.1 倍采用。

3 在竖向荷载、风荷载以及多遇地震作用下才采用弹性分析方法，在罕遇地震作用下可采用弹塑性分析方法。

4 墙体所用的不同形式的填充墙、墙板的抗侧移刚度会影响钢框架结构的整体抗侧刚度，从而影响结构的自振周期大小。当内外墙体对结构侧向变形限制较明显时，应对钢框架结构自振周期进行合理的折减。

5 高度不小于 80m 的装配式钢结构住宅以及高度不小于 150m 的其他装配式钢结构建筑，应满足风振舒适度要求。在现行国家标准《建筑结构荷载规范》GB 50009—2012 规定的 10 年一遇的风荷载标准值作用下，结构顶点的顺风向和横风向振动最大加速度计算值不应大于表的限值。结构顶点的顺风向和横风向振动最大加速度，可按现行国家标准《建筑结构荷载规范》GB 50009—2012 的有关规定计算，也可通过风洞试验结果判断确定。计算时，钢结构阻尼比宜取 0.01～0.015。

6 分析网架结构和双层网壳结构时，可假定节点为铰接，杆件只承受轴向力；分析立体管桁架时，当杆件的节点长度与截面高度（或直径）之比不小于 12（主管）和 24（支管）时，也可假定节点为铰接；分析单层网壳时，应假定节点为刚接，杆件除承受轴向力外，还承受弯矩、扭矩、剪力等。

5.2.3 多高层建筑钢结构

1 多高层建筑钢结构通常包括：框架结构；框架-支撑结构；框架-延性墙板结构；框架-筒体结构；筒体结构（包括框筒、筒中筒、桁架筒和竖筒）；巨型框架结构等。

2 框架是具有抗弯能力的钢框架；框架-支撑体系中的支撑可为中心支撑，偏心支撑和屈曲约束支撑；框架-延性墙板体系中的延性墙板中主要指钢板剪力墙、无粘结内藏钢板支撑剪力墙板和内嵌竖缝混凝土剪力墙板等。

3 筒体体系包括框筒、筒中筒、桁架筒、竖筒；巨型框架主要是由巨型柱和巨型梁（桁架）组成的结构。

4 房屋高度不超过 50m 的高层民用建筑，可采用框架、框架-中心支撑或其他体系的结构；超过 50m 的高层民用建筑，8、9 度时宜采用框架-偏心支撑、框架-延性墙板或屈曲约束支撑等结构。高层民用建筑钢结构不应采用单跨框架结构。

5 重点设防类和标准设防类装配式钢结构建筑适用的最大高度应符合表 5-22 的规定。

装配式钢结构适用的最大高度（m）　　　　表 5-22

结构体系	6 度 (0.05g)	7 度 (0.10g)	7 度 (0.15g)	8 度 (0.20g)	8 度 (0.30g)	9 度 (0.40g)
钢框架	110	110	90	90	70	50
钢框架-中心支撑	220	220	200	180	150	120
钢框架-偏心支撑 钢框架-屈曲约束支撑 钢框架-延性墙板	240	240	220	200	180	160

续表

结构体系	6 度 (0.05g)	7 度 (0.10g)	7 度 (0.15g)	8 度 (0.20g)	8 度 (0.30g)	9 度 (0.40g)
筒体(框筒、筒中筒、桁架筒、竖筒)巨型框架	300	300	280	260	240	180
交错桁架	90	60	60	40	40	——

注：1. 房屋高度指室外地面到主要屋面板板顶的高度（不包括局部突出屋顶部分）；
2. 超过表内高度的房屋，应进行专门研究和论证，采取有效的加强措施；
3. 交错桁架结构不得用于 9 度区；
4. 表格中数据适用于整体式楼板的情况；
5. 表中适用于钢柱或钢管混凝土柱。

5.2.3.1 钢框架结构

装配式钢结构建筑采用钢框架结构时，结构设计应符合下列规定：

1 钢框架结构设计应符合现行国家标准的有关规定，对高层装配式钢结构建筑的设计尚应符合现行行业标准《高层民用建筑钢结构技术规程》JGJ 99—2015 的规定；

2 梁与柱的连接宜采用加强型连接，有依据时也可采用其他形式；

3 在罕遇地震作用下可能出现塑性铰处，梁的上下翼缘均应设侧向支撑点；

4 对于层数不超过 6 层且抗震设防烈度不超过 8 度的装配式钢结构建筑，当建筑设计要求室内不外露结构轮廓时，框架柱可采用由热轧（焊接）H 型钢与剖分 T 型钢组成的异形柱截面，如图 5-29 所示；当有可靠依据时，适用高度可适当增加；

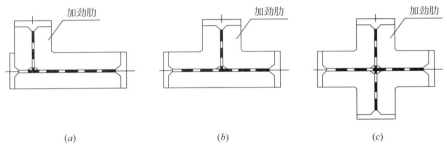

图 5-29 钢框架异形柱组合截面
（a）角柱；（b）边柱；（c）中柱

5.2.3.2 钢框架—支撑结构

装配式钢结构建筑采用钢框架—支撑结构时，结构设计应符合下列规定：

1 钢框架—支撑结构设计应符合现行国家标准的有关规定，对高层装配式钢结构建筑的设计尚应符合现行行业标准《高层民用建筑钢结构技术规程》JGJ 99—2015 的规定；

2 当支撑翼缘朝向框架平面外，且采用支托式连接时，其平面外计算长度可取轴线长度的 0.7 倍；当支撑腹板位于框架平面内时，其平面外计算长度可取轴线长度的 0.9 倍；

3 当支撑采用节点板进行连接时，在支撑端部与节点板约束点连线之间应留有两倍节点板厚的间隙，且应进行下列验算：

1）支撑与节点板间焊缝的强度验算；

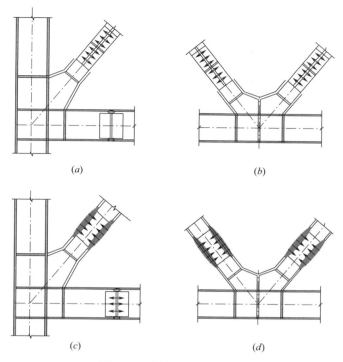

图 5-30 支撑与框架的连接

2）节点板自身的强度和稳定验算；

3）连接板与梁柱间焊缝的强度验算。

5.2.3.3 钢框架—延性墙板

装配式钢结构建筑采用钢框架—延性墙板结构时，结构设计应符合下列规定：

1 钢板剪力墙和钢板组合剪力墙的设计应符合现行行业标准《高层民用建筑钢结构技术规程》JGJ 99—2015 和《钢板剪力墙技术规程》JGJ/T 380—2015 的规定；

2 内嵌竖缝混凝土剪力墙的设计应符合现行行业标准《高层民用建筑钢结构技术规程》JGJ 99—2015 的规定；

3 当采用钢板剪力墙时，应考虑竖向荷载对钢板剪力墙性能的不利影响；当采用开竖缝的钢板剪力墙且层数不高于 18 层时，可不考虑竖向荷载对钢板剪力墙性能的不利影响。

5.2.4 冷弯薄壁型钢结构

5.2.4.1 构件设计

1 冷弯薄壁型钢构件常用的截面类型可采用图 5-31、图 5-32 所示截面；

2 轴心受拉构件、轴心受压构件、受弯构件、压（拉）弯构件的强度和稳定性计算，可按现行行业标准《低层冷弯薄壁型钢房屋建筑技术规程》JGJ 227—2011 的规定采用。

5.2.4.2 连接设计

1 应符合现行国家标准《冷弯薄壁型钢结构技术规范》GB 50018—2002 有关螺钉连接计算的规定。

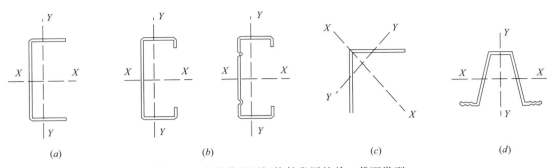

图 5-31 冷弯薄壁型钢构件常用的单一截面类型

（a）槽形截面；（b）卷边槽形截面；（c）角形截面；（d）帽形截面

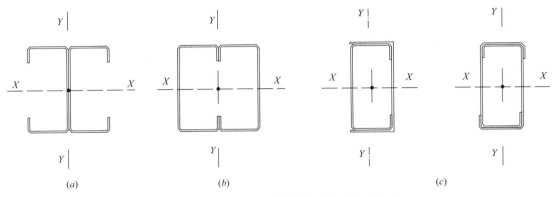

图 5-32 冷弯薄壁型钢构件常用的拼合截面类型

（a）工字形截面；（b）箱形截面；（c）抱合箱形截面

2 采用螺钉连接时，螺钉至少应有 3 圈螺纹穿过连接构件。螺钉的中心距和端距不得小于螺钉直径的 3 倍，边距不得小于螺钉直径的 2 倍。受力连接中螺钉连接数量不得少于 2 个。用于钢板之间连接时，钉头应靠近较薄的构件一侧（图 5-33）。

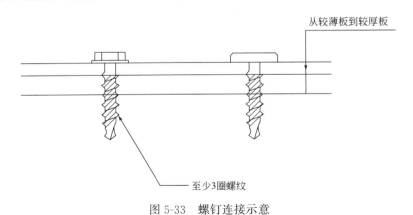

图 5-33 螺钉连接示意

5.2.4.3 墙体设计

1 一般规定

1）低层冷弯薄壁型钢房屋墙体结构的承重墙应有立柱、顶导梁和底导梁、支撑、拉条和撑杆、墙体结构面板等部件组成。非承重墙可不设置支撑、拉条和撑杆。墙体立柱的间距宜为 400～600mm。

2）低层冷弯薄壁型钢房屋结构的抗剪墙体，在上、下墙体间应设置抗拔件，与基础间应设置地脚螺栓及抗拔件。

2 墙体设计计算

1）低层冷弯薄壁型钢房屋的墙体设计计算应当按照现行行业标准《低层冷弯薄壁型钢房屋建筑技术规程》JGJ 227—2011 的相关规定进行计算；

2）低层冷弯薄壁型钢建筑的墙体，应进行施工过程验算。

3 构造要求

1）墙体立柱和墙体面板的构造应符合下列规定：

a. 墙体立柱宜按照模数上下对应设置。

b. 墙体立柱可采用卷边冷弯槽钢构件或由卷边冷弯槽钢构件、冷弯槽钢构件组成的拼合构件；立柱与顶、底导梁应采用螺栓连接。

c. 承重墙体的端边、门窗洞口的边部应采用拼合立柱，拼合立柱间采用双排螺钉固定，螺钉间距不应大于 300mm。

d. 在墙体的连接处，立柱布置应满足钉板要求。

e. 墙体面板应与墙板立柱采用螺钉连接，墙体面板的边部和接缝处螺钉的间距不宜大于 150mm，墙体面板内部的螺钉间距不宜大于 300mm。

f. 墙体面板进行上下拼接时宜错缝拼接，在拼接处应设置厚度不小于 0.8mm 且宽度不小于 50mm 的连接钢带进行连接。

2）墙体顶、底导梁的构造应符合下列规定：

a. 墙体顶、底导梁宜采用冷弯槽钢构件，顶、底导梁壁厚不宜小于所连接墙体立柱的壁厚。

b. 承重墙的顶导梁可按支承在墙体两立柱之间的简支梁计算，并应根据有楼面梁或屋架传下的跨间集中反力与考虑施工时的 1.0kN 集中施工荷载产生的较大弯矩值，并按受弯构件的规定验算其强度和稳定性。

5.3 钢混组合结构

5.3.1 一般规定

本章适用于装配式组合钢-混凝土建筑结构的下列体系：装配式框架-剪力墙结构、装配式框架结构、装配式剪力墙结构、装配式钢混组合密柱低层住宅。

1 装配式组合钢-混凝土建筑结构设计过程中需进行施工阶段验算，以保证结构在施工安装时的安全性。同时需保证已施工部分的正常使用要求。

2 节点设计及施工拼接方案，需保证构件拼接过程中留有合理的操作空间。结构构件的安装过程不应影响已结构完工楼层的墙板、门窗等建筑构件的正常安装。

3 施工阶段验算中，新建结构的重要性系数 γ_0 可取 0.9，已拼装成型的结构的重要性系数 γ_0 应取 1.0。

4 结构施工阶段验算时，应考虑恒载、施工活载、风荷载、不均匀温度作用等施工期结构实际承受的荷载。

5 施工阶段基本风压宜采用当地 25 年重现期基本风压，体型系数应按结构施工时围护结构的布置情况考虑。风荷载可按《建筑结构荷载规范》GB 50009—2012 的规定采用。

6 施工阶段需考虑日照产生的不均匀温度作用，计算结构最大升温工况与最大降温工况。对于有围护的室内结构，结构平均温度应考虑室内温差的影响；对于暴露于室外的结构或施工期间的结构，宜依据结构的朝向和表面吸热性质考虑太阳辐射的影响；对于暴露于室外的大截面封闭式钢结构构件，宜考虑截面温箱效应的影响。温度荷载可按《建筑结构荷载规范》GB 50009—2012 的规定采用。

7 预制结构构件应按自身在制作、运输、安装过程中的实际工况的荷载、支承情况、混凝土的强度变化进行构件施工阶段承载力验算。验算时应将构件自重乘以相应的动力系数：对脱模、翻转、吊装、运输时可取 1.5 或 0.85，临时固定时可取 1.2，并可视构件具体情况作适当增减。

8 预制结构构件应按自身在制作、运输、安装过程中的承载力验算，作用效应应按承载能力极限状态下作用的基本组合，但其分项系数均为 1.0。构件截面承载力计算时，混凝土强度可取标准值；钢材强度，正截面承载力验算时，可取标准值的 1.25 倍，受剪承载力验算时可取标准值。

9 在施工中当利用已安装就位的构件进行吊装时，应对吊机（车）行驶其上的构件、与其吊机（车）有连接的构件进行承载力验算。施工设备需乘以动力系数，动力系数可按《建筑结构荷载规范》GB 50009—2012 的规定采用。作用效应应按承载能力极限状态下作用的基本组合，材料强度按标准值。

10 利用计算机进行施工阶段模拟分析，应符合下列要求：

1）计算模型的建立、必要的简化计算与处理，应符合结构的实际施工状况，计算中应考虑预制构件节点刚度形成过程的影响。

2）计算软件的技术条件应符合本规范及有关标准的规定，并应阐明其特殊处理的内容和依据。

3）复杂连接节点应采用实体有限元软件、构件试验，分析其在施工阶段的内力及变形特征。施工阶段模拟分析的整体模型根据节点的受力特性，对节点刚度、承载力进行相应调整。

4）所有计算机计算结果，应经分析判断确认其合理、有效后方可用于工程设计。

11 计算机进行施工阶段模拟分析时，需考虑二次成型构件在浇灌混凝土硬化前后构件刚度变化。

12 施工过程中未灌混凝土或已灌混凝土但混凝土硬化程度不足以形成整体受力的悬臂柱、墙及框架，在施工阶段荷载标准组合作用下，楼层层间最大位移与层高之比不宜超过 1/150。

13 装配式组合钢-混凝土建筑每层结构施工时长不宜超过 30d。

5.3.2 结构计算

5.3.2.1 一般规定

1 装配式框架结构、装配式剪力墙结构、装配式框架-剪力墙结构的房屋最大适用高度应满足表 5-23 的要求，并应符合下列规定：

1）当结构中竖向构件全部为现浇且楼盖采用叠合梁板时，房屋的最大适用高度可按现行行业标准《高层建筑混凝土结构技术规程》JGJ 3—2010 中的规定采用。

2）装配整体式剪力墙结构和装配整体式部分框支剪力墙结构，在规定的水平力作用下，当预制剪力墙构件底部承担的总剪力大于该层总剪力的 50% 时，其最大适用高度应适当降低；当预制剪力墙构件底部承担的总剪力大于该层总剪力的 80% 时，最大适用高度应取表 5-23 中括号内的数值。

装配整体式结构房屋的最大适用高度（m） 表 5-23

结构类型	非抗震设计	抗震设防烈度			
		6 度	7 度	8 度（0.2g）	8 度（0.3g）
装配式框架结构	70	60	50	40	30
装配式剪力墙结构	140(130)	130(120)	110(100)	90(80)	70(60)
装配式框架-剪力墙结构	150	130	120	100	80

注：房屋高度指室外地面到主要屋面的高度，不包括局部突出屋顶的部分。

2 高层装配式结构的高宽比不宜超过表 5-24 的数值。

高层装配式结构适用的最大高宽比 表 5-24

结构类型	非抗震设计	抗震设防烈度	
		6、7 度	8 度
装配式框架结构	5	4	3
装配式剪力墙结构	6	6	5
装配式框架-剪力墙结构	6	6	5

3 装配整体式结构构件的抗震设计，应根据设防类别、烈度、结构类型和房屋高度采用不同的抗震等级，并应符合相应的计算和构造措施要求。丙类装配整体式结构的抗震等级应按表 5-25 确定。

丙类装配式结构的抗震等级 表 5-25

结构类型		抗震设防烈度						
		6 度		7 度			8 度		
装配式框架结构	高度（m）	≤24	>24	≤24		>24	≤24		>24
	大跨度框架	三		二			一		
	框架	四	三	三		二	二		一
装配式剪力墙结构	高度（m）	≤70	>70	≤24	>24 且≤70	>70	≤24	>24 且≤70	>70
	剪力墙	四	三	四	三	二	三	二	一
装配式框架-剪力墙结构	高度（m）	≤60	>60	≤24	>24 且≤60	>60	≤24	>24 且≤60	>60
	框架	四	三	四	三	二	二	一	一
	剪力墙	三	三	三	二	二	二	一	一

注：大跨度框架指跨度不小于 18m 的框架。

4 乙类装配整体式结构应按本地区抗震设防烈度提高一度的要求加强其抗震措施；当本地区抗震设防烈度为 8 度且抗震等级为一级时，应采取比一级更高的抗震措施；当建筑场地为 I 类时，仍可按本地区抗震设防烈度的要求采取抗震构造措施。

5 装配式结构的平面布置宜符合下列规定：

1）平面形状宜简单、规则、对称，质量、刚度分布宜均匀；不应采用严重不规则的平面布置；

2）平面长度不宜过长（图 5-34），长宽比（L/B）宜按表 5-26 采用；

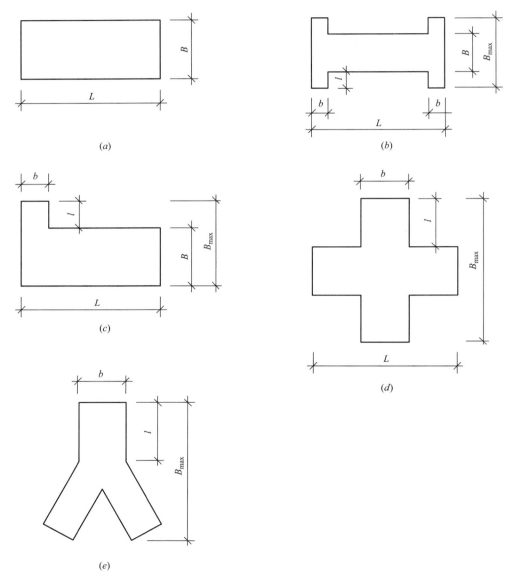

图 5-34　建筑平面示例

3）平面突出部分的长度 l 不宜过大、宽度 b 不宜过小（图 5-34），L/B_{max}、l/b 宜按表 5-26 采用；

平面尺寸及突出部位尺寸的比值限值 表 5-26

抗震设防烈度	L/B	L/B_{max}	l/b
6、7度	≤6.0	≤0.35	≤2.0
8度	≤5.0	≤0.30	≤1.5

　　4）平面不宜采用角部重叠或细腰形平面布置。

　　6　装配式结构竖向布置应连续、均匀，应避免抗侧力结构的侧向刚度和承载力沿竖向突变，并应符合现行国家标准《建筑抗震设计规范》GB 50011—2010 的有关规定。

　　7　抗震设计的高层装配整体式结构，当其房屋高度、规则性、结构类型等超过本规程的规定或者抗震设防标准有特殊要求时，可按现行行业标准《高层建筑混凝土结构技术规程》JGJ 3 的有关规定进行结构抗震性能设计。

　　8　高层装配整体式结构应符合下列规定：

　　1）宜设置地下室，地下室宜采用现浇混凝土；

　　2）剪力墙结构底部加强部位的剪力墙宜采用现浇混凝土；

　　3）框架结构首层柱宜采用现浇混凝土，顶层宜采用现浇楼盖结构。

　　9　装配式结构构件及节点应进行承载能力极限状态及正常使用极限状态设计，并应符合现行国家标准《混凝土结构设计规范》GB 50010—2010，《建筑抗震设计规范》GB 50011—2010 和《混凝土结构工程施工规范》GB 50666—2011 等的有关规定。

　　10　抗震设计时，构件及节点的承载力抗震调整系数 γ_{RE} 应按表 5-27 采用；当仅考虑竖向地震作用组合时，承载力抗震调整系数 γ_{RE} 应取 1.0。预埋件锚筋截面计算的承载力抗震调整系数 γ_{RE} 应取为 1.0。

构件及节点承载力抗震调整系数 γ_{RE} 表 5-27

结构构件类别	正截面承载力计算					斜截面承载力计算	受冲切承载力计算、接缝受剪承载力计算
	受弯构件	偏心受压柱		偏心受拉构件	剪力墙	各类构件及框架节点	
		轴压比小于0.15	轴压比不小于0.15				
γ_{RE}	0.75	0.75	0.8	0.85	0.85	0.85	0.85

　　11　预制构件节点及接缝处后浇混凝土强度等级不应低于预制构件的混凝土强度等级；多层剪力墙结构中，墙板水平接缝用坐浆材料的强度等级值应大于被连接构件的混凝土强度等级值。

　　12　预埋件和连接件等外露金属件应按不同环境类别进行封闭或防腐、防锈、防火处理，并应符合耐久性要求。

5.3.2.2　作用及作用组合

　　1　装配式结构的作用及作用组合应根据国家现行标准《建筑结构荷载规范》GB 50009—2012，《建筑抗震设计规范》GB 50011—2010，《高层建筑混凝土结构技术规程》JGJ 3 和《混凝土结构工程施工规范》GB 50666—2011 等确定。

　　2　预制构件在翻转、运输、吊运、安装等短暂设计状况下的施工验算，应将构件自重标准值乘以动力系数后作为等效静力荷载标准值。构件运输、吊运时，动力系数宜取1.5；构件翻转及安装过程中就位、临时固定时，动力系数可取1.2。

3 预制构件进行脱模验算时，等效静力荷载标准值应取构件自重标准值乘以动力系数后与脱模吸附力之和，且不宜小于构件自重标准值的1.5倍。动力系数与脱模吸附力应符合下列规定：

1）动力系数不宜小于1.2；

2）脱模吸附力应根据构件和模具的实际状况取用，且不宜小于1.5kN/m²。

5.3.2.3 结构分析

1 在各种设计状况下，装配整体式结构可采用与现浇混凝土结构相同的方法进行结构分析。当同一层内既有预制又有现浇抗侧力构件时，地震设计状况下宜对现浇抗侧力构件在地震作用下的弯矩和剪力进行适当放大。

2 装配整体式结构承载能力极限状态及正常使用极限状态的作用效应分析可采用弹性方法。

3 按弹性方法计算的风荷载或多遇地震标准值作用下的楼层层间最大位移 Δu 与层高 h 之比的限值宜按表5-28采用。

楼层层间最大位移与层高之比的限值 表5-28

结构类型	$\Delta u / h$ 限值
装配式框架结构	1/550
装配式剪力墙结构	1/1000
装配式框架-剪力墙结构	1/800

4 在结构内力与位移计算时，对现浇楼盖和叠合楼盖，均可假定楼盖在其自身平面内为无限刚性；楼面梁的刚度可计入翼缘作用予以增大；梁刚度增大系数可根据翼缘情况近似取为1.3～2.0。

5.3.2.4 框架结构设计

1 除本规程另有规定外，装配整体式框架结构可按现浇混凝土框架结构进行设计。

2 装配整体式框架结构中，预制柱的纵向钢筋连接应符合下列规定：

1）当房屋高度不大于12m或层数不超过3层时，可采用套筒灌浆、浆锚搭接、焊接等连接方式；

2）当房屋高度大于12m或层数超过3层时，宜采用套筒灌浆连接。

3 装配整体式框架结构中，预制柱水平接缝处不宜出现拉力。

4 对一、二、三级抗震等级的装配整体式框架，应进行梁柱节点核心区抗震受剪承载力验算；对四级抗震等级可不进行验算。梁柱节点核心区抗震受剪承载力验算和构造应符合现行国家标准《混凝土结构设计规范》GB 50010—2010 和《建筑抗震设计规范》GB 50011—2010 中的有关规定。

5 叠合梁端竖向接缝的受剪承载力设计值应按下列公式计算：

1）持久设计状况

$$V_U = 0.07 f_c A_{cl} + 0.10 f_c A_k + 1.65 A_{sd} \sqrt{f_c f_y} \qquad (5.3.2.4\text{-}1)$$

2）地震设计状况

$$V_{uE} = 0.04 f_c A_{cl} + 0.06 f_c A_k + 1.65 A_{sd} \sqrt{f_c f_y} \qquad (5.3.2.4-2)$$

式中　A_{cl}——叠合梁端截面后浇混凝土叠合层截面面积；

f_c——预制构件混凝土轴心抗压强度设计值；

f_y——垂直穿过结合面钢筋抗拉强度设计值；

A_k——各键槽的根部截面面积之和，按后浇键槽根部截面和预制键槽根部截面分别计算，并取二者的较小值；

A_{sd}——垂直穿过结合面所有钢筋的面积，包括叠合层内的纵向钢筋。

6　在地震设计状况下，预制柱底水平接缝的受剪承载力设计值应按下列公式计算：

当预制柱受压时：

$$V_{uE} = 0.8N + 1.65 A_{sd} \sqrt{f_c f_y} \qquad (5.3.2.4-3)$$

当预制柱受拉时：

$$V_{uE} = 1.65 A_{sd} \sqrt{ f_c f_y \left[1 - \left(\frac{N}{A_{sd} f_y} \right)^2 \right] } \qquad (5.3.2.4-4)$$

式中　f_c——预制构件混凝土轴心抗压强度设计值；

f_y——垂直穿过结合面钢筋抗拉强度设计值；

N——与剪力设计值 V 相应的垂直于结合面的轴向力设计值，取绝对值进行计算；

A_{sd}——垂直穿过结合面所有钢筋的面积；

V_{uE}——地震设计状况下接缝受剪承载力设计值。

5.3.2.5　剪力墙结构设计

1　抗震设计时，对同一层内既有现浇墙肢也有预制墙肢的装配整体式剪力墙结构，现浇墙肢水平地震作用弯矩、剪力宜乘以不小于 1.1 的增大系数。

2　装配整体式剪力墙结构的布置应满足下列要求：

1）应沿两个方向布置剪力墙；

2）剪力墙的截面宜简单、规则；预制墙的门窗洞口宜上下对齐、成列布置。

3　抗震设计时，高层装配整体式剪力墙结构不应全部采用短肢剪力墙；抗震设防烈度为 8 度时，不宜采用具有较多短肢剪力墙的剪力墙结构。当采用具有较多短肢剪力墙的剪力墙结构时，应符合下列规定：

1）在规定的水平地震作用下，短肢剪力墙承担的底部倾覆力矩不宜大于结构底部总地震倾覆力矩的 50%；

2）房屋适用高度应比本规程表 5.3.2-1 规定的装配整体式剪力墙结构的最大适用高度适当降低，抗震设防烈度为 7 度和 8 度时宜分别降低 20m。

4　抗震设防烈度为 8 度时，高层装配整体式剪力墙结构中的电梯井筒宜采用现浇混凝土结构。

5.3.2.6　钢混组合密柱低层住宅

1　钢—混组合密柱低层住宅设计应符合现行国家标准《工程结构可靠性设计统一标准》GB 50153—2008 的规定，住宅结构的设计使用年限不应少于 50 年，其安全等级不应低于二级。

2　钢—混组合密柱低层住宅体系，宜利用内灌混凝土的钢构件侧向刚度对整体结构抗侧移的作用。内灌混凝土的钢构件侧向刚度应根据材料和连接方式的不同由试验确定，并应符合下列要求：

1）应通过内灌混凝土的钢构件试验确定构件对框架侧向刚度的贡献，按位移等效原则将构件等效成交叉支撑构件，并应提供支撑构件截面尺寸的计算公式；

2）抗侧力试验应满足：当框架层间相对侧移角达到 1/300 时，受力构件不得出现任何开裂破坏；当达到 1/200 时，框架在接缝处可出现修补的裂缝；当达到 1/50 时，受力构件不应出现断裂或脱落。

3 钢—混组合密柱低层住宅的楼（屋）面活荷载、基本风压、荷载效应组合的具体表达式和相关系数应按照现行国家标准《建筑结构荷载规范》GB 50009—2012 的规定采用。

4 需要进行抗震验算的钢混组合密柱低层住宅，应按现行国家标准《建筑抗震设计规范》GB 50011—2010 的有关规定执行。

5 钢—混组合密柱低层住宅在风荷载和多遇地震作用下，楼层内最大弹性层间位移分别不应超过楼层高度的 1/400 和 1/300。

5.3.3 构件设计

5.3.3.1 板基本规定

1 装配式结构楼板按下列原则进行计算

1）两边支承的板应按单向板计算；

2）四边支承的板应按下列规定计算：

a. 当长边与短边长度之比小于或等于 2.0 时，应按双向板计算；

b. 当长边与短边长度之比大于 2.0 但小于 3.0 时，宜按双向板计算；当按沿短边方向受力的单向板计算时，应沿长边方向布置足够数量的构造钢筋；

c. 当长边与短边长度之比大于或等于 3.0 时，宜按沿短边方向受力的单向板计算。

3）免支模施工楼板宜按单向板计算。

4）施工模拟计算时楼板宜按单向板计算。

2 楼板的尺寸宜符合下列规定：

1）板的跨厚比：钢筋混凝土单向板不大于 30，双向板不大于 40；无梁支承的有柱帽板不大于 35，无梁支承的无柱帽板不大于 30。预应力板及免支模施工楼板（板底含刚度较大预制面，半现浇叠合楼板除外），可适当增加；当板的荷载、跨度较大或采用半现浇叠合楼板时，宜适当减小。

2）楼板厚度不应小于表 5-29 规定的数值。

现浇钢筋混凝土板的最小厚度（mm）　　　　　　　　　　　　　　　表 5-29

板的类别		最小厚度
单向板	屋面板	60
	民用建筑楼板	60
	工业建筑楼板	70
	行车道下的楼板	80
双向板		80

续表

板的类别		最小厚度
密肋楼盖	面板	50
	肋高	250
悬臂板（根部）	悬臂长度不大于500mm	60
	悬臂长度1200mm	100
无梁楼板		150
现浇空心楼盖		200
叠合板及预制模板钢桁架楼板		100

5.3.3.2 板基本形式及构造

1 非板柱结构装配楼板基本形式可选用预制混凝土楼板，或钢筋桁架楼承板、压型钢板楼承板、半现浇叠合板、预制模板钢桁架楼板等免支模施工楼板（图5-35）。

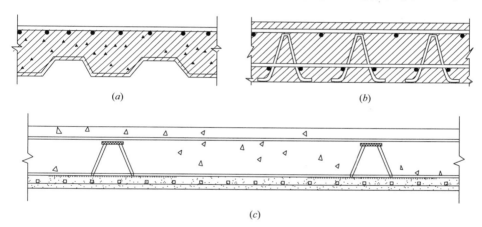

图5-35 常用非板柱结构装配楼板基本形式
（a）压型钢板楼承板；（b）钢筋桁架楼承板；（c）预制模板钢桁架楼板

2 楼板设计须满足相应国家规范及国家行业标准；楼板与其余装配预制构件间应设置有效连接。简支板端部应设置相应防水构造；当考虑楼板抗剪构造兼作防水功能时，宜考虑加大其构件厚度或截面以满足防腐蚀要求。

3 有抗渗要求区域采用叠合板时，其预制层抗渗等级不得低于其叠合层抗渗要求，预制层施工期裂缝不得大于0.005mm。

4 钢筋桁架楼承板要求如下：

1) 节点与底模接触点均应点焊，点焊承载力不小于下表要求

钢板厚度（mm）	0.4	0.5	0.6	0.8
焊点抗剪承载力	750	1000	1350	2100

2) 钢筋桁架杆件钢筋直径应按计算确定，但弦杆直径不应小于6mm，腹杆直径不应小于4mm；

（3）支座水平钢筋和竖向钢筋直径，当钢筋桁架高度不大于 100mm 时，直径不应小于 10mm 和 12mm；当钢筋桁架高度大于 100mm 时，直径不应小于 12mm 和 14mm；当考虑竖向支座钢筋承受施工阶段的支座反力时，应按计算确定其直径。

5 房屋装配整体式楼盖、屋盖采用混凝土预制楼板时，应符合下列规定：

1）叠合板的叠合层混凝土厚度不宜小于 40mm，混凝土强度等级不宜低于 C25。预制板表面应做成凹凸差不小于 4mm 的粗糙面。承受较大荷载的叠合板，宜在预制底板上设置伸入叠合层的构造钢筋。

2）预制板侧应为双齿边；拼缝上口宽度不小于 30mm；空心板端孔中应有堵头，深度不少于 60mm；并应在拼缝中浇灌强度不低于 C30 的细石混凝土；

3）预制板端宜伸出锚固钢筋互相连接，并宜与板的支承结构（圈梁、梁顶或墙顶）伸出的钢筋及板端拼缝中设置的通长钢筋连接。

5.3.3.3 钢-混凝土梁基本规定

1 常用箱型梁、钢骨梁、带钢节点混凝土梁、桁架式钢-混凝土梁等（图 5-36）。梁内钢构件及混凝土间必须设置有效结合构造；因其计算及构造要求需要设置受力、构造钢筋时，应符合《混凝土结构设计规范》GB 50010-2010 中 9.2 条规定。

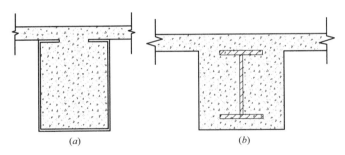

图 5-36　常用装配式钢-混凝土梁
（a）箱形梁；（b）钢骨梁

2 钢-混凝土框架梁其正截面受弯承载力应按下列基本假定进行计算：

1）截面应保持平面；

2）不考虑混凝土的抗拉强度；

3）受压边缘混凝土极限压应变 ε_{cu} 取 0.003，相应的最大压应力取混凝土轴心抗压强度设计值 f_c，受压区应力图形简化为等效的矩形应力图，其高度取按平截面假定所确定的中和轴高度乘以系数 0.8，矩形应力图的应力取为混凝土轴心抗压强度设计值；

4）型钢腹板的应力图形为拉、压梯形应力图形时，设计计算可简化为等效矩形应力图形。

3 配置桁架式型钢的钢-混凝土梁，计算中可将上、下弦型钢考虑为纵向钢筋；斜腹杆承载力的竖向分力可作为受剪箍筋考虑。

4 钢-混凝土梁在正常使用极限状态下的挠度，可根据构件的刚度用结构力学的方法计算。在等截面构件中，可假定各同号弯矩区段内的刚度相等，并取用该区域内最大弯矩处的刚度。

受弯构件的挠度应按荷载短期效应组合并考虑长期效应组合影响的长期刚度 B_l 进行

计算，所求得的挠度计算值不应大于《型钢混凝土组合结构技术规程》JGJ 138-2001 中表 4.2.8 规定的限值；考虑免支撑施工梁段应提高其标准，按上述表内数值乘以 0.9。

5 箱形梁及钢骨梁等钢-混凝土梁采用无支撑施工时，当梁内预制部分少于截面 40% 时，其施工阶段内力计算（起吊、浇筑混凝土）不考虑预制混凝土部分参与工作。施工阶段连续梁跨中受拉区域钢构件应按简支情况设计。

6 采用非刚接连接预制构件，不应按组合构件考虑其稳定性；梁内未浇筑混凝土区域钢构件，板件宽厚比应符合《建筑抗震设计规范》GB 50011—2010 中 8.3.2 条规定。

7 一般用于不直接承受动力荷载，且混凝土翼板与钢-混凝土梁通过有效抗剪连接件形成整体受力时，可按组合梁设计。组合梁翼板计算有效宽度不得大于现场浇筑范围宽度。

5.3.3.4 钢-混凝土梁基本构造及要求

1 钢-混凝土框架梁的截面宽度不宜小于 300mm；截面的高度和宽度的比值不宜大于 4。

2 梁内配置钢筋时，纵向受拉钢筋不宜超过两排，其配筋率不宜大于 0.3%，净距不宜小于 30mm 和 1.5d（d 为钢筋的最大直径）。钢筋置于钢构件内时，与钢构件内边距不宜大于 80mm。

3 钢-混凝土梁截面高度大于或等于 500mm 时，在梁两侧应沿高度方向设置纵向腰筋（可用板件等代设置），间距不宜大于 200mm，而且腰筋与型钢板件间宜配置拉结钢筋。

4 钢-混凝土梁支座处和上翼缘受有较大固定集中荷载时，应在型钢腹板两侧设置支撑加劲肋；箱形梁跨中承受固定集中荷载时，除上述构造外，应在对应荷载位置设置水平拉结箍板。

5 叠合钢-混凝土梁叠合层不少于 100mm，且预制层不宜少于截面 40%。

6 箱形梁单边翼缘宽度不宜少于 70mm，且拉结构造净距不宜大于 300mm。箱形梁内不设置钢筋时，腹板、下翼缘应设置混凝土结合构造，如栓钉；梁内设置钢筋且板件与箍筋纵筋等有可靠连接时，可不额外设置结合构造。

5.3.3.5 带钢节点混凝土柱（图 5-37）

1 装配式钢-混凝土结构框架柱基本形式有钢管混凝土柱、钢骨混凝土柱、带钢混节点柱等。钢管混凝土柱及钢骨混凝土柱设计应符合《组合结构设计规范》JGJ 138—2016 和《钢管混凝土结构技术规程》CECS 28：2012 内规定。带钢节点混凝土柱轴压比应符合《建筑抗震设计规范》GB 50011—2010 中表 6.3.6 内规定。

2 带钢节点混凝土柱受力钢筋构造须符合《建筑抗震设计规范》GB 50011—2010 及《混凝土结构设计规范》GB 50010—2010 的要求。

3 带钢节点混凝土柱纵向受力钢筋净距不宜少于 60mm。柱内钢筋笼考虑施工期参与工作时，柱角筋直径不宜少于 20mm，且单侧角筋面积之和不少于总配筋面积 25%。受力型钢含钢率不宜少于 4%，且不宜大于 10%；钢节点与纵向受力钢筋连接板件厚度不应少于 0.6d（d 为最大钢筋直径），且不

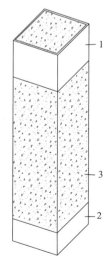

图 5-37　带钢节点混凝土柱
1—梁柱连接钢节点；2—柱底分节
连接钢节点；3—混凝土柱身

宜少于 6mm 厚。

4 带钢节点混凝土柱箍筋及拉结构造还应符合以下规定：

1）钢节点区内拉结构造为板件时纵向间距不应大于 200mm，且板件厚度不应少于 4mm；当拉结构造为钢筋时，其箍筋最少体积配筋率对应一、二、三级抗震等级时，分别不宜少于 0.6%、0.5%、0.4%，其纵向间距一、二级抗震时不应大于 100mm，三、四级抗震时不应大于 150mm；

2）底部加强区、首节安装楼层及以上一层间，柱箍筋应全高加密。

5 当采用圆形截面带钢节点混凝土柱时，柱身纵向钢筋不宜少于 8 条，不应少于 6 条且纵筋净距不宜大于 150mm；柱箍筋宜按螺旋式箍筋设计。

5.3.3.6 带钢节点混凝土墙

1 带钢混节点墙为普通混凝土墙与墙底安装钢构件及梁墙、板墙钢连接节点的组合构件，如图 5-38 所示。

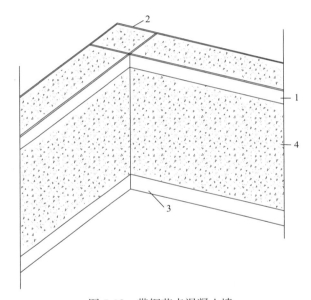

图 5-38　带钢节点混凝土墙
1—墙板连接钢节点；2—暗柱梁墙连接钢节点；3—墙底分节连接钢件；4—混凝土墙身

2 带钢节点型钢混凝土墙墙身构造设置应符合《建筑抗震设计规范 》GB 50011—2010 及《混凝土结构设计规范》GB 50010—2010 的要求。墙体可为预制构件，也可现场支模浇筑。当采用免拆模板时，分布墙身区域对应有梁布置位置应采取适当支撑措施，而且该区域分布筋直径不应少于 10mm。

3 带钢节点型钢混凝土墙暗柱布置原则同混凝土柱，暗柱端部（顶、底）均应设置闭合钢节点区。暗柱内钢筋笼考虑施工期参与工作时，角部钢筋直径不宜少于 16mm。受力型钢含钢率不宜少于 4%，而且不宜大于 10%；钢节点与纵向受力钢筋连接板件厚度不应少于 0.6d （d 为最大钢筋直径），且厚度不宜少于 6mm。

4 带钢节点型钢混凝土墙身局部箍筋可采用板件等代，板件厚度不宜少于 3.5mm，而且宽度不应少于最大纵向钢筋直径的 6 倍。当其参与施工阶段工作时，应于计算结果基础上，加大其截面至 1.1 倍计算值。

5 墙身设计为分段现场拼装形式时，水平分段安装区域可采用钢板件过渡，该板件与安装区域应设置有效拉结构造，且板件厚度不少于 $0.8d$（d 为该层水平分布筋最大直径）。

6 带钢节点型钢混凝土墙连梁宜采用钢箱混凝土梁，且梁上下翼缘厚度宜相同。当翼缘计算厚度较大时，宜采用双层翼缘形式。

7 分布墙体大于 4m 者，宜设置构造暗柱。于较高楼层或风较大地区施工时，墙体施工阶段应对应构造柱及边缘构件设置相应支撑措施。

5.3.4 钢-混凝土构件连接节点

5.3.4.1 连接节点设计

1 节点分类通则

1）节点设计需满足所使用设计方法的各项假定；

2）节点分类可根据刚度进行，根据节点转动刚度的不同，可将节点分为刚接、铰接和半刚接三种类型；

a. 铰接节点需能够传递结构内力，但不传递弯矩，而且铰接节点需具有足够的转动能力；

b. 刚接节点须具有足够的转动刚度，以传递弯矩与内力；

c. 当同时不属于刚接节点与铰接节点情况的节点，可分类为半刚接节点；半刚接节点需能够传递弯矩与内力。

2 根据转角刚度判断节点分类

1）非柱脚类节点分类界限详见图 5-39；

a. 刚接：当节点的 $M_j/\phi = S_j$ 直线落在第一区域内，$S_j \geqslant kbEI_b/L_b$；

其中：

$kb = 8$ 当框架中支撑系统减少 80% 以上的水平位移。

$kb = 25$ 每一层中 $K_b/K_c \geqslant 0.1$；如 $K_b/K_c < 0.1$ 节点应该被定义成半刚接节点。

b. 半刚接：当节点的 $M_j/\phi = S_j$ 直线落在第二区域内，同时部分落在第一区域或第二区域的节点也应该判定为半刚接节点；

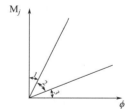

图 5-39　与刚度相关的节点判断

c. 铰接：当节点的 $M_j/\phi = S_j$ 直线落在第三区域内，$S_j \leqslant 0.5EI_b/L_b$；

式中　M_j——梁弯矩设计值；

　　　ϕ——在弯矩设计值下的节点转角；

　　　S_j——节点的转动刚度；

　　　K_b——建筑某层所有上部梁 I_b/L_b 的值；

　　　K_c——建筑某层所有柱 I_c/L_c 的值；

　　　I_b——梁的惯性矩；

　　　I_c——柱的惯性矩；

L_b——梁的计算长度（相邻柱中心点之间的距离）；

L_c——柱的层间距。

2）柱脚类节点如满足下列要求，则定义为刚接节点：

a. 当框架中支撑系统减少 80% 以上的水平位移，同时变形可以被忽略

$$\lambda_0 \leqslant 0.5; \tag{5.3.4.1-1}$$

$$0.5 < \lambda_0 < 3.93$$

同时 $S_j \geqslant 7 (2\lambda_0 - 1) EI_c/L_c; \tag{5.3.4.1-2}$

$$\lambda_0 \geqslant 3.93$$

同时 $S_j \geqslant 48 EI_c/L_c; \tag{5.3.4.1-3}$

b. 除此之外 $\qquad S_j \geqslant 30 EI_c/L_c; \tag{5.3.4.1-4}$

3）计算流程：

a. 装配式组合钢-混凝土建筑结构初步计算时，所有节点连接优先定义为刚接；

b. 有代表性的节点需用结构计算软件单独进行节点分析，如转动刚度不满足限定值要求，应设计为半刚接节点或铰接节点，并在整体模型中重新定义节点进行计算；

c. 反复上述过程，直到所有节点满足规范要求。

5.3.4.2 梁柱、梁墙、楼板及单层分节节点构造要求

1 梁柱、梁墙节点考虑刚接时，应保证构件等强连接。墙柱连接板件厚度不应少于梁节点连接板件厚度的 1.2 倍，且连接区域上下各应比梁高出不少于 70mm。钢筋与钢板件焊接安装时，单根钢筋直径不大于 28mm 时，焊缝总长度不应少于 $10d$；单根钢筋直径大于 28mm 时，焊缝总长度不应少于 $12d$。且焊接板件厚度不应少于 $0.6d$。

2 梁柱、梁墙节点考虑铰接时，应保证抗剪件安装区等强连接。墙柱节点内对应梁腹板设置抗剪加劲肋时，该肋板厚度不应少于梁腹板厚度，且不少于 8mm；柱节点内不对应梁腹板设置抗剪加劲肋时，柱节点连接板件厚度不应少于 1.2 倍梁腹板厚度。

3 梁柱、梁墙钢节点内已有预制混凝土时，宜采用设置牛腿方式设计安装梁。

4 柱底单层分节安装连接板件厚度不应少于 0.6 倍梁柱节点板件厚度。当柱底连接板件兼作钢筋连接过渡作用时，其厚度不应少于 0.8 倍梁柱节点板件厚度，而且应考虑设置有效构造传递剪力。

5 采用免支撑形式结构设计时，施工阶段宜考虑梁柱、梁墙节点铰接设计；梁两侧施工荷载差异较大者，应对相连墙柱设置相应支撑措施。

6 预制混凝土构件边缘与焊接区域边缘净距不少于 $2h_f$（h_f 为焊接区域焊缝宽度）。

7 梁钢件与楼板抗剪连接件计算应符合《钢结构设计标准》GB 50017—2017 中的规定。抗剪连接件宜采用栓钉，间距不宜大于 200mm。

8 墙、柱与楼板连接时，应设置有效连接抗剪构件，该构件不应考虑柱或楼板参与抗弯受力。当该抗剪构件兼作止水作用时，厚度宜适当加大（钢板件加厚不少于 2mm，钢筋、栓钉直径提升不少于一级）。

9 非承重预制构件与结构构件间连接的设计应符合下列要求：

1）与支承结构之间宜采用柔性连接方式；

2）在框架内镶嵌或采用焊接连接时，应考虑其对框架抗侧移刚度的影响；

3）外挂板与主体结构的连接构造应具有一定的变形适应性。

5.3.5 预制构件基本要求

1 预制构件及连接构造应按下列原则进行设计：

1）应在结构方案和传力途径中确定预制构件的布置及连接方式，并在此基础上进行整体结构分析和构件的连接设计；

2）预制构件的设计应满足建筑使用功能，并符合标准化要求；

3）预制构件的连接宜设置在结构受力较小处，且宜便于施工；结构构件之间的连接构造应满足结构传递内力的要求；

4）各类预制构件及其连接构造应按从生产、施工到使用过程中可能产生的最不利工况进行验算。

2 预制构件施工阶段的计算及设计应符合以下基本要求：

1）预制混凝土构件在生产、施工过程中应按实际工况的荷载、计算简图、混凝土实体强度进行施工阶段验算。验算时应将构件自重乘以相应动力系数：脱模、翻转、吊装、运输时可取 1.5，临时固定时可取 1.2。

2）预制钢构件验算其施工阶段受力时，其钢件最大应力不宜大于 0.4，其挠度不应大于 $l/1000$（l 为钢件计算长度）。

3）预制钢混构件整体预制时，应遵从以上两点原则进行设计及施工阶段验算，验算时不宜考虑混凝土的抗拉承载力；部分预制叠合受力钢混构件还应保证其混凝土部分裂缝宽度不大于 0.1mm，有防水要求时不大于 0.01mm。

3 预制构件吊点位置设置应考虑构件体型，保证构件在吊装时保持平稳。设置预埋件、吊环、吊装孔及各种内埋式预留吊具时，应对构件在该处承受吊装荷载作用的效应进行承载力验算。验算吊装时，宜保证局部吊点失效时，剩余吊具不破坏，如设置 4 吊点时，应按 3 吊点情况验算预留吊具承载力。

4 预制构件吊点形式，可选用钢板件、HPB300 钢筋、或组合式预埋吊具。其计算及构造要求应遵从《混凝土结构设计规范》GB 50010—2010 中 9.7 规定。

5.3.6 PI 体系结构

超高层全装配式钢-混凝土组合结构体系（Super high-rise Prefabricated hybrid structure Industrialization system design and construction，以下简称 PI 体系）是由广州容柏生建筑结构设计事务所在之前超高层设计经验基础上，独立研发的，适用于高层钢结构标准化设计和装配式施工的一体化方法，拥有多种知识产权，可广泛应用于各类建筑类型，具有良好的抗侧刚度。具体结构组成可拆分为钢板组合剪力墙及连梁构件、钢框架构件、楼板、楼梯等。

钢板组合剪力墙构件由外包钢板和内填的高强混凝土组成，钢板之间可采用栓钉、T形加劲肋、缀板或对拉螺栓，也可混合连接等连接方式。

钢板组合剪力墙的墙体两端和洞口两侧应设置暗柱、端柱或翼墙，暗柱、端柱宜采用矩形钢管混凝土构件。

应有明确的计算简图和合理的地震传递路径，而且有必要的承载能力、足够大的刚度、良好的变形能力和耗散地震能量的能力。

应具有多道防线来承担重力荷载、风荷载及地震作用，对于薄弱部位应采取有效的措施。

5.3.6.1 钢板组合剪力墙及连梁构件

1 构件拆分原则

1）应根据建筑图和结构图，将建筑物合理拆分成各种构件，可以拆分成剪力墙单元和连梁单元，部品的拆分应尽量标准化，遵循受力合理、便于生产组装及现场安装、满足运输、吊装的相关要求原则。

2）根据构件重量和截面尺寸确定构件的吊装方式、吊点数量和位置，吊钩和吊点埋件的形式和大样。构件的拆分及施工措施埋件必须满足建筑设计和结构安全的要求。拆分后，按构件分类编号，编制深化图。

3）外包钢板组合剪力墙筒体依据标准化设计原则可以拆分为吊装单元墙体，再进一步拆分为工厂制作并且可供运输的独立墙肢单元（或连梁单元），具体构造如图 5-40～图 5-42 所示。

4）连梁构件可采用钢管混凝土连梁、钢连梁等多种形式。

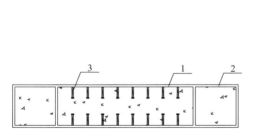

图 5-40 一字形外包钢板组合剪力墙构成

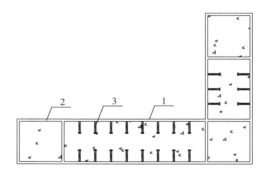

图 5-41 L 形外包钢板组合剪力墙构成

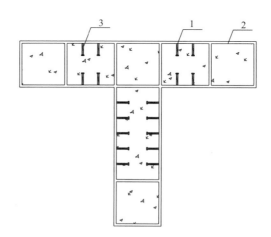

图 5-42 T 形外包钢板组合剪力墙构成

1—外包钢板；2—端柱；3—墙身加劲措施（包括栓钉、T 形加劲肋、缀板、对拉螺栓、混合连接等多种形式）

2　构件设计原则

1）钢板组合剪力墙平面布置宜规则、对称；竖向宜连续布置，承载力与刚度宜自下而上逐渐减小。同一楼层内同方向抗侧力构件宜采用同类型钢板组合剪力墙。

2）钢板组合剪力墙与连梁的连接节点，不应先于钢板组合剪力墙和连梁破坏；

3）与钢板组合剪力墙连梁相连的墙身钢板厚度不宜小于钢板组合剪力墙连梁厚度；

4）钢板组合剪力墙上开设的设备洞口时应按等强原则予以补强；

5）钢板组合剪力墙应根据主体结构类型与使用条件，采用合理的防腐与防火措施，防火及防腐应符合《钢板剪力墙技术规程》JGJ/T 380—2015 的规定；

6）钢板组合剪力墙的制作安装及质量验收应符合《钢板剪力墙技术规程》JGJ/T 380-2015 的规定。

3　连接和构造（图 5-43）

1）钢材材料、焊接强度、检验标准应满足相关规范要求。

2）应尽量采用简单易行的构造形式，节点及连接应便于安装及检验。

3）钢结构现场拼缝位置宜设置在连梁位置，减少现场拼接焊缝工作量，并应采取相应构造措施预防焊接变形。

4）应考虑结构体系在运输、现场安装过程中的整体稳定性及构件平整度，并在工厂预留现场吊装、连接构造。

5）墙肢单元与楼板应有可靠的构造措施，保证楼板拉、剪内力可靠传递。

6）钢板组合剪力墙墙肢单元与连梁单元的连接可采用焊接连接或者螺栓连接，连接承载力应大于钢板剪力墙的屈服承载力。

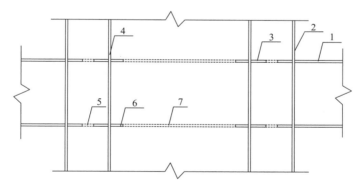

图 5-43　墙和连梁节点大样

1—连梁；2—外包钢板组合剪力墙；3—端柱内水平加劲板；4—端柱；5—过浆孔；6—墙身水平加劲板；7—灌浆孔

5.3.6.2　钢框架构件

1　连梁及钢框架构件拆分原则

钢框架构件可拆分成框架柱、梁、支撑等部件，对于较长的框架构件，应根据吊装、运输要求合理分段。拆分过程中，还应考虑吊装、安装过程中的埋件及相应措施。

2　构件设计原则

钢结构构件设计及节点应满足《高层民用建筑钢结构技术规程》JGJ 99—2015，进行构件的强度、变形的验算，以及连接节点的设计。

钢管混凝土柱或者钢管混凝土连梁的设计应满足《组合结构设计规范》JGJ 138—2016，进行构件的强度、变形的验算，以及连接节点的设计。

3 连接和构造设计原则

1）钢材材料、焊接强度、检验标准应满足相关规范要求。

2）节点及连接应便于安装及检验。

3）应考虑结构体系在运输、现场安装过程中的整体稳定性及构件平整度，并在工厂预留现场吊装、连接构造。

4）框架与楼板应有可靠的构造措施，保证楼板拉、剪内力可靠传递。

5）应尽量采用简单易行的构造形式，节点及连接应便于安装及检验。

5.3.6.3 楼板、楼梯构件

1 组合楼板设计原则

1）楼板宜采用压型钢板组合楼板或者钢筋桁架楼承板组合楼板。

2）采用钢组合楼盖时，应考虑楼板的跨度布置次梁。

2 楼梯可采用钢楼梯、预制混凝土楼梯，梯柱、梯梁应与主体结构有可靠的连接。楼梯踏步段宜为整体预制构件。

3 构造要求

钢组合楼板设计宜满足有关规范要求。

4 连接和构造设计原则

由于楼板需要协调外框架和剪力墙核心筒的内力，宜为整浇板。

楼板与钢构件连接时需要保证采用有效的措施保证楼板内力的有效传递，节点得连接强度宜大于楼板的设计强度。

在局部内力较大的楼层，如结构的加强层，立面收进等位置，楼板中可增加型钢或者钢板来满足强度设计的要求。

5.3.6.4 非结构构件

非结构构件，包括建筑非结构构件和建筑附属机电设备。

1 围护墙和隔墙应优先采用轻质墙体材料。与主体结构应有可靠的拉结，并宜采用柔性连接，适应主体结构不同方向的层间位移。

2 围护墙和隔墙应考虑对结构抗震的不利影响，避免不合理设置而导致主体结构破坏。

3 对柔性连接的建筑构件，可不计入刚度。对嵌入抗侧力构件平面内的刚性非结构构件，可计入其刚度影响，并可按有关规定验算刚性非结构构件的抗震承载力。

4 附着于楼、屋面结构上的非结构构件，应与主体结构有可靠的连接或者锚固，避免地震时倒塌伤人或者砸坏重要设备。

5 建筑附属机电设备支架应有足够的刚度和强度，与建筑结构应有可靠的连接和锚固。在遭遇罕遇地震影响时，应根据楼层加速度验算设备不倒。

6 非结构构件的其他要求应符合国家现行有关标准的规定。

6 建筑机电设计篇

6.1 一般规定

6.1.1 装配式建筑机电设计与普通建筑机电设计的区别

1 在常规方案设计、初步设计和施工图设计三个阶段基础上，装配式建筑机电设计还需进行建筑设备与管线标准化设计，配合预制构件生产对建筑设备与管线进行准确定位和预留。

2 装配式建筑设计中建筑设备与管线宜与主体结构相分离，并应方便维修更换，且在维修更换时应不影响主体结构。

3 装配式建筑机电设计应进行管线综合设计、集中设置、减少平面交叉，合理使用空间。

4 装配式建筑机电设计与建筑设计需同步进行，预留预埋应满足结构专业相关要求，不应在预制构件安装后凿剔沟、槽、孔、洞等。

5 装配式建筑机电设计中部品与配管连接、配管与主管网连接、部品之间连接的接口应标准化。

6 装配式建筑机电设计中建筑设备与管线宜采用同层敷设方式，在架空层或吊顶内设置。

7 装配式建筑机电设计中公共的管线、阀门、检修口、计量仪表、电表箱、配电箱、弱电箱等，应统一集中设置在公共区域。

6.1.2 设计阶段文件编制

1 新型装配式建筑的建设过程中，需要建设、设计、生产和施工、管理等单位密切配合、协同工作及全过程参与。因此建筑机电设计在常规方案设计、初步设计和施工图设计三个阶段基础上，还应增加前期机电技术策划环节和配合预制部品、构件的生产加工的工厂化机电设计环节。

2 前期技术策划对项目的实施起到十分重要的作用，在方案设计之前，机电设计应充分考虑项目定位、建设规模、装配化目标、成本限额以及各种外部条件影响因素，制定合理的设计方案，提高预制构件的标准化程度，并与建设单位共同确定技术实施方案，为后续的机电设计工作提供设计依据。

3 方案设计、初步设计和施工图设计三个阶段设计文件编制深度应满足住建部2016版《建筑工程设计文件编制深度规定》关于装配式建筑机电设计的要求。

4 工厂化机电设计环节可由机电设计单位与预制构件加工厂配合设计完成，机电设计根据系统管线需要，对预制部品及构件的套管、孔洞及管槽的预留提供尺寸及位置控制图，提高预制构件设计完成度与精确度，便于预制部品及构件的工厂化生产和装配。

6.1.3 建筑设备及管线标准化设计

1 建筑设备及管线标准化设计主要分为：

1) 建筑单体设备及管线标准化设计：对相似或相同体量、功能和结构形式的建筑物机电系统采用标准化的设计；

2) 功能模块设备及管线标准化设计：对建筑单体中具有相同或相似功能的建筑空间及其组成部件（如住宅厨房、住宅卫生间、教学楼内的盥洗间、酒店卫生间等）的机电设备及管线进行标准化设计；

3) 部品系统及构件设备及管线标准化设计：采用标准化的预制部品部件，形成具有一定功能的部品系统（如整体厨房、整体卫生间）应进行建筑机电设备及管线标准化设计。标准化的结构和围护部件，如阳台、楼板、空调挂板等，当有管道穿越时，应进行管道孔洞、沟槽预留的标准化设计，满足部件在工厂内进行规模化生产、现场快速装配的要求。

2 建筑机电及设备标准化设计应包括机电管线系统设计、机电设备及管线点位设计及预制构件上的孔洞、沟槽预留设计。标准化设计过程中，应与精装修专业、结构专业密切配合，使建筑设备及管线在满足使用要求的同时，布置在结构钢筋网格内，达到结构安全的要求。孔洞及沟槽的预留、预埋及安装也应满足结构专业得相关要求，不应在预制构件安装后凿剔沟、槽、孔洞等。

3 建筑机电设备及管线标准化设计应根据建筑模数确定公共管井内各立管、户内排水立管、各建筑设备管道定位、分集水器的定位等。

4 建筑的部品与配管连接、配管与主管网连接、部品之间连接的接口应标准化。

6.2 给水排水系统及管线设计

6.2.1 新型装配式建筑冲厕宜优先采用非传统水源，水质应符合现行国家标准《城市污水再生利用城市杂用水水质》GB/T 18920—2002 的有关规定，并应有防止误饮误用的安全措施。

6.2.2 公共区域给排水管道设计

1 新型装配式建筑应在共用空间设置公共管井，给水总管、雨水立管、消防立管及公共功能的控制阀门、户表（阀）、检查口等均应设置公共管井内。管道井的尺寸，可根据管道数量、管径大小、排列方式、维修条件，结合建筑平面和结构形式等合理确定。公共管井的位置宜布置在现浇楼板区域。

2 住宅建筑各户表后入户横管可敷设在公共区域顶板下或地面垫层入户。为住宅各户敞开式阳台服务的各层共用雨水立管应设在敞开式阳台内，建筑屋面外排雨水立管不宜设在套内敞开式阳台内。

3 对于分区供水的横干管，属于公共管道，应设置在公共部位，不应设置在与其无关的室内。当采用远传水表或 IC 表而将供水立管设在套内时，为便于维修和管理，供检修用的阀门应设在公共部位的供水横管上，不应设在套内的供水立管顶部。

4 室内消火栓设置在楼梯间或公共走道，消火栓给水立管应设置在共用部位。

6.2.3 给水管道设计

1 给水立管一般设置于管井、管窿内或沿墙敷设在管槽内。

2 给水横管按其在楼层所处的位置可分为楼层底部设置或楼层顶部设置两大类。在楼层底部设置可采用建筑垫层（回填层）或架空层设置。任何管道不得直接埋设在建筑物结构层内。楼层顶部设置可采用梁下（吊顶内）设置或穿梁设置，管线穿越预制构件处需预留套管或孔洞，套管预埋位置不应影响结构安全。套管管径及定位应经结构专业确认，且管线设置高度应满足建筑净高要求。

3 敷设在吊顶或楼地面架空层的给水管道应考虑防腐蚀、隔声减噪和防结露等措施。

4 埋设在楼板建筑垫层（回填层）或沿预制墙敷设在管槽内的管道，一般外径不宜大于25mm。管材采用塑料、金属与塑料复合管或耐腐蚀的金属管材。

当遇预制构件墙体时，需在墙体近用水器具侧预留竖向管槽，管槽定位及槽宽应考虑结构设计模数并避让钢筋。一般管槽宽30～40mm、深15～20mm，开槽方式一般采用沿墙竖向开槽，避免横向开槽。暗埋管槽的管道外侧表面的砂浆保护层不得小于10mm；当给水管无法完全嵌入管槽，管槽尺寸又不能扩大时，给水管宜分成两条或两条以上外径不大于25mm的小管嵌入管槽敷设，其总供水能力不得小于原给水管的供水能力。

5 为便于管道的维修拆卸，给水立管与部品水平管道的接口宜采用内螺纹活接连接。

6 部品内设置给水分水器时，分水器与用水器具的管道应一对一连接，管道中间不得出现接口，并宜采用装配式的管线及其配件连接。给水分水器设置位置应有排水措施，并便于检修。

6.2.4 排水管道设计

1 新型装配式建筑排水系统设计应尽量采用同层排水，减少排水管道穿楼板，立管应尽量设置在管井、管窿内，以减少预制构件的预留、预埋管件。排水管道预留洞和预埋套管的做法，塑料管参见国标图集《建筑排水塑料管道安装》10S406，铸铁管可参见国标图集《建筑生活排水柔性接口铸铁管道与钢塑复合管道安装》13S409。

2 同层排水形式分为排水支管暗敷在隔墙内、排水支管敷设在本层结构楼板与最终装饰面之间的两种形式。

当同层排水采用排水横支管降板回填或抬高建筑面层的敷设方式：排水管路采用普通排水管材及管配件时，卫生间区域降板或抬高建筑面层的高度不宜小于300mm，并应满足排水管设置最小坡度的要求。

排水管路采用特殊管配件且部分排水支管暗敷于隔墙时，卫生间区域降板或抬高建筑面层的高度不宜小于150mm，并应满足排水管道及管配件安装要求。

当同层排水采用整体卫浴横排形式时。降板高度 H ＝下沉高度－地面装饰层厚度 h（图6-1），装饰层厚度由土建相应的地面材料做法确定。

6.2.5 整体卫浴、整体厨房的给排水管道设计

1 整体卫浴应进行管道设计，可将风道、排污立管、通气管等设置在管道井内，管井尺寸由设计确定，一般设计为300mm×800mm。

2 整体卫浴排水总管接口管径为 $DN100$，整体厨房排水管接口管径为 $DN75$。

3 整体卫浴给水总管预留接口宜在整体卫浴顶部贴土建顶板下敷设，当整体卫浴墙

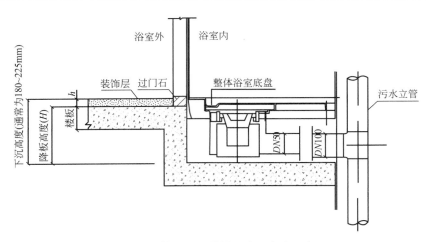

图 6-1　整体浴室（横排）降板高度示意图

板高度为 $H=2000$ mm 时，需将给水管道安装至卫生间土建内部任一面墙体上，在距整体卫浴安装地面约 2500mm 的高度预留 $DN20$ 阀门、冷热水管各一个，打压确保接头不漏水；整体卫浴内的冷、热水管伸出整体卫浴顶盖顶部 150mm，待整体卫浴定位后，将整体卫浴给水管与预留给水阀门进行对接，并打压试验。当墙板高度增加时，预留阀门的安装高度相应增加。

4　整体卫浴排水一般分为同层排水和异层排水。当排水方式为同层排水时，要求立管三通接口下端距离整体卫浴安装楼面 20mm。当排水方式为异层排水时，整体卫浴正投影面管路必须带整体卫浴定位后方可进行施工。

6.2.6　预留孔洞和预埋套管

1　新型装配式建筑的墙、楼板、梁等预制构件配件均由工厂预制，不应现场剔凿孔洞、沟槽。所有穿越预制构配件的管线应结合配件规格化、模数化的要求，给结构专业准确提供预埋套管、预留孔洞及开槽的尺寸、定位等。

1）阳台地漏、采用非同层排水方式的厨卫排水器具及附件预留孔洞尺寸参见表 6-1。

排水器具及附件预留孔洞尺寸表　　　　　　　　　　　　　　表 6-1

排水器具及附件种类	大便器	浴缸、洗脸盆、洗涤盆、小便斗	地漏、清扫口			
所接排水管管径(mm)	$DN100$	$DN50$	$DN50$	$DN75$	$DN100$	$DN150$
预留圆洞 Φ(mm)	200	100	200	200	250	300

2）给水、消防管道穿越预制墙、梁、楼板预留普通钢套管尺寸参见表 6-2。

给水、消防管道预留普通钢套管尺寸表　　　　　　　　　　表 6-2

管道公称直径 DN(mm)	15	20	25	32	40	50	备注
钢套管公称直径 $DN1$(mm)	32	40	50	50	80	80	（适用无保温）
管道公称直径 DN(mm)	65	80	100	125	150	200	备注
钢套管公称直径 $DN1$(mm)	100	125	150	150	200	250	（适用无保温）

注：保温管道的预留套管尺寸，应根据管道保温后的外径尺寸确定预留套管尺寸。

3）排水管穿越预制梁或墙预留普通钢套管尺寸参见表 6-2 中的 $DN1$，排水管穿预制楼板预留孔洞或预埋套管要求参见表 6-3。

排水管穿越楼板预留洞尺寸表　　　　　　　　　　　　　　　表 6-3

管道公称直径 DN（mm）	50	70	100	150	200	备注
圆洞 Φ（mm）	120	150	180	250	300	
普通塑料套管 DN（mm）	110	125	160	200	250	带止水环或橡胶密封圈

4）管道穿越预制屋面楼板、预制地下室外墙板等有防水要求的预制结构板体时，应预埋刚性防水套管，具体套管尺寸及做法参见国标图集《防水套管》02S404。

2 预留套管、孔洞的防水、防火、隔声要求：

安装在楼板内的套管，其顶部应高出装饰地面 20mm，安装在卫生间及厨房内的套管，其顶部应高出装饰地面 50mm，底部应与楼板相平。消防给水管穿越楼板时，套管应高出楼面或地面 50mm。安装在墙壁内的套管其两端与饰面相平。

穿过楼板的套管（孔洞）和管道之间应用阻燃密实材料和防水油膏填实，端面光滑。穿墙套管（孔洞）与管道道之间的缝隙采用阻燃密实材料填实，且端面光滑。管道的接口不得设置在套管内。

防火封堵应符合现行国家标准《建筑设计防火规范》GB 50016—2014 的有关规定。

3 管道阻火装置设置要求：

1）当建筑内采用受高温或火焰作用宜收缩变形或烧蚀材质的管道，立管穿越楼板部位和横管穿越防火分隔的两侧设置阻火装置的要求如下：高层建筑中的塑料排水管道，当管径大于等于 110mm 时，应在其贯穿部位设置阻火装置；其余管道，宜在贯穿部位设置阻火措施。

2）阻火装置应采用热膨胀型阻火圈，安装时应紧贴楼板底面或墙体，并应采用膨胀螺栓固定。阻火圈的设置部位如下：

a. 立管穿越楼板处的下方；

b. 管道井内隔层防火分隔时，横管接入立管穿越管道井井壁或管窿维护墙体的贯穿部位外侧；

c. 横管穿越防火分区的隔墙和防火墙的两侧。

6.2.7　设备及附件的预留、预埋

为保证建筑设备及管线在建筑使用寿命期内安装牢固可靠，对于给排水设备及成排管线的支吊架的安装，设计时应与土建专业配合，对相关设备的预埋件等进行准确定位，在结构主体构配件的工厂预制过程中进行预留和预埋，实现设备与建筑一体化建设。

对于常设于屋面、空调板、阳台板上，包括地漏、排水栓、雨水斗、局部预埋管道等设备预留孔洞不易安装时，也可采取直接预埋办法。预埋有管道附件的预制构件在工厂加工时，应做好保洁工作，避免附件被混凝土等材料堵塞。

6.2.8　管道支吊架

为保证固定设备、管道及其附件的支吊架安装的牢固可靠，并具有耐久性，管道支吊架应安装在承重结构上。对于轻质隔墙采用轻钢龙骨石膏板时，支架受力点应设于龙骨位置；当轻质隔墙采用不满足支架承重要求的材料时，需与土建专业协商，支架受力区域应局部以满足荷载要求的实心块材替换。

管道支吊架的间距和设置要求可参见厂家样本，或参见相关管道安装图集和国标图集《室内管道支架及吊架》03S402。

抗震设防烈度为 6 度及 6 度以上地区的建筑机电工程必须进行抗震设计。需要设防的室内给水、热水及消防管道管径大于等于 DN65 的水平管道的支吊架系统须采用抗震支撑系统，且抗震支吊架应固定在承重的结构或构件上。

6.2.9　消防给水与灭火设施

新型装配式建筑应按现行消防规范要求设置相应的防火设施。并需要整体考虑消防泵房、值班室等附属建筑物的配置。

6.2.10　管材、管件选择

1　室内给水管道应选用耐腐蚀和安装连接方便可靠并获得"涉及饮用水卫生安全的产品卫生许可证"的管材，可采用塑料给水管、金属复合塑料给水管、铜管、不锈钢管及经可靠防腐处理的钢管等管材；也可采用整体定制的装配式管道系统。给水管道上使用的各类阀门的材质，应耐腐蚀和耐压。根据管径大小和所承受压力的等级及使用温度，可采用全铜、全不锈钢、铁壳铜芯和全塑阀门等。

2　为满足建筑设备快速安装及避免噪声的要求，排水管材宜选用建筑排水柔性接口铸铁管及管件、高密度聚乙烯（HDPE）管等管材。高度超过 100m 的高层建筑内，排水管应采用柔性接口机制排水铸铁管及其管件，也可采用钢塑复合排水管。

6.3　通风、空调、供暖设计

6.3.1　装配式建筑应采用适宜的节能技术，满足《民用建筑供暖通风与空气调节设计规范》GB 50736—2012 及《公共建筑节能设计标准》GB 50189—2015 的要求，降低建筑能耗，减少对环境的污染。

6.3.2　穿越预制墙体的管道应预留套管，穿越预制楼板的管道应预留孔洞。

6.3.3　竖向的管道宜设在管井内。

6.3.4　防烟、排烟、供暖、通风、空气调节系统中的管道穿越防火墙、楼板处的空隙应采用防火封堵材料封堵。防火封堵应符合现行国家标准《建筑设计防火规范》GB 50016—2014 的有关规定。

6.3.5　装配式建筑的通风、空调、防排烟用设备宜结合建筑方案整体设计，并预留管道出口；应直接连接在结构受力构件上，应采取有效的隔振、隔声措施。

6.3.6　抗震设防烈度为 6 度及 6 度以上地区的建筑机电工程必须进行抗震设计。所有吊装的设备、管道应吊装在结构受力件上,并预留安装吊点,且应采取相应的减震措施。防排烟风道、事故通风风道及相关设备应采用抗震支吊架。

6.3.7 装配式建筑需设采暖系统,宜采用干法施工的低温地板辐射供暖系统。

6.4 电气系统及管线设计

6.4.1 总体要求

1 装配式建筑的电气设计,应做到电气系统安全可靠、节能环保、维修管理方便、设备布置整体美观。

安全可靠:设计中应注意供配电系统各级保护电器的合理设置,配电线路装设的上下级保护电器,其动作特性应具有选择性。根据目前低压电器的技术发展情况,完全实现保护的选择性尚有一定的难度,从经济和技术两方面考虑,对非重要负荷还是允许采用部分选择性或无选择性切断。除此之外,电气设计应满足相应的消防设计规范和要求。

节能环保:推广装配式建筑本身就是从节能环保出发的,因此,在设计过程中节能环保应作为一条主线贯穿始终。对装配式混凝土结构建筑电气设计而言,除满足常规的电气节能设计外,尚应考虑采用标准化、模数化设计,以减少管材的浪费。

维修管理方便:设计中除按照相应的规范,将公共功能的电气设备和计量表设置于便于维修的公共部位、对电气干线和电信干线采用集中布置敷设外,尚应对电气管线(尤其是公共部位的电气管线)的敷设方式做统一的规划,以方便维修更换。

设备布置整体美观:由于民用建筑是人们经常生活和学习的地方,优雅的人居环境会使人心情愉悦,人居环境杂乱无章会使人心情沮丧,降低生活质量。

2 装配式建筑的电气设计应编制设计、制作和施工安装的成套文件。

装配式建筑的电气设计应采用标准化、系列化的设计方法,做到设备布置、设备安装、管线敷设和连接的标准化和系列化。

施工图设计阶段,电气专业应要求建筑专业确定室内布置,并依此配合建筑专业进行灯具、插座、开关面板等点位布置图的设计。工厂化机电设计中应对敷设管道做准确定位,且必须与预制构件设计相协调。精装修交房的工程,应在建筑设计的同时进行室内装修设计,即采用精装一体化设计。

在预制构件加工制作阶段,应将各专业、各工种所需的预留孔洞、预埋件等一并完成,现场进行剔凿、切割,伤及预制构件,影响质量及观感。基于上述原因,要求在工厂化机电设计阶段,电气专业配合结构预制构件深化设计单位编制预制构件的加工图纸,准确定位和反映构件中电气设备,满足预制构件工厂化及机械化安装的需要。

3 装配式建筑应进行管线综合设计,尽可能减少管线的交叉。

由于装配式建筑的特殊结构形式,其内部的管道综合尤为重要。预制构件在现场随意开槽可能会影响到结构安全。设计可采用包含 BIM 技术在内的多种技术手段开展三维管线综合设计,对预制构件内的电气设备、管线和预留洞槽等做准确定位,以减少现场返工。

装配式建筑中,电气竖向管线宜做集中敷设,满足维修更换的需要;电气水平管线宜在架空层或吊顶内敷设,当受条件限制必须做暗敷设时,宜敷设在现浇层或建筑垫层内。

例如家居配电箱和家居配线箱电气进出线较多，设计时可将它们设置于不同的位置，从而避免大量管线在叠合楼板内集中交叉。

又如电气管线和弱电管线在楼板中敷设时，应做好管线的综合排布，同一地点严禁两根以上电气管路交叉敷设。电气管线宜敷设在叠合楼板的现浇层内，叠合楼板现浇层的厚度通常只有 70mm 左右，综合管线的管径、埋深要求、板内钢筋等因素，最多只能满足两根管线的交叉。所以要求暗敷设的电气管线应进行综合排布，避免同一位置存在三根及以上的电气管线交叉敷设的现象发生。

6.4.2　电气设备

1　在预制构件上设置的家居配电箱、家居配线箱和控制器应做到布置合理，定位准确

建筑中的家居配电箱、家居配线箱和控制器是每户或每个功能单元的电源和信号源头的分配所在，集中有大量的电气进出管线。故应该按照相关规范，选择安全可靠、便于维修维护的位置来安放这些电气设备。

对于装配式建筑，家居配电箱、家居配线箱和控制器宜尽可能避免安装在预制墙体上。当无法避让时，应根据建筑的结构形式合理选择这些电气设备的安装形式及进出管线的敷设形式。

当设计要求箱体和管线均暗埋在预制构件时，还应在墙板与楼板的连接处预留出足够的操作空间，以方便管线连接的施工。为方便和规范构件制作，在预制墙体上预留的箱体和管线应遵照预制墙体的模数，在预制构件上准确和标准化定位，如电源插座和信息插座的间距、插座的安装高度等要求应在设计说明中予以明确。

2　在预制构件上设置的照明灯具和插座的数量应满足使用需求并做到精确定位。灯具和插座的接线盒在顶制构件上的预留位置应不影响结构安全。

建筑内各功能单元照明灯具和插座的数量，应满足各功能单元的使用要求和相关设计规范的要求，此处不再赘述。这里主要说明照明灯具和插座接线盒在预制构件中的预埋问题。

装配式建筑中，通常在楼梯、阳台、空调板等部位采用预制构件。但随着预制化率在装配式建筑中逐渐提高，楼板和分隔墙等部位采用预制构件的做法也越来越普遍。

以楼板为例，楼板采用预制构件，分为全预制和叠合楼板两种做法。采用全预制楼板时，电气的接线盒和管线应全部预埋在结构预制构件内。采用叠合楼板时，电气的接线盒应预埋在结构预制构件内，电气管线则通常敷设在叠合楼板的现浇层内，这样电气接线盒和管线的连接就只能在叠合楼板的现浇层内实现了，故要求在叠合楼板预制构件中预埋的电气接线盒采用深型接线盒。

装配式建筑的墙板，现多采用全预制构件和现浇式一体化成型墙体两种方式。在墙体上预留接线盒的位置应遵照构架模数，并满足电气规范和使用要求。电气的管线应预埋在构件内。

装配式建筑的预制内墙板、外墙板门窗过梁钢筋锚固区对结构安全尤为重要，故不应在上述区域内预留接线盒。

6.4.3　电气管线设计

1　电气、电信主干线应集中设在共用部位，便于维修维护。

出于维修、管理、安全等因素的考虑，配电干线、弱电干线应集中设在共用部位。实际工程中，通常将配电干线、弱电干线应集中设在电气管井内。

由于装配式建筑的主体结构多为整体预制的大型混凝土或钢构件，难以将配电干线、弱电干线分散敷设在这些构件内，管线施工难度加大，因此配电干线、弱电干线要尽可能与装配式结构主体分离，竖向主干线宜集中设置在建筑公共区域的电气管井内。

装配式建筑的电气管井在选址时，应避免设置于采用预制楼板（如楼梯半平台等）区域内，从而减少在预制构件中预埋大量导管的现象产生。

2 电气管线及其敷设要求

装配式建筑中电气管线可采用在架空地板下、内隔墙及吊顶内敷设，如受条件限制必须采用暗敷设时，宜优先选择在叠合楼板的叠合层或建筑找平层中暗敷。

电气线路布线可采用金属导管或塑料导管，但需直接连接的导管应采用相同的管材。明敷的消防配电线路应穿金属导管保护，且金属导管应采取防火保护措施。导管壁厚应满足相关规范的要求。

线缆保护导管暗敷时，外护层厚度不应小于 15mm；消防配电线路暗敷时，应穿管并应敷设在不燃烧结构内且保护层厚度不应小于 30mm。

在预制构件中暗敷的管线不应影响结构安全，例如管线不应敷设在预制构件的接缝处。水平接缝和竖向接缝是装配式结构的关键部位，为保证水平接缝和竖向接缝有足够的传递内力的能力，竖向电气管线不应设置在预制柱内，且不宜设置在预制剪力墙内。当竖向电气管线设置在预制剪力墙或非承重预制墙板内时，应避开剪力墙的边缘构件范围，并应统一设计，将预留管线标示在预制墙板深化图上。

3 管线连接和施工要求

装配式建筑中，电气管线的接口应采用标准化的接口。预制构件内导管的连接技术在满足预制构件的连接方式的同时，还应做到安全可靠、方便简洁。故电气导管的连接技术还应该做进一步地研究和提高。

《建筑电气工程施工质量验收规范》GB 50303—2015 中对于目前常见的各种管材的连接，给出的要求比较详细。

需要特别强调，装配式建筑中沿叠合楼板、预制墙体预埋的电气灯头盒、接线管及其管路与现浇相应电气管路连接时，应在其连接处预留接线足够空间，便于施工接管操作，连接完成后再用混凝土浇筑预留的孔洞。

抗震设防烈度为 6 度及 6 度以上地区的建筑机电工程必须进行抗震设计。

6.4.4 防雷与接地

装配式混凝土结构建筑防雷接地系统的接地电阻值与非装配式混凝土结构建筑相比并无特殊要求，与现行的国家标准的要求是一致的，而且通常也是采用共用接地系统。重点在于防雷接地系统的具体做法与非装配式混凝土结构建筑有所不同。

装配式混凝土结构建筑大多数是利用建筑物的钢筋作为防雷装置。《建筑物防雷设计规范》GB 50057—2010 中特别强调当利用建筑物的钢筋作为防雷装置时，构件之间必须连接成电气通路。装配式混凝土结构建筑大多是利用建筑物的钢筋作为防雷装置。目前，采用的连接措施还是比较传统的。如何更有效、更方便地实现"构件之间连接成电气通路"，即满足功能和规范要求，又减少施工难度和工作量，此技术还有待进一步研究提高。

目前，在工程设计中通常采用下面的做法。装配式混凝土结构建筑屋面的接闪器、引下线及接地装置在可以避开装配式主体结构的情况下可参照非装配式混凝土结构建筑的常规做法；难以避开时，需利用装配式混凝土结构框架柱（或剪力墙边缘构件）内部满足防雷接地系统规格要求的钢筋作引下线及接地极，或在预制装配式结构楼板等相应部位预留孔洞或预埋钢筋、扁钢，并确保接闪器、引下线及接地极之间通长、可靠连接。

装配式混凝土结构建筑的实体柱等预制构件是在工厂加工制作的，由于预制柱等预制构件的长度限制，一根柱子需要若干段柱体连接起来，两段柱体对接时，一段柱体端部为套筒，另一段为钢筋，钢筋插入套筒后注浆，钢筋与套筒中间隔着混凝土砂浆，钢筋是不连续的。如若利用钢筋做防雷引下线，就要把两段柱体（或剪力墙边缘构件）钢筋用等截面钢筋焊接起来，达到贯通的目的。选择框架柱（或剪力墙边缘构件）内的两根钢筋做引下线时，应尽量选择靠近框架柱（或剪力墙）内侧，以不影响安装。

如不利用框架柱（或的力墙边缘构件）内钢筋做防雷引下线，也可采用 25×4 扁钢做防雷引下线，两根扁钢固定在框架柱（或剪力墙）两侧，靠近框架柱（或剪力墙）引下并与基础钢筋焊接。

不管是利用框架柱（或剪力墙）内钢筋做引下线还是利用扁钢做引下线，都应在设有引下线的框架柱（或剪力墙）室外地面上 500mm 处，设置接地电阻测试盒，测试盒内测试端子与引下线焊接。此处应在工厂加工框架柱（或剪力墙）时做好预留。

此外，装配式混凝土结构建筑的外墙基本采用预制外墙技术，预制外墙上的金属门窗通常有两种做法：①门窗与外墙在工厂整体加工完成；②金属窗框与外墙一起加工完成，现场单独安装门窗部分。无论采用哪种方一式，当外窗需要与防雷装置连接时，相关的预制构件内部与连接处的金属件应考虑电气回路的连接或考虑不利用预制构件连接的其他方式，电气设计师在设计文件中应将做法予以明确。

6.4.5　电气防火

由于建筑内的竖井上下贯通一旦发生火灾，易沿竖井竖向蔓延，因此要求采取防火措施。建筑中的管道井、电缆井等竖向管井是烟火竖向蔓延的通道，需采取在每层楼板处用相当于楼板耐火极限的不燃材料等防火措施分隔。实际工程中，每层分隔对于检修影响不大，却能提高建筑的消防安全性。因此要求这些竖井要在每层进行防火分隔。

为防止火焰沿电气线路蔓延，封闭式母线、电缆桥架、金属槽盒、金属套管等在穿过楼板或墙壁时，应以防火隔板、防火堵料等材料做好密封隔离。

6.4.6　整体卫浴间

整体卫浴是系统配套与组合技术的集成。该产品在工厂预制，现场直接安装。装配式混凝土结构建筑的电气设备应根据整体卫浴的不同电器设备要求，从而确定电源、电话、网络、电视等需求，并结合整体卫浴内电器设备的位置和高度，做好电气管线和接口的预留。

6.4.7　整体厨房

整体厨房是系统配套与组合技术的集成。该产品在工厂预制，现场直接安装。装配式混凝土结构建筑的电气设备应根据整体厨房的不同电器设备要求，确定电源、电话、网络、电视等需求，并结合整体厨房内电器设备的位置和高度，做好电气管线和接口的预留。

6.4.8 构件制作与检验

1 穿越预制构件的电气管线、槽盒均应预留孔洞，严禁剔凿

预制构件在工厂加工制作时，应遵守结构设计模数，将各专业、各工种所需的预留孔洞、预埋件等一并完成，避免在施工现场进行剔凿、切割，伤及预制构件，影响质量及观感。

构件在工厂加工时，应根据预制构件的加工图纸，准确预埋接线盒、管线等设备，并预留沟、槽、孔洞的位置。预制构件上为设备及管线敷设预留的孔洞、套管、坑槽应选择在对构件受力影响最小的部位。

当利用预制构件中的钢筋做防雷引下线或接地线使用时，应在构件表面的合适位置预留钢板等预埋件，预留的钢板应按照要求，与构件内利用的钢筋可靠连接，形成电气通路。

2 预制构件检验

1）电气预埋的隐验要求

预制构件在工厂加工时，在混凝土浇筑前，应按要求对预制构件内预埋的电气管线、接线盒及预埋件等进行隐蔽工程检查，这是保证预制构件满足电气功能的关键质量控制环节。

2）构件的检验要求

预制构件外观质量缺陷可分为一般缺陷和严重缺陷两类，预制构件的严重缺陷主要是指影响构件的结构性能或安装使用功能的缺陷，构件制作时应制定质量保证措施予以避免。

表6-4中给出了预制构件上预留预埋的预埋件、孔洞等偏差尺寸限值和检验方法。构件在安装前应按照要求进行检验。

预制构件尺寸允许偏差及检验方法 表6-4

项目		允许偏差（mm）	检验方法
预留孔	中心线位置	5	尺寸测量
	孔尺寸	±5	
预留洞	中心线位置	10	尺寸测量
	洞口尺寸、深度	±10	
预埋件	线管、电盒在构件平面的中心线偏差	20	尺寸测量
	线管、电盒在构件表面混凝土高差	0，—10	

6.4.9 施工隐检及验收

本条明确了现浇混凝土楼板内钢筋绑扎与电气配管的关系，是电气安装与建筑工程土建施工合理搭接的工序，这样做，可以既保证钢筋工程质量，又保证电气配管质量。

装配式建筑中，即使在预制构件安装完成后，尚有后浇的混凝土工作。如叠合楼板的现浇层、现浇式一体化成型墙体的现浇层、构件连接部位、预留的管道连接空间等。故要求在施工浇筑前，做好隐蔽工程的验收工作。

7 构件生产

7.1 混凝土结构

7.1.1 一般规定

7.1.1.1 预制构件制作单位应具备相应的生产工艺设施，并应有完善的质量管理体系和必要的试验检测手段。

7.1.1.2 预制构件制作前，应对其技术要求和质量标准进行技术交底，并应制定生产方案；生产方案应包括生产工艺、模具方案、生产计划、技术质量控制措施、成品保护、堆放及运输方案等内容。

7.1.1.3 预制构件用混凝土的工作性能应根据产品类别和生产工艺要求确定，构件用混凝土原材料及配合比设计应符合现行国家标准《混凝土结构工程施工规范》GB 50666—2011、《普通混凝土配合比设计规程》JGJ 55—2011 和《高强混凝土应用技术规程》JGJ/T281—2012 等的规定。

7.1.1.4 预制构件用钢筋的加工、连接与安装应符合现行国家标准《混凝土结构工程施工规范》GB 50666—2011 和《混凝土结构工程施工质量验收规范》GB 50204—2015 等的有关规定，预制钢构件的加工、连接与安装应符合《钢结构工程施工规范》GB 50755—2012 和《钢结构工程施工质量验收规范》GB 50205—2001 等的有关规定。

7.1.1.5 预制结构构件采用钢筋套筒灌浆连接时，应在构件生产前进行钢筋套筒灌浆连接接头的抗拉强度试验，每种规格的连接接头试件数量不应少于 3 个。

7.1.1.6 预制构件的生产场地及设施应符合下列规定：

1 预制构件的制作应在工厂或符合生产条件的现场进行；

2 制作预制构件的场地应平整坚实，并有排水措施，可采用混凝土台座或钢台座，台座表面应平整；

3 行车、叉车、锅炉、模具等预制生产设备应符合现行国家、行业的相关规定。

7.1.2 生产

7.1.2.1 预制构件的质量涉及工程质量和结构安全，制作单位应符合国家及地方有关部门规定的硬件设施、人员配置、质量管理体系和质量检测手段等规定。

7.1.2.2 原材料：钢筋、水泥、沙石、添加剂、预埋钢板等应按《混凝土结构工程施工质量验收规范》GB 50204—2015 的相关规定检验和试验，合格后方可使用。

7.1.2.3 预制构件模具除应满足承载力、刚度和整体稳定性要求外，尚应符合下列规定：

1 应满足预制构件质量、生产工艺、模具组装与拆卸、周转次数等要求；

2 应满足预制构件预留孔洞、插筋、预埋件的安装定位要求；

3 预应力构件的模具应根据设计要求预设反拱。

7.1.2.4 预制构件模具尺寸的允许误差和检验方法应符合《装配式混凝土结构技术规程》JGJ1—2014 的相关规定。当设计有要求时，模具尺寸的允许偏差应按设计要求确定。

7.1.2.5 在混凝土浇筑前，应按要求对预制构件的钢筋、预应力筋以及各种预埋部件进行隐蔽工程检查，这是保证预制构件满足结构性能的关键质量控制环节，检查项目应包括下列内容：

1 钢筋的牌号、规格、数量、位置、间距等；

2 纵向受力钢筋的连接方式、接头位置、接头质量、接头面积百分率、搭接长度等；

3 箍筋、横向钢筋的牌号、规格、数量、位置、间距，箍筋弯钩的弯折角度及平直段长度；

4 预埋件、吊环、插筋的规格、数量、位置等；

5 灌浆套筒、预留孔洞的规格、数量、位置等；

6 钢筋的混凝土保护层厚度；

7 夹心外墙板的保温层位置、厚度，拉结件的规格、数量、位置等；

8 预埋管线、线盒的规格、数量、位置及固定措施。

7.1.2.6 应根据混凝土的品种、工作性、预制构件的规格形状等因素，制定合理的振捣成型操作规程。混凝土应采用强制式搅拌机搅拌，并宜采用机械振捣。

7.1.2.7 预制构件采用洒水、覆盖等方式进行常温养护时，应符合现行国家标准《混凝土结构工程施工规范》GB 50666—2011 的要求。

预制构件采用加热养护时，应制定养护制度对静停、升温、恒温和降温时间进行控制，预制构件出池的表面温度与环境温度的差值不宜超过 25℃。

7.1.2.8 脱模起吊时，预制构件的混凝土立方体抗压强度应满足设计要求，且不应小于 $15N/mm^2$。

7.1.2.9 采用后浇混凝土或砂浆、灌浆料连接的预制构件结合面，制作时应按设计要求进行粗糙面处理。设计无具体要求时，可采用化学处理、拉毛或凿毛等方法制作粗糙面。

7.1.2.10 预应力混凝土构件生产前应制定预应力施工技术方案和质量控制措施，并应符合现行国家标准《混凝土结构工程施工规范》GB 50666—2011 和《混凝土结构工程施工质量验收规范》GB 50204—2015 等的有关规定要求。

7.1.3 堆放

7.1.3.1 堆放构件的场地应平整坚实并保持排水良好。堆放构件时应使构件与地面之间留有空隙，堆垛之间宜设置通道，必要时应设置防止构件倾覆的支撑架。

7.1.3.2 构件宜按照其种类、规格及型号进行堆放，并进行编排号码和挂牌标识，构件堆放整齐、整洁和安全。

7.1.3.3 堆放构件时应保证最下层构件垫实，预埋吊环向上，标志向外。堆垛的安全、稳定特别重要，在构件生产企业及施工现场均应特别注意。

7.1.3.4 垫木或垫块在构件下的放置位置宜与脱模、吊装时的起吊位置一致，在此种情况可不再单独进行使用安全验算，否则应根据堆放条件进行验算。堆垛间的宽度应考虑通行、安全等因素。堆垛层数应根据储存场地的地基承载力和构件、垫木或垫块的强度及堆垛的稳定性确定。

1 预制柱、梁堆置层数不宜超过 3 层，且高度不宜超过 2.0m。

2 预制叠合梁堆置层数不宜超过 2 层，且高度不宜超过 2.0m。

3 预制叠合楼板堆置层数不宜超过 10 层，且高度不宜超过 2.0m。

4 预制预应力空心板堆置层数不宜超过 6 层，且高度不宜超过 2.0m。

5 预制楼梯堆置层数不宜超过 5 层，且高度不宜超过 2.0m。

6 预制墙当采用靠放架堆放时，靠放架应具有足够的承载力和刚度，与地面倾斜角度宜大于 80°；墙板宜对称靠放且外饰面朝外，构件上部宜采用木垫块隔离。

7.1.4 运输

7.1.4.1 预制构件的运输应编制专项方案，方案应结合设计要求，具体确定吊点位置、吊具设计、吊运方法及顺序、临时支撑布置，并进行验算。预制构件吊运时，吊索夹角过小容易引起非设计状态下的裂缝或其他缺陷。

7.1.4.2 预制构件的运输车辆应满足构件尺寸和载重要求，预制构件的出厂运输应符合下列规定：

1 出厂构件强度的确定应考虑运输载荷，施工阶段构件能够承受自重、叠合层现浇混凝土载荷及施工活载荷对构件产生的最不利影响。

2 厂内吊装上车过程中，吊索与构件水平面所成夹角不宜小于 60°，不应小于 45°。

3 构件出厂前，应将杂物清理干净。

7.1.4.3 装卸构件的顺序，应考虑车体平衡，避免因构件重量、冲击作用造成的车体倾倒及翻覆。运输时应采用可靠的固定的措施，防止构件移动或倾倒。运输细长构件时应根据需要设置临时水平支撑。

7.1.4.4 预制构件产品保护宜符合以下要求：

1 在运输过程中宜对预制构件及其上的建筑附件、预埋件等采取施工保护措施，应防止构件移动、倾倒及变形，同时应避免出现破损或污染现象。

2 在装卸构件时，对构件边角部或链索接触面处的混凝土，宜采用垫衬加以保护。

7.1.4.5 对于超高、超宽、刚度不对称等大型构件的运输应采取相应的质量安全保证措施，同时应符合交通道路运输的有关规定。

7.1.5 构件验收

7.1.5.1 预制构件外观质量缺陷可分为一般缺陷和严重缺陷两类，预制构件的严重缺陷主要是指影响构件的结构性能或安装使用功能的缺陷，构件制作时应制定技术质量保证措施予以避免。

7.1.5.2 预制构件的检验应按《混凝土结构工程施工质量验收规范》GB 50204—2015 的要求执行。

7.1.5.3 预制构件的外观质量、尺寸偏差及缺陷的处理应按照《混凝土结构工程施工质量验收规范》GB 50204—2015 第八章的相关规定执行，尺寸偏差可根据工程设计需要适当从严控制。

7.1.5.4　预制构件应在明显部位标明构件型号、生产日期和质量验收标志。构件上的预埋件、插筋和预留孔洞的规格、位置和数量应符合标准图或设计的要求。

7.1.5.5　预制构件的外观质量不应有严重缺陷。对已经出现的严重缺陷，应按技术处理方案进行处理，并重新检查验收。

7.1.5.6　预制构件不应有影响结构性能和安装、使用功能的尺寸偏差。对超过尺寸允许偏差且影响结构性能和安装、使用功能的部位，应按技术处理方案进行处理，并重新检查验收。

7.1.5.7　预制构件的外观质量不宜有一般缺陷。对已经出现的一般缺陷，应按技术处理方案进行处理，并重新检查验收。

7.2　钢结构

7.2.1　一般规定

7.2.1.1　建筑部品和构件生产企业应有固定的生产车间和设备，应有专门的生产、技术管理团队和产业工人，应有产品技术标准体系以及安全、质量和环境管理体系。

7.2.1.2　建筑部品和构件应在工厂车间生产，生产工序应形成流水作业，生产过程管理宜采用信息管理技术。

7.2.1.3　建筑部品和构件生产前，应根据技术文件要求和生产条件编制专项生产工艺技术方案，必要时对构造复杂的部品或构件进行工艺性试验。

7.2.1.4　建筑部品和构件生产前，应有经批准的产品加工详图或深化设计图，设计深度应满足施工工艺、施工构造、运输措施等技术要求。

7.2.1.5　装配式钢结构建筑在大批量生产建筑部品和钢构件前，宜对每种规格的首批部品或构件进行产品检验，合格后方可批量生产。

7.2.1.6　建筑部品和构件生产应按下列规定进行质量过程控制：

1　原材料进行进场验收；凡涉及安全、功能的原材料，按有关规定进行复验，见证取样、送样；

2　各工序按生产工艺要求进行质量控制，实行工序检验；

3　相关各专业工种之间进行交接检验；

4　隐蔽工程在封闭前进行质量验收。

7.2.1.7　建筑部品和构件生产验收合格后，生产企业应提供每一产品的质量合格证。

7.2.1.8　建筑部品和构件的最大运输尺寸和重量应结合运输工具、运输条件和国家有关规定综合确定。

7.2.2　生产

7.2.2.1　钢结构和楼承板深化设计图应根据设计文件和技术文件要求进行编制，深化设计图应包括设计说明、构件布置图或排板图、安装节点详图、构件加工详图等内容。

7.2.2.2　钢结构加工应按照下料、切割、组装、焊接、除锈和涂装的工序进行，每道工序宜采用机械化作业。

7.2.2.3 预制楼承板生产应符合下列规定：

1 选择预制楼承板时，应对施工阶段工况进行强度和变形验算；

2 压型金属板应采用成型机加工，成型后基板不应有裂纹；

3 钢筋桁架板应采用专用设备加工；

4 钢筋混凝土预制楼板加工应符合现行行业标准《装配式混凝土结构技术规程》JGJ 1 的规定。

7.2.2.4 钢结构焊接宜采用机械自动焊接，应按工艺评定的焊接工艺参数执行。焊缝的尺寸偏差、外观质量和内部质量，应按现行国家标准《钢结构工程施工质量验收规范》GB 50205—2001 及《钢结构焊接规范》GB 50661—2011 的有关规定进行检验。

7.2.2.5 钢构件连接节点的高强度螺栓孔宜采用数控钻床，也可采用划线钻孔的方法，采用划线钻孔时，孔中心和周边应打出五梅花冲印，以利钻孔和检验。

7.2.2.6 钢构件除锈应在室内进行，除锈等级应按设计文件的规定执行，当设计文件对除锈等级未规定时，宜选用喷砂或抛丸除锈方法，并应达到不低于 Sa2.5 级除锈等级。

7.2.2.7 钢构件防腐涂装应符合下列规定：

1 应在室内进行防腐涂装；

2 防腐涂装应按设计文件的规定执行，当设计文件未规定时，应依据建筑部位不同环境进行防腐涂装系统设计；

3 涂装作业应按现行国家标准《钢结构工程施工规范》GB 50755—2012 的规定执行。

7.2.2.8 现场焊接部位的焊缝坡口及两侧宜在工厂涂装不影响焊接质量的防腐涂料。

7.2.2.9 有特别规定时，钢构件应在出厂前进行预拼装，构件预拼装可采用实体预拼装和数字模拟预拼装方法。数字模拟预拼装宜用于安装时采用焊接连接的结构件。

7.2.2.10 除本技术指引规定外，钢结构应按现行国家标准《钢结构工程施工规范》GB 50755—2012 的规定进行加工及过程质量控制。

7.2.3 堆放

7.2.3.1 应制定预制部品和构件的成品保护、堆放专项方案，其内容应包括堆放场地、运输路线、固定要求、堆放支垫及成品保护措施等。对于超高、超宽、形状特殊的大型构件的堆放应有专门的质量安全保护措施。

7.2.3.2 预制部品和构件堆放应符合下列规定：

1 堆放场地应平整、坚实，并应有排水措施；

2 预埋吊件应朝上，标识宜朝向堆垛间的通道；

3 构件支垫应坚实，垫块在构件下的位置宜与脱模、吊装时的起吊位置一致；

4 重叠堆放构件时，每层构件间的垫块应上下对齐，堆垛层数应根据构件、垫块的承载力确定，并应根据需要采取防止堆垛倾覆的措施；

5 堆放预应力构件时，应根据构件起拱值的大小和堆放时间采取相应措施。

7.2.3.3 施工现场卸载时，应注意轻拿轻放，部品堆放要平坦，高度不宜超过 1.5m，并做好防雨、防潮、防污染措施。

7.2.4 运输

7.2.4.1 应制定预制部品和构件的运输专项方案，其内容应包括运输时间、次序、运输路线、固定要求及成品保护措施等。对于超高、超宽、形状特殊的大型构件的运输应有专门的质量安全保护措施。

7.2.4.2 运输车辆应满足构件和部品的尺寸、载重等要求，装卸与运输时应符合下列规定：

1 装卸时应采取保证车体平衡的措施；

2 应采取防止构件移动、倾倒、变形等的固定措施；

3 运输时应采取防止构件和部品损坏的措施，对构件边角部或链索接触处宜设置保护衬垫。

7.2.4.3 墙板部品的运输与堆放应符合下列规定：

1 当采用靠放架堆放或运输构件时，靠放架应具有足够的承载力和刚度，与地面倾斜角度宜大于80°；墙板宜对称靠放且外饰面朝外，构件上部宜采用木垫块隔离；运输时构件应采用固定措施。

2 当采用插放架直立堆放或运输构件时，宜采取直立运输方式；插放架应有足够的承载力和刚度，并应支垫稳固。

3 采用叠层平放的方式堆放或运输构件时，应采取防止构件产生裂缝的措施。

7.2.5 构件验收

7.2.5.1 预制钢构件的外观质量不应有严重缺陷，且不宜有一般缺陷。对已出现的一般缺陷，应按技术方案进行处理，并应重新检验。

7.3.5.2 预制构件的允许尺寸偏差及检验方法，除粗糙面外应符合《钢结构工程施工质量验收规范》GB 50205—2001 的要求。

7.3 钢混组合结构

7.3.1 一般规定

7.3.1.1 构件的制作单位应具备相应的生产工艺设施，并应有完善的质量管理体系和必要的试验检测手段。

7.3.1.2 构件制作前，制作人员应熟悉施工详图、制作工艺，对其技术要求和质量标准进行技术交底，并应制定生产方案，制作用零部件的材质、规格、外观、尺寸、数量等均应符合设计要求，生产方案应包括生产工艺、模具方案、生产计划、技术质量控制措施、成品保护、堆放及运输方案等内容。

7.3.1.3 预制构件用混凝土的工作性能应根据产品类别和生产工艺要求确定，构件用混凝土原材料及配合比设计应符合国家现行标准《混凝土结构工程施工规范》GB 50666—2011、《普通混凝土配合比设计规程》JGJ 55—2011 和《高强混凝土应用技术规程》JGJ/T 281—2012 等的规定。

7.3.1.4 半成品预制构件用成品板、钢材和钢筋的加工、连接与安装应符合国家现行标准《混凝土结构工程施工质量验收规范》GB 50204—2015 和《钢结构工程施工质量验收规范》GB 50205—2001 等的有关规定。对于进口钢材应严格遵守先试验后使用的原则，并应具有质量证明和商检报告，且在进场时应进行机械性能和化学成分的复检。在构件制作的过程中，当需以屈服强度不同的钢材代替原设计中的主要钢材时，应经设计单位同意，并按规定办理设计变更手续。

7.3.1.5 钢构件的施工单位应根据设计要求对首次采用的钢材、焊接材料、焊接方法、焊后热处理等进行工艺评定，并根据评定报告确定焊接工艺或方案。施焊的焊工必须经考试合格并取得合格证书，且应在其合格项目及认可范围内施焊。

7.3.1.6 钢构件的防腐涂料涂装、防火涂料涂装及涂装前的表面除锈和涂底应符合设计文件和现行国家标准的规定。

7.3.1.7 钢构件在制作过程中应综合考虑构件的运输及现场吊装条件对构件进行合理的分段，分段位置应经过相关设计单位的审核确认。

7.3.2 制作准备

7.3.2.1 预制构件模具除应满足承载力、刚度和整体稳定性要求外，尚应符合下列规定：

1 应满足预制构件质量、生产工艺、模具组装与拆卸、周转次数等要求；

2 应满足预制构件预留孔洞、插筋、预埋件的安装定位要求。

7.3.2.2 预制构件模具尺寸的允许偏差和检验方法应符合表 7-1 的规定。当设计有要求时，模具尺寸的允许偏差应按设计要求确定。

预制构件模具尺寸的允许偏差和检验方法　　　　表 7-1

项次	检验项目及内容		允许偏差(mm)	检验方法
1	长度	≤6m	±1	用钢尺量平行构件高度方向,取其中偏差绝对值较大处
		>6m 且≤12m	±2	
		>12m	±3	
2	截面尺寸	墙板	1,−2	用钢尺测量两端或中部,取其中偏差绝对值较大处
3		其他构件	2,−3	
4	对角线差		2	用钢尺量纵、横两个方向对角线
5	侧向弯曲		$l/3000$ 且≤5	拉线,用钢尺量测侧向弯度最大处
6	翘曲		$l/1500$	对角拉线测量交点距离值的两部
7	底模表面平整度		1	用 2m 靠尺和塞尺量
8	组装缝隙		1	用塞片或塞尺量
9	端模与侧模高低差		1	用钢尺量

注：l 为模具与混凝土接触面积中最长边的尺寸。

7.3.2.3 预埋件加工的允许偏差应符合表 7-2 的规定。

预埋件加工允许偏差　　　　表 7-2

项次	检验项目及内容		允许偏差(mm)	检验方法
1	预埋件锚板的边长		0,−5	用钢尺量
2	预埋件锚板的平整度		1	用直尺和塞尺量
3	锚筋	长度	10,−5	用钢尺量
		间距偏差	±10	用钢尺量

7.3.2.4 固定在模具上的预埋件、预留孔洞中心位置的允许偏差应符合表 7-3 的规定。

模具预留孔洞中心位置的允许偏差 表 7-3

项次	检验项目及内容	允许偏差（mm）	检验方法
1	预埋件、插筋、吊环、预留孔洞中心线位置	3	用钢尺量
2	预埋螺栓、螺母中心线位置	2	用钢尺量
3	灌浆套筒中心线位置	1	用钢尺量

注：检查中心线位置时，应沿纵、横两个方向量测，并取其中的较大值。

7.3.2.5 应选用不影响构件结构性能和装饰工程施工的隔离剂。

7.3.2.6 钢构件组装前，各零部件应经检查合格，组装的允许偏差应符合现行国家标准《钢结构工程施工质量验收规范》GB 50205—2001 的规定。

7.3.2.7 构件中焊接封闭箍筋的加工宜采用闪光对焊、电阻焊或其他有质量保障的焊接工艺，质量检验和验收应符合现行国家标准《混凝土结构工程施工规范》GB 50666—2011 的有关规定。

7.3.3 构件制作

7.3.3.1 预制构件在混凝土浇筑前应进行隐蔽工程检查，检查项目应包括下列内容：

1 钢筋的牌号、规格、数量、位置、间距等；

2 纵向受力钢筋的连接方式、接头位置、接头质量、接头面积百分率、搭接长度等；

3 箍筋、横向钢筋的牌号、规格、数量、位置、间距，箍筋弯钩的弯折角度平直段长度；

4 预埋件、吊环、插筋的规格、数量、位置等；

5 钢筋的混凝土保护层厚度；

6 预埋管线、线盒的规格、数量、位置及固定措施；

7 型钢的规格、弯曲度等。

7.3.3.2 应根据混凝土的品种、工作性、预制构件的规格形状等因素，制定合理的振捣成型操作规程。混凝土应采用强制式搅拌机搅拌，并宜采用机械振捣。

7.3.3.3 预制构件采用洒水、覆盖等方式进行常温养护时，应符合现行国家标准《混凝土结构工程施工规范》GB 50666—2011 的要求。

预制构件采用加热养护时，应制定养护制度对静停、升温、恒温和降温时间进行控制，宜在常温下静停 2～6h，升温、降温速度不应超过 20℃/h，最高养护温度不宜超过 70℃，预制构件出池的表面温度与环境温度的差值不宜超过 25℃。

7.3.3.4 脱模起吊时，预制构件的混凝土立方体抗压强度应满足设计要求，且不应小于 15 N/mm²。

7.3.3.5 采用后浇混凝土或砂浆、灌浆料连接的预制构件结合面，制作时应按设计要求进行粗糙面处理。设计无具体要求时，可采用化学处理、拉毛或凿毛等方法制作粗糙面。

7.3.3.6 钢构件应根据由施工图设计单位确认的施工详图进行放样。

7.3.3.7 半成品预制构件中需边缘加工的零件，宜采用精密切割；焊接坡口加工宜采用自动切割、半自动切割、坡口机、刨边机等方法进行，并应用样板控制坡口角度和尺寸。

7.3.3.8 钢构件的焊接（包括施工现场焊接）应严格按照所编工艺文件规定的焊接方法、工艺参数、施焊顺序进行，焊缝质量等级和检验应符合设计文件和《钢结构工程施工质量验收规范》GB 50205—2001 的规定。

7.3.3.9 钢构件的除锈和涂装应在制作检验合格后进行。构件表面的除锈方法和除锈等级应符合设计文件规定，其质量要求应符合现行国家标准《涂装前钢材表面锈蚀等级和除锈等级》GB/T 8923 的规定。

7.3.3.10 压型金属板成型后，其基板不应有裂纹，镀锌板面不能有锈点，涂层压型金属板的涂层不应有肉眼可见的裂纹、剥落和擦痕等缺陷。

7.3.3.11 钢构件制作完成后，应按照设计文件和现行国家标准《钢结构工程施工质量验收规范》GB 50205—2001 的规定进行验收，其外形尺寸的允许偏差应符合上述规定。

7.3.3.12 焊钉（栓钉）施焊应采用专用的栓焊设备，施工单位对其采用的焊钉和钢材焊接应进行焊接工艺评定、外观检查、拉力试验和弯曲试验，其结果应符合设计要求和国家现行有关规范的规定。

7.3.3.13 半成品预制构件中箍筋笼采用带肋钢筋制作时应符合设计要求，尚应符合下列规定：

1 半成品预制构件中箍筋宜采用连续式螺旋箍筋形式；

2 采用普通箍筋形式时，柱焊接箍筋笼应做成封闭式并在箍筋末端应做成135°的弯钩，弯钩末端平直段长度不应小于5倍箍筋直径；当有抗震要求时，平直段长度不应小于10倍箍筋直径且不小于75mm；箍筋笼长度根据柱高可采用一段或分成多段，并应根据焊网机和弯折机的工艺参数确定；

3 采用普通箍筋形式时，梁焊接箍筋笼宜作成封闭式或开口形式的箍筋笼。当考虑抗震要求时，箍筋笼应作成封闭式。箍筋的末端应做成135°弯钩，弯钩末端平直段长度不应小于10倍箍筋直径且不小于75mm；对一般结构的梁平直段长度不应小于5倍箍筋直径，并在角部弯成稍大于90°的弯钩。

7.3.3.14 构件中的钢筋连接应根据设计要求并结合施工条件，采用机械连接、焊接连接或绑扎搭接等方式。机械连接接头和焊接接头的类型及质量应符合国家现行标准《钢筋机械连接技术规程》JGJ 107—2016，《钢筋焊接及验收规程》JGJ 18—2012 和《混凝土结构工程施工规范》GB 50666—2011 的有关规定。

7.3.3.15 半成品预制构件中钢筋单体的整体尺寸形状允许偏差应符合表7-4的规定。

半成品预制构件中钢筋单体的整体尺寸形状允许偏差 表7-4

序号	项目	允许偏差（mm）
1	调直后直线度（mm）	±4.0
2	受力筋全长净尺寸（mm）	±8
3	弯曲角度误差（°）	±1
4	弯起钢筋的弯折位置（mm）	±8

序号	项目	允许偏差（mm）
5	箍筋内净尺寸（mm）	±4
6	箍筋对角线（mm）	±5

7.3.3.16 半成品预制构件中钢筋笼加工的整体尺寸形状允许偏差应符合表 7-5 的规定。

半成品预制构件中钢筋笼加工的整体尺寸形状允许偏差　　　表 7-5

序号	项目	允许偏差（mm）
1	钢筋笼主筋间距	±5
2	箍筋（缠绕筋间距）	±5
3	钢筋笼截面长、宽	±10
4	钢筋笼总长度	±10

7.3.4　构件检验

7.3.4.1 预制构件的外观质量不应有严重缺陷，且不宜有一般缺陷。对已出现的一般缺陷，应按技术方案进行处理，并应重新检验。

7.3.4.2 预制构件的允许尺寸偏差及检验方法，除粗糙面外应符合表 7-6 的规定。

预制构件的允许尺寸偏差　　　表 7-6

项目		允许偏差（mm）	检验方法
长度	梁、楼梯	0，−5	尺量检查
	柱	±3	
	墙板、板、阳台	±4	
宽度、高（厚）度	梁、板、柱、阳台、楼梯截面尺寸	±3	钢尺量一端及中部，取其中偏差绝对值较大处
	墙板的高度、厚度	±3	
表面平整度	板、梁、柱、墙板内表面	5	2m 靠尺和塞尺检查
	墙板外表面	3	
侧向弯曲	柱	$h/1500$ 且$\leqslant$5	拉线、钢尺量最大侧向弯曲处
	梁	$l/2000$ 且$\leqslant$10	
	墙板、板、楼梯	$l/1000$ 且$\leqslant$10	
翘曲或扭曲	柱	$h/250\leqslant$5	调平尺在两端量测
	梁	$h/250\leqslant$10	
	墙板、板	$l/1000$	
对角线差	柱截面	3	钢尺量两个对角线
	梁截面、墙板、门窗口	5	
	板	10	
挠度变形	梁、板设计起拱	±1/5000	拉线、钢尺量最大弯曲处
	梁、板下垂	0	

续表

项目		允许偏差（mm）	检验方法
预留孔	中心线位置	5	尺量检查
	孔尺寸	±5	
门窗口	中心线位置	5	尺量检查
	宽度、高度	±3	
预埋件	预埋件锚板中心线位置	5	尺量检查
	预埋件锚板与混凝土面平面高差	0，−5	
	预埋螺栓中心线位置	2	
	预埋螺栓外露长度	+10，−5	
预埋件	预埋套筒、螺母中心线位置	2	尺量检查
	预埋套筒、螺母与混凝土面平面高差	0，−5	
	线管、电盒、木砖、吊环在构件平面的中心线位置偏差	20	
	线管、电盒、木砖、吊环与构件表面混凝土高差	0，−10	
预留插筋	中心线位置	3	尺量检查
	外露长度	+5，−5	

注：1. l 为构件最长边的长度（mm）；

2. h 为构件的高度（mm）；

3. 检查中心线、螺栓和孔道位置偏差时，应沿纵横两个方向量测，并取其中偏差最大值。

7.3.4.3 预制构件应按设计要求和现行国家标准《混凝土结构工程施工质量验收规范》GB 50204—2015 的有关规定进行结构性能检验。

7.3.4.4 预制构件检查合格后，应在构件上设置表面标识，标识内容宜包括构件编号、制作日期、合格状态、生产单位等信息。

7.3.4.5 预制构件在出厂前应全数检验，严格按照《混凝土结构工程施工质量验收规范》GB 50204—2015 的相关规定。

7.3.4.6 半成品预制构件在出厂前应全数检验，严格按照《钢结构工程施工质量验收规范》GB 50205—2001 的相关规定。

7.3.4.7 成品板作为钢构件保护材料时，其材质、规格、物理化学性能、燃烧性能应符合设计要求；胶粘剂、固定件的燃烧性能应符合设计要求；均需提供有相应法定资质检测机构的检验报告。

7.3.5 堆放与运输

7.3.5.1 应制定构件的运输与堆放方案，其内容应包括运输时间、次序、堆放场地、运输线路、固定要求、堆放支垫及成品保护措施等。对于超高、超宽、形状特殊的大型构件的运输和堆放应有专门的质量安全保证措施。

7.3.5.2 构件的运输车辆应满足构件尺寸和载重要求，装卸与运输时应符合下列规定：

1 装卸构件时，应采取保证车体平衡的措施；

2 运输构件时，应采取防止构件移动、倾倒、变形等的固定措施；

3 运输构件时，应采取防止构件损坏的措施，对构件边角部或链索接触处的位置，宜设置保护衬垫。

7.3.5.3 构件堆放应符合下列规定：

1 堆放场地应平整、坚实，并应有排水措施；

2 预埋吊件应朝上，标识宜朝向堆垛间的通道；

3 构件支垫应坚实，垫块在构件下的位置宜与脱模、吊装时的起吊位置一致；

4 重叠堆放构件时，每层构件间的垫块应上下对齐，堆垛层数应根据构件、垫块的承载力确定，并应根据需要采取防止堆垛倾覆的措施；

5 半成品预制构件应堆放整齐，具有防止受潮、锈蚀、污染和受压变形的措施。

7.3.5.4 构件的运输应符合下列规定：

1 当采用靠放架堆放或运输构件时，靠放架应具有足够的承载力和刚度，与地面倾斜角度宜大于80°；墙板宜对称靠放，构件上部宜采用木垫块隔离；运输时构件应采取固定措施。

2 当采用插放架直立堆放或运输构件时，宜采取直立运输方式；插放架应有足够的承载力和刚度，并应支垫稳固。

3 采用叠层平放的方式堆放或运输构件时应采取防止构件产生裂缝或变形的措施。

4 半成品预制构件运输吊装过程中应保持牢固，并采取适当措施防止钢筋笼发生变形。

8 构件安装

8.1 混凝土结构

8.1.1 一般规定

8.1.1.1 装配式结构施工前应制定装配式结构施工专项施工方案。施工方案应结合结构深化设计、构件制作、运输和安装全过程各工况的验算，以及施工吊装与支撑体系的验算等进行策划与制定，充分反映装配式结构施工的特点和工艺流程的特殊要求。验算后应形成相应的计算书，具体验算应包含如下内容：

1 预制墙、柱垫片下方混凝土的局部受压承载力验算；

2 预制构件支撑体系的设计；

3 预制构件安装吊点、吊具的设计；

4 危险性较大的装配式工程，其专项施工方案应按规定要求组织专家论证。

8.1.1.2 吊装用吊具选用按起重吊装工程的技术和安全要求执行。为提高施工效率，可以采用多功能专用吊具，以适应不同类型的构件吊装。

8.1.1.3 预制构件、安装用材料及配件等应符合设计要求及国家现行有关标准的规定。装配式结构的后浇混凝土部位在浇筑前应进行隐蔽工程验收，验收项目符合本书7.2.5的有关规定。

8.1.1.4 在装配式结构的施工全过程中，应采取防止预制构件及预制构件上的建筑附件、预埋件、预埋吊件等损伤或污染的保护措施。

8.1.1.5 未经设计允许不得对预制构件进行切割、开洞。

8.1.2 安装作业

8.1.2.1 预制构件安装顺序、校准定位及临时固定措施是装配式结构施工的关键，应在施工方案中明确规定并付诸实施。

8.1.2.2 装配式结构施工前，应当做好安装准备工作，具体如下：

1 首先应复核测量控制点，测量控制点闭合差应符合现行行业标准的有关规定；

2 预制构件安装前应按设计要求在构件和相应的支承结构上标识中心线、标高等内容，并校核预埋件及连接钢筋的定位；

3 预制构件安装就位后，应采取临时固定措施保证构件的稳定性，并应根据水准点和轴线进行校正；

4 预制构件的吊装应满足下列要求：

1) 应采用半自动脱勾吊具或吊篮载人脱勾，减少作业人员登高次数。

2) 当临时支撑高度超过3.5m时，可调顶撑应加设纵横向水平杆件。

8.1.2.3 预制柱、预制剪力墙的安装施工：

1 预制柱安装施工前应进行基础处理，并符合下列规定：

1）当采用杯口基础时，在预制柱安装前应先以垫块垫至设计标高；

2）当采用筏板式基础、桩基承台或预制结构转换时，预埋的柱主筋平面定位误差宜控制在 5mm 以内，标高误差宜控制在 0~15mm 以内；

3）可采用定位架或格栅网等辅助措施，以确保预埋柱主筋定位误差符合规定。

2 预制柱、预制剪力墙安装应符合如下规定：

1）安装前应清洁预制柱、墙的结合面及预留钢筋，并确认套筒连接器内无异物；

2）安装前应放样出边线以保证预制柱、墙就位准确；

3）预制柱、墙安装的平面定位误差不得超过 10mm，预制柱、墙就位后应立即用可调斜撑作临时固定；

4）当预制柱、墙就位后，使用防风型垂直尺或其他仪器检测垂直度，并用可调斜撑调整至垂直，垂直度偏差应控制不大于 1/500 且顶部偏移不大于 5mm，预制柱完成垂直度调整后，应在柱子四角加塞垫片增加稳定性及安全性；

5）套筒连接器内的灌浆料强度达到 35MPa 后，方可拆除预制柱、墙的支撑。

3 预制柱、墙底套筒灌浆施工应符合如下规定：

1）施工前准备工作：

a. 柱、墙底周边封模可采用砂浆、钢材或木材材质，围封材料需能承受 1.5MPa 的灌浆压力；

b. 量测当日气温、水温及无收缩灌浆料温度。冬季施工，需选用低温型无收缩灌浆料；

c. 施工前应检查套筒并清洁干净。应使用的压力不小于 1.0MPa 的灌浆机，且灌浆管内不应有水泥硬块。

2）灌浆施工：

a. 无收缩灌浆料应按照生产厂家规定的用水量拌制；

b. 无收缩灌浆料应在搅拌均匀后再持续搅拌 2 分钟；

c. 灌浆时由柱底套筒下方灌浆口注入，待上方出浆口连续流出圆柱状浆液，再采用橡胶塞封堵。如出现无法出浆的情况，应立即停止灌浆作业，查明原因及时排除障碍；

d. 冬季施工时，低温型无收缩灌浆料应用温水拌和，使搅拌后的灌浆料温度不低于 15℃不高于 35℃。灌注后，连接处应采取保温措施，使连接处温度维持 10℃以上，不少于 7 天。

8.1.2.4 预制叠合梁、板的安装施工

1 预制梁安装应符合如下规定：

1）预制梁安装前应检查柱顶标高，当同一节点的预制框架梁梁底标高不一致时，应依据设计标高在柱顶安装梁底调整托座；

2）预制框架梁安装时，预制梁伸入支座的长度不宜少于 20mm；

3）预制次梁安装时，搁置长度不应少于 30mm，同时应满足本规程相关规定；

4）压形钢板或预制楼板固定完成后，预制次梁与预制框架梁之间的凹槽应采用灌浆料填实。

2 预制楼板安装应符合如下规定：

1）安装预制楼板前应检查框架梁、次梁的梁面标高及支撑面的平整度，并检查结合面粗糙度是否符合设计要求；

2）预制楼板之间的缝隙应满足设计要求；

3）预制楼板吊装完后应有专人对板底接缝高差进行校核；如叠合楼板板底接缝高差不满足设计要求，应将构件重新起吊，通过可调托座进行调节。

3 叠合梁板受弯构件的施工应符合下列规定：

1）叠合构件的支撑应根据深化设计要求设置；

2）施工荷载不应超过设计规定，并应避免单个预制楼板承受较大的集中荷载；

3）未经设计允许不得对预制楼板进行切割、开洞；

4）在混凝土浇筑前，应校正预制构件的外露钢筋。

4 叠合梁、板应待现浇混凝土强度达到设计要求后，方可拆除临时支撑。

8.1.2.5 预制外挂墙板的安装施工

1 外挂墙板的施工可按下列施工流程进行：

1）测量及板块放样，测定垂直面控制线；

2）应在吊装前统计墙体预埋件的埋设误差，若偏差过大则需与设计单位确认修改方案；

3）进行角部板块安装与固定；

4）依次进行其他板块的安装，并逐面逐层进行调整；

5）节点连接固定；

6）室内外接缝密封防水作业。

2 板块的起吊翻转应根据深化设计的要求进行。大型板块吊装时，应使用平衡杆起吊及揽风绳，以免翻转。

3 外墙板接缝防水施工应符合下列规定：

1）防水施工前应将墙体接缝空腔清理干净；

2）应按设计要求填塞背衬材料；

3）密封材料填嵌应饱满、密实、均匀、顺直、表面光滑，厚度应满足设计要求。

8.1.2.6 其他构件的安装施工

1 梁柱节点的施工应符合下列规定：

1）梁柱节点内钢筋绑扎完成后，应将节点内的杂物清理干净，经隐蔽验收合格后方可封模；

2）二次浇筑面应洒水湿润后方可浇筑节点混凝土；

3）节点混凝土强度等级与楼面混凝土不同时，宜设置钢丝网后方可浇筑节点混凝土；

4）节点混凝土浇筑后，应及时采取养护措施；

5）梁柱节点混凝土强度未达到设计要求时，不得安装本节点后续的预制构件。

2 预制楼梯的施工应符合下列规定：

1）预制楼梯安装前应检查楼梯构件平面定位及标高；

2）预制楼梯就位后应立即调整并固定，避免因人员走动造成的偏差及危险；

3）预制楼梯端部安装应考虑建筑标高与结构标高的差异，确保踏步高度一致；

3 预制叠合阳台板、空调板的施工应符合下列规定：

1) 预制板安装前应检查梁混凝土面的标高；

2) 预制板吊装完后应有专人对板底接缝高差进行校核；如板底接缝高差不满足设计要求，应将构件重新起吊，通过可调托座进行调节；

3) 预制板应待现浇混凝土强度达到设计要求后，方可拆除临时支撑；

4) 预制板就位后应立即调整并固定，避免因振动造成的偏差及危险。

8.1.3 施工安全管理

8.1.3.1 预制结构施工过程中应采取安全措施，并应符合现行行业标准《建筑施工安全检查标准》JGJ 59—2011、《建筑施工高处作业安全技术规范》JGJ 80—2016、《建筑机械使用安全技术规程》JGJ 33—2012以及《施工现场临时用电安全技术规范》JGJ 46—2005等的有关规定。

8.1.3.2 作业人员应进行安全生产教育和培训，未经安全生产教育和培训合格的作业人员不得上岗作业。

8.1.3.3 施工现场高空作业、临时用电及周边环境各项安全措施经检查不合格，不得进行施工。

8.1.3.4 吊装作业时应严格执行以上安全注意事项。当发生异常情况时，项目经理应立即下令停止作业，待障碍排除后方可继续施工。

8.1.3.5 应明确起吊前的准备工作及安装满足条件。预制构件、操作架、围挡在吊升时，应在吊装区域下方设置安全警示区域，安排专人监护，非作业人员严禁入内。

8.1.3.6 吊运预制构件时，构件下方禁止站人，应待吊物降落至离地1m以内方准靠近，就位固定后方可脱钩。

8.1.3.7 起吊构件时，应采取避免预制混凝土构件变形及倾覆的措施。

8.1.3.8 构件起吊时应平稳，规格较大的预制梁、楼板、墙板等构件应采用专用多点吊架进行起吊。

8.1.3.9 外挂墙板等竖向构件吊装下降时，构件底部应系好揽风绳控制构件转动，保证构件就位平稳。竖向构件基本就位后，应立即利用斜向支撑将竖向构件与楼面临时固定，确保竖向构件稳定后方可摘除吊钩。斜向支撑应安装在竖向构件的同一侧面。

8.1.3.10 遇到雨、雾等恶劣天气，或者风力大于6级时，不得吊装预制构件。

8.1.3.11 当外挂式作业平台位于施工作业面以下时，应分别在作业平台外侧和施工作业面的外临边位置加设施工安全维护，安全维护应符合下列规定：

1 禁止施工作业面高于外挂式作业平台2层；

2 维护立杆间距不宜大于3m，转角必设，高度不应少于1.2m。

8.1.3.12 施工作业层不得超载，作业层四周应有可靠的安全防护措施。

8.1.3.13 高空操作人员必须佩戴安全帽，穿戴防滑鞋，系好安全带。在进行电、气焊作业时，必须有专人看守，并采取有效的防火措施。

8.1.4 PI体系结构施工安装

1 现场安装前，应在预拼装场地进行预拼装，包括整层预拼装、单榀预拼装和局部预拼装等，满足精度要求方可进场安装。构件组装前，组装人员应熟悉施工详图、组装工艺及有关技术文件的要求，检查组装用的零部件的材质、规格、外观、尺寸、数量等均应符合设计要求。

2 预拼装场地应平整、坚实。预拼装所用的临时支承架、支承凳或平台应经测量准确定位，并符合工艺文件要求。重型构件预拼装所用的临时支承结构应进行结构安全验算。

3 笼模应满足精度要求，并要达到吊装、运输和施工中所需的强度、刚度等要求，方可运往工地进行施工。未达到要求的，应进行矫正或采取相关合理措施。

4 预拼装前，单根构件应检查合格，当同一类型构件较多时，可选择一定数量的代表性构件进行预拼装。

5 预拼装检查合格后，宜在构件上标注中心线、控制基准线等标记，必要时可设置定位器。

6 起重设备需要附着或支承在结构上时，应得到设计单位的同意，并应进行结构安全验算。

8.2 钢结构

8.2.1 一般规定

8.2.1.1 施工单位应有安全、质量和环境管理体系。装配式钢结构建筑的现场施工前，施工单位应针对建筑的实际情况，编制施工组织设计以及配套的专项施工方案等技术文件，并按有关规定报送监理工程师或业主。

8.2.1.2 施工单位应针对装配式钢结构建筑部品构件的特点，采用适用的安装工法，制定合理的安装工序，尽量减少现场支模和脚手架搭建，提高现场安装效率。

8.2.1.3 现场施工前应编制施工安全专项方案和安全应急预案，采取可靠的防火安全措施，实现安全文明施工。

8.2.1.4 现场施工前应编制环境保护专项方案，应遵守国家有关环境保护的法规和标准，采取有效措施控制各种粉尘、废弃物、噪声等对周围环境造成的污染和危害。

8.2.1.5 装配式钢结构建筑宜采用信息化技术进行结构构件、建筑部品和设备管线的虚拟拼装模拟、装配施工进度模拟，同时在工程管理、技术质量、物资物流、安全保卫等各方面和各环节充分利用信息化技术。

8.2.1.6 装配式钢结构建筑的现场施工，应针对具体安装部品构件的特点，选用合理的安装机械及配套工具。施工机具应处于正常工作状态并应在性能参数范围内进行使用。制作、安装用的专用机具和工具，应满足施工要求，并应定期进行检验，保证质量合格。

8.2.1.7 装配式钢结构建筑的现场施工人员应接受从事工作范围的专业技术实际操作培训。

8.2.1.8 施工单位应建立现场施工的质量控制体系，覆盖部品构件的入场检查、存放、安装精度、成品保护等关键环节，按相关标准的要求，制定专项质量控制方案，并形成记录。

8.2.2 安装作业

8.2.2.1 钢结构工程应根据工程特点进行施工阶段设计，进行施工阶段设计时，选用的设计指标应符合设计文件、现行国家标准《钢结构设计规范》GB 50017—2017 等的有关规定。施工阶段结构分析的荷载效应组合和荷载分项系数取值，应符合现行国家标准《建筑结构荷载规范》GB 50009—2012 等的有关规定。

8.2.2.2 钢结构施工过程中可采用焊条电弧焊接、气体保护电弧焊、埋弧焊、电渣焊接和栓钉焊接等工艺，具体焊接要求应符合现行国家标准《钢结构工程施工规范》GB 50755—2012 和《钢结构焊接规范》GB 50661—2011 的规定。

8.2.2.3 钢结构施工过程的紧固件连接可采用普通螺栓、高强度螺栓、铆钉、自攻钉或射钉的连接方式，具体连接要求应符合现行国家标准《钢结构工程施工规范》GB 50755—2012 和现行行业标准《钢结构高强度螺栓连接技术规程》JGJ 82—2011 的规定。

8.2.2.4 钢结构的安装应根据结构特点按照合理顺序进行，并应形成稳固的空间刚度单元，必要时应增加临时支撑结构或临时措施。

8.2.2.5 钢结构施工中的涂装应符合下列规定：

1 构件在运输、存放和安装过程中损坏的涂层，以及安装连接部位应进行现场补漆；

2 构件表面的涂装系统应相互兼容；

3 防火涂料应符合设计文件和国家现行有关标准的规定，具有抗冲击能力和粘结强度，不应腐蚀钢材；

4 现场防腐和防火涂装应符合现行国家标准《钢结构工程施工规范》GB 50755—2012 的规定。

8.2.2.6 钢结构工程测量应符合下列规定：

1 施工阶段的测量包括平面控制、高程控制和细部测量等；

2 施工测量前，应根据设计施工图和钢结构安装要求，编制测量专项方案；

3 钢结构安装前应设置施工控制网。

8.2.2.7 钢结构施工期间，应对结构变形、结构内力、环境量等内容进行过程监测，监测方法、监测内容及检测部位可根据具体情况选定。

8.2.3 施工安全管理

8.2.3.1 遇到雨、雪、大雾天气，或者风力大于 5 级时，不应进行吊装作业。

8.2.3.2 钢结构部品吊装时应符合下列规定：

1 吊装围护部品时，起吊就位应垂直平稳，吊具绳与水平面夹角不宜小于 60°；

2 吊装应采用专用吊装器具，吊装安全溜绳应不少于两根。

8.2.3.3 钢结构施工时，安全管理措施宜满足 8.1.3 的要求。

8.3 钢混组合结构

8.3.1 一般规定

8.3.1.1 结构施工前应编制施工组织设计、施工方案；施工组织设计的内容应符合现行国家标准《建筑工程施工组织设计规范》GB/T 50502—2009 的规定；施工方案的内容应包括构件安装及节点施工方案、构件安装的质量管理及安全措施等。

8.3.1.2 构件安装单位应具有相应的施工资质，施工单位应根据批准的设计图编制施工详图。当需要修改时，应按规定办理设计变更手续。

8.3.1.3 结构的后浇混凝土部位在浇筑前应进行隐蔽工程验收。验收项目应包括下列内容：

1 钢筋的牌号、规格、数量、位置、间距等；

2 纵向受力钢筋的连接方式、接头位置、接头数量、接头面积百分率、搭接长度等；

3 纵向受力钢筋的锚固方式及长度；

4 箍筋、横向钢筋的牌号、规格、数量、位置、间距，箍筋弯折的弯折角度及平直段长度；

5 预埋件的规格、数量、位置；

6 混凝土粗糙面的质量、键槽的规格、数量、位置；

7 预留管线、线盒等的规格、数量、位置及固定措施。

8.3.1.4 构件的安装用材料及配件等应符合设计要求及国家现行有关标准的规定。

8.3.1.5 吊装用吊具应按国家现行有关标准的规定进行设计、验算或试验检验。

8.3.1.6 在装配式结构的施工全过程中，应采取防止构件及构件上的建筑附件、预埋件、预埋吊件等损伤或污染的保护措施。

8.3.1.7 未经设计允许不得对构件进行切割、开洞。

8.3.1.8 装配式结构施工过程中应采取安全措施，并应符合现行行业标准《建筑施工高处作业安全技术规范》JGJ 80—2016、《建筑机械使用安全技术规程》JGJ 33—2012、《施工现场临时用电安全技术规范》JGJ 46—2005 等的有关规定。

8.3.1.9 钢构件的施工单位应根据设计要求对首次采用的钢材、焊接材料、焊接方法、焊后热处理等进行工艺评定，并根据评定报告确定焊接工艺或方案。施焊的焊工必须经考试合格并取得合格证书，且应在其合格项目及认可范围内施焊。

8.3.1.10 钢构件的防腐涂料涂装、防火涂料涂装及涂装前的表面除锈和涂底应符合设计文件和现行国家标准的规定。

8.3.1.11 压型金属板的尺寸允许偏差和施工现场制作允许偏差应按照设计文件和现行国家标准《钢结构工程施工质量验收规范》GB 50205—2001 的规定进行检验。

8.3.2 安装准备

8.3.2.1 应合理规划构件运输通道和临时堆放场地，并应采取成品堆放保护措施。

8.3.2.2 安装施工前应检查半成品预制构件的成型质量，超出规定时，应采取调整措施，满足安装精度要求。

8.3.2.3 安装施工前应检查已施工完成结构的质量，并应进行测量放线、设置构件安装定位标志。

8.3.2.4 轴线与标高控制应符合下列要求：

1 多层建筑宜采用"外控法"放线，在房屋的四角设置标准轴线控制桩，用经纬仪或全站仪根据坐标定出建筑物控制轴线不得少于两条（纵横轴方向各一条），楼层上的控制轴线必须用经纬仪或全站仪由底层轴线直接向上引出；

2 高层建筑或受场地条件环境限制的建筑物宜采用"内控法"放线，在房屋的首层根据坐标设置四条标准轴线（纵横轴方向各两条）控制桩，用经纬仪或全站仪定出建筑物的四条控制轴。

8.3.2.5 安装前，应对起吊设备钢丝绳及连接部位和索具设备进行检查，确保其完好，符合安全性。

8.3.2.6 半成品预制构件施工过程中，应保证其承载力、刚度与稳定性要求。

8.3.2.7 装配式结构施工前，宜选择有代表性的单元进行预制构件试安装，并应根据试安装结果及时调整完善施工方案和施工工艺。

8.3.3 构件安装与连接

8.3.3.1 构件吊装应注意以下事项：

1 应设专人指挥，操作人员应位于安全可靠位置，不应有人员随构件一同起吊；

2 构件吊装应采用慢起、快升、缓放的操作方式，保证构件平稳放置；

3 构件吊装就位，可采用先粗略安装，再精细调整的作业方式；

4 构件吊装时，起吊、回转、就位与调整各阶段应有可靠的操作与防护措施，以防构件发生碰撞扭转与变形；

5 构件吊装就位后，应及时校准并采取临时固定措施。

条文说明：构件的安装顺序、校准定位及临时固定措施是装配式结构施工的关键，应在施工方案中明确规定并付诸实施。

8.3.3.2 应采取措施保证起重设备的主钩位置、吊具及构件重心在竖直方向上重合；吊索与构件水平夹角不宜小于 60°，不应小于 45°，吊运过程应平稳，不应有偏斜和大幅度摆动。

条文说明：吊索与构件水平夹角越小，吊索内力越大，允许的起吊能力越低。由于构件本身材质的不均匀性，吊索内力水平分力作用在构件上会因 P-Δ 效应产生附加弯矩。水平夹角过小还可能导致构件脱钩。

8.3.3.3 雷雨天、能见度小于吊装最大高度或 100m、吊装最大高度处于 6 级以上大风天等恶劣天气时应停止吊装作业。

条文说明：雷雨天，塔吊因高度较高易遭雷击，所以此种情况下应停止作业。吊装时的能见度宜大于起吊高度且不小于 100m，以便工人操作。当地气象局提供的是 10m 高度处的风力，施工时通常需要计算起吊最高点的风力值，当该值小于 6 级风力值时吊装才安全。根据多次施工经验与计算结果，总结出风载荷对吊装的影响程度：

1 风力 0~3 级，风速 0~6.5m/s 基本无风，气候极为理想；

2 风力 4 级，风速 6.5~7.5m/s，130m 以上风力大；中低层吊装根据构件迎风面积计算风载荷后，符合塔吊起重能力情况时可以进行吊装；此时，塔吊高度不得超过 100m；

3 风力 5 级，风速 7.5~9.5m/s，100m 以上风力大中低层吊装根据构件迎风面积计算风载荷后，符合塔吊起重能力情况时可以进行吊装；此时，塔吊高度不得超过 100m；

4 风力 6 级，风速 9.5~10.5m/s，60m 以上风力大，塔吊高度低于 60m，吊装高度低于 50m 根据构件迎风面积计算风载荷后，符合塔吊起重能力情况时可以进行吊装；

5 风力 7 级，风速 10.5~11.5m/s 塔吊高度超过 30m，严禁吊装。

8.3.3.4 受弯叠合构件的安装施工应符合下列规定：

1 应根据设计要求或施工方案设置临时支撑；

2 施工荷载宜均匀布置，并不应超过设计规定；

3 在混凝土浇筑前，应检查及校正预制构件的外露钢筋；

4 叠合构件应在后浇混凝土强度达到设计要求后，方可拆除临时支撑。

8.3.3.5 受弯叠合类构件的施工要考虑两阶段受力的特点，施工时要采取质量保证措施避免构件产生裂缝。

8.3.3.6 半成品预制构件在吊装时应控制吊装荷载作用下的变形，吊点的设置应根据构件本身的承载力和稳定性经验算后确定。必要时，应采取临时加固措施。

8.3.3.7 半成品预制构件吊装就位后，应立即进行校正，采取可靠固定措施以保证构件的稳定性。

8.3.3.8 严禁超出起重设备的额定起重量进行吊装。

8.3.3.9 起重设备需要附着或支承在结构上时，应得到设计单位的同意，并进行结构安全验算。

8.3.3.10 钢构件防火保护工程的施工及安装质量应符合现行国家有关标准的规定。

8.3.3.11 钢构件的安装质量应符合现行国家标准《钢结构工程施工质量验收规范》GB 50205 的规定。

8.3.3.12 构件在拆分与拼接时应充分考虑连接方式，其连接应符合下列要求：

1 焊接或螺栓连接的施工应符合国家现行标准《钢筋焊接及验收规程》JGJ 18—2012、《钢结构焊接规范》GB 50661—2011、《钢结构工程施工规范》GB 50755—2012、《钢结构工程施工质量验收规范》GB 50205—2001 的有关规定。

2 采用对接焊接连接时应采取防止因连续施焊引起的连接部位混凝土开裂的措施。

3 半成品预制构件的连接采取焊接或螺栓连接时应做好质量检查和防护措施。连接焊接应采用窄间隙焊，其工艺要求较高。焊机要采用保护焊机，并采用焊丝施焊。

8.3.3.13 钢构件采用普通螺栓或高强螺栓连接时，螺栓应符合设计文件及有关现行国家标准的要求，并按现行国家标准《钢结构工程施工质量验收规范》GB 50205—2001 的规定进行检查和检验。采用高强度螺栓连接时，应对构件摩擦面进行加工处理，并按《钢结构工程施工质量验收规范》GB 50205—2001 的规定进行摩擦面的抗滑移系数试验和复验。处理后的摩擦面应采取防油污和损伤的保护措施。

8.3.3.14 外挂墙板的连接节点及接缝构造应符合设计要求；墙板安装完成后，应及时移除临时支承支座、墙板接缝内的传力垫块。

条文说明：外挂墙板是自承重构件，不能通过板缝进行传力，施工时要保证板的四周空腔不得混入硬质杂物；对施工中设置的临时支座和垫块应在验收前及时拆除。

8.3.3.15 外墙板接缝防水施工应符合下列规定：

1 防水施工前，应将墙板接缝的侧面内腔清理干净；

2 应按设计要求填塞背衬材料；

3 密封材料嵌填应饱满、密实、均匀、顺直、表面平滑，其厚度应符合设计要求。

8.3.3.16 压型金属板的连接、搭接、锚固支承长度与带钢节点箱形梁的连接应符合设计文件及有关现行国家标准的要求。

8.3.4 混凝土浇筑

8.3.4.1 在浇筑混凝土前应洒水润湿结合面，混凝土应分层浇筑、振捣密实。

8.3.4.2 当夏季天气炎热时，混凝土拌合物入模温度不应高于35℃，宜选择晚间或夜间浇筑混凝土；现场温度高于35℃时，宜对钢构件进行浇水降温，但不得留有积水。

8.3.4.3 当冬期施工时，混凝土拌合物入模温度不应低于5℃，并应有保温措施。

8.3.4.4 在浇筑过程中，应有效控制混凝土的均匀性，密实性和整体性。

8.3.4.5 泵送混凝土输送管道的最小内径宜符合表8-1的规定；混凝土输送泵的泵压应与混凝土拌合物特性和泵送高度相匹配；泵送混凝土的输送管道应支撑稳定，不漏浆，冬期应有保温措施，夏季施工现场最高气温超过40℃时，应有隔热措施。

泵送混凝土输送管道的最小内径（mm）　　　　　　表8-1

粗骨料最大公称粒径	输送管道最小内径
25	125
40	150

8.3.4.6 不同配合比或不同强度等级泵送混凝土在同一时间段交替浇筑时，输送管道中的混凝土不得混入其他不同配合比或不同强度等级的混凝土。

8.3.4.7 当混凝土自由倾落高度大于3.0m时，宜采用串筒、溜管或振动溜管等辅助设备。

8.3.4.8 自密实混凝土浇筑布料点应结合拌合物特性选择适宜的间距，必要时可以通过试验确定混凝土布料点、下料间距。

8.3.4.9 应根据混凝土拌合物特性及混凝土结构，构件或制品的制作方式选择适当的振捣方式和振捣时间。

8.3.4.10 混凝土振捣宜选用机械振捣。当施工无特殊振捣要求时，可采用振捣棒进行捣实，插入间距不应大于振捣棒振动作用半径的一倍，连续多层浇筑时，振捣棒应插入下层拌合物约50mm进行振捣；当浇筑厚度不大于200mm的表面积较大的平面结构或构件时，宜采用表面振动成型。

8.3.4.11 振捣时间宜按拌合物稠度和振捣部位等不同情况，控制在10～30s内，当混凝土拌合物表面出现泛浆，基本无气泡逸出，可视为捣实。

8.3.5 安全施工及防护

8.3.5.1 装配式结构建筑施工安全应参照国家现行建筑施工安全技术规范执行。

8.3.5.2 施工外围护脚手架宜根据工程特点选择普通钢管落地式脚手架、整体提升式脚手架等，并应编制详细的验算书。

8.3.6 PI体系结构施工安装

8.3.6.1 现场安装前，应在预拼装场地进行预拼装，包括整层预拼装和局部预拼装等，满足精度要求方可进场安装。构件组装前，组装人员应熟悉施工详图、组装工艺及有关技术文件的要求，检查组装用的零部件的材质、规格、外观、尺寸、数量等均应符合设计要求。

8.3.6.2 预拼装场地应平整、坚实。预拼装所用的临时支承架、支承凳或平台应经测量准确定位，并符合工艺文件要求。重型构件预拼装所用的临时支承结构应进行结构安

8.3.6.3 钢结构单元应满足精度要求，并要达到吊装、运输和施工中所需要的强度、刚度等要求，方可运往工地进行施工。未达到要求的，应进行矫正或采取相关合理措施。

8.3.6.4 预拼装前，单根构件应检查合格，当同一类型构件较多时，可选择一定数量的代表性构件进行预拼装。

8.3.6.5 预拼装检查合格后，宜在构件上标注中心线、控制基准线等标记，必要时可设置定位器。

8.3.6.6 起重设备需要附着或支承在结构上时，应得到设计单位的同意，并应进行结构安全验算。

8.3.6.7 钢板组合剪力墙运输过程中，宜采用专用胎架。

8.3.6.8 装卸车及吊装时，应采用牢固的绑扎方式，吊点设置宜选择保证钢板组合剪力墙变形最小的位置。

8.3.6.9 钢板组合剪力墙进场后，宜集中堆放，且应按安装逆顺序堆放，中间加垫木，并交错堆放。

8.3.6.10 钢板组合剪力墙宜对称安装，单元吊装就位后应采取临时固定措施。

8.3.6.11 钢板组合剪力墙施工过程中，应监测相关周边构件的水平度和垂直度。

8.3.6.12 钢板组合剪力墙的混凝土浇筑应符合下列规定：

1 应验算钢板组合剪力墙在混凝土浇筑过程中的承载力、变形和稳定性。

2 通气孔宜设置在距离剪力墙上边缘 200mm 区域内，直径不小于 150mm。

3 观察口宜设置在剪力墙上部两角区域内，直径不小于 100mm。

8.3.6.13 图纸内容及深度

1 一般建筑的结构平面图，均应有各层结构平面图及屋面结构平面图。结构平面图不能表示清楚的结构或构件，可采用立面图、剖面图等方法表示。具体内容为：绘出定位轴线及梁、柱、外包钢板组合剪力墙的位置及必要的定位尺寸，并注明其编号和楼面结构标高。

2 绘出构件之间的相互定位关系、构件代号、材料强度、型号，并注明连接方法要求以及对防火防腐、后浇混凝土、制作安装的有关要求等。

3 钢板组合剪力墙墙，应注明其平、立剖面图、构件布置图、节点详图，钢材厚度及高强度螺栓或者焊缝布置表等。

8.4 机电安装

8.4.1 建筑设备管线施工前按设计图纸核对设备及管线相应参数，同时应对预制结构构件等预埋套管、预留孔洞及开槽的尺寸、定位进行校核后方可施工。

8.4.2 建筑设备管线需要与预制结构构件连接时宜采用预留埋件的安装方式。当采用其他安装固定法时，不得影响钢结构构件的完整性与结构的安全性。

8.4.3 当建筑设备管线与构件采用预埋件固定时，应可靠连接，管卡应固定在构件允许范围内，安装建筑设备的墙体应满足承重要求。

8.4.4 构件中预埋管线、预埋件、预留沟（槽、孔、洞）的位置应准确，不应在围护系统安装后凿剔。楼地面内的管道与墙体内的管道有连接时，应与构件安装协调一致，保证位置准确。

8.4.5 预留套管应按设计图纸中管道的定位、标高同时结合装饰、结构专业，绘制预留套管图。预留预埋应在预制构件厂内完成，并进行质量验收。

8.4.6 室内给水系统工程施工安装符合下列规定：

1 生活给水系统所用材料应达到饮用水卫生标准；

2 当采用给水分水器时，给水分水器与用水点之间的管道应一对一连接，中间不应有接口；

3 管道所用管材、配件宜使用同一品牌产品；

4 在架空地板内敷设给水管道时应设置管道支（托）架，并与结构可靠连接。

8.4.7 消火栓箱应于预制构件上预留安装孔洞，孔洞尺寸各边大于箱体尺寸 20mm。箱体与孔洞之间间隙应采用防火材料封堵。并应考虑消火栓所接管道的预留做法。

8.4.8 管道波纹补偿器、法兰及焊接接口不应设置在预制结构，如钢梁或钢柱的预留孔。

8.4.9 在具有防火保护层的钢结构上安装管道或设备支吊架时，通常应采用非焊接方法固定；当必须采用焊接方法时，应与结构专业协调，被破坏的防火保护层应进行修补。

8.4.10 沿叠合楼板、预制墙体预埋的电气灯头盒、接线盒及其管路与现浇相应电气管路连接时，墙面预埋盒下（上）宜预留接线空间，便于施工接管操作。

8.4.11 室内排水系统工程施工安装应符合下列规定：

1 室内架空地板内排水管道支（托）架及管座（墩）的安装应按排水坡度排列整齐，支（托）架与管道接触紧密，非金属排水管道采用金属支架时，应在与管外径接触处设置橡胶垫片；

2 架空层地板施工前，架空层内排水管道应进行灌水试验；

3 排水管道应做通球试验，球径不小于排水管道管径的 2/3，通球率必须达到 100%。

8.4.12 通风空调系统工程施工安装应符合下列规定：

1 住宅厨房、卫生间宜采用金属软管与竖井排风系统连接；

2 空调风管及冷热水管道与支、吊架之间，应有绝热衬垫，其厚度不应小于绝热层厚度，宽度应大于支、吊架支承面的宽度；

3 通风工程施工完毕后应对系统进行调试，并作好记录。

8.4.13 智能化系统工程施工安装应符合下列规定：

1 电视、电话、网络等应单独布管，与强电线路的间距应大于 100mm，交叉设置间距大于 50mm；

2 防盗报警控制器与中心报警控制主机应通过专线或其他方式联网。

8.4.14 管线施工完成后应做好成品保护。成品保护措施为：

1 装配式整体建筑设备及管道的零部件应放置在干燥环境下；

2 装配式整体建筑设备及管道的零部件堆放场地应做好防碰撞措施。

9 工程验收

9.1 混凝土结构

9.1.1 一般规定

9.1.1.1 装配式结构应按混凝土结构或钢结构子分部工程进行验收；当装配式混凝土结构中部分采用现浇混凝土结构时，装配式结构部分可作为混凝土结构子分部工程的分项工程进行验收。

9.1.1.2 装配式结构工程验收主要依据现行国家标准《混凝土结构工程施工质量验收规范》GB 50204—2015 的有关规定执行。

9.1.1.3 预制构件的进场质量验收应符合现行国家标准《混凝土结构工程施工质量验收规范》GB 50204—2015 的有关规定。

9.1.1.4 装配式结构焊接、螺栓等连接用材料的进场验收应符合现行国家标准《钢结构工程施工质量验收规范》GB 50205—2001 的有关规定执行。

9.1.1.5 装配式结构的外观质量除设计有专门的规定外，尚应符合现行国家标准《混凝土结构工程施工质量验收规范》GB 50204—2015 中有关现浇混凝土结构的有关规定。

9.1.1.6 装配式建筑的饰面质量应符合设计要求，并应符合现行国家标准《建筑装饰装修工程质量验收规范》GB 50210—2018 的有关规定。

9.1.1.7 预制构件与主体结构连接节点的螺栓、紧固标准件及螺母、垫圈等配件，其品种、规格、性能等应满足现行国家标准和设计要求。

9.1.1.8 装配式混凝土结构子分部工程的质量验收，应在相关分项工程验收合格的基础上，进行质量控制资料检查及感观质量验收，并应对涉及结构安全、有代表性的部位进行结构实体检验。

9.1.1.9 装配式结构验收时，除应按现行国家标准《混凝土结构工程施工质量验收规范》GB 50204 及《钢结构工程施工质量验收规范》GB 50205—2001 的要求提供文件和记录外，尚应提供下列文件和记录：

1 工程设计文件、预制构件制作和安装的深化设计图纸；

2 预制构件、主要材料及配件的质量证明文件、进场验收记录、抽样复验报告；

3 钢筋接头的试验报告；

4 预制构件制作隐蔽工程验收记录；

5 预制构件安装施工记录；

6 钢筋套筒灌浆等钢筋连接的施工检验记录；

7 后浇混凝土的外墙防水施工的隐蔽工程验收记录；

8 后浇混凝土、灌浆料材料的强度检验报告；

9 结构实体检验记录；

10 分项工程质量验收记录；

11 重大质量问题的处理方案和验收记录；

12 其他必要的文件和记录（宜包含 BIM 交付资料）。

9.1.2 主控项目

9.1.2.1 装配整体式结构的连接节点部位后浇混凝土为现场浇筑混凝土，其检验要求按现行国家标准《混凝土结构工程施工质量验收规范》GB 50204—2015 的要求执行。

9.1.2.2 装配整体式结构的灌浆连接接头是质量验收的重点，施工时应做好检查记录，提前制定有关试验和质量控制方案。钢筋套筒灌浆连接和钢筋浆锚搭接连接灌浆质量应饱满密实，同时灌浆料强度应达到设计要求。剪力墙底部接缝坐浆确定应满足设计要求。

9.1.2.3 筋采用焊接连接时，其焊接质量应符合现行行业标准《钢筋焊接及验收规程》JGJ 18—2012 的有关规定；钢筋采用机械连接时，其焊接头质量应符合现行行业标准《钢筋机械连接技术规程》JGJ107—2016 的有关规定。

9.1.2.4 预制构件采用焊接连接时，钢材焊接的焊缝尺寸应满足设计要求，焊缝质量应符合现行国家标准《钢结构焊接规范》GB 50661—2011 和《钢结构工程施工质量验收规范》GB 50205—2001 的有关规定。

9.1.2.5 预制构件采用螺栓连接时，螺栓的材质、规格、拧紧力矩应符合设计要求及现行国家标准《钢结构设计规范》GB 50017—2017 和《钢结构工程施工质量验收规范》GB 50205—2001 的有关规定。

9.1.2.6 后浇混凝土强度应符合设计要求，且外观质量不应有严重缺陷，同时不应有影响结构性能和使用功能的尺寸偏差。

9.1.2.7 承受内力的接头和拼缝，当其混凝土强度未达到设计要求时，不得吊装上一层结构构件。已安装完毕的装配式结构，应在混凝土强度达到设计要求后，方可承受全部设计载荷。

9.1.2.8 外墙挂板的安装连接节点应在封闭前进行检查并记录，节点连接满足设计要求。

9.1.2.9 预制梁底应设置临时支撑。如经施工验算，预制梁可采用无支撑施工方案时，柱顶必须设置混凝土牛腿拖座或施工保护临时钢牛腿，增大预制梁的搁置长度，搁置长度不应少于 100mm。且临时钢牛腿应与柱有可靠连接，钢牛腿顶面标高应与被支撑梁底标高一致。

9.1.2.10 预制构件临时支撑，临时固定措施，采取保证构件稳定，并应符合施工方案及相关技术标准要求。

9.1.3 一般项目

9.1.3.1 装配式结构尺寸允许偏差应符合设计要求，而装配式混凝土结构的尺寸允许偏差在现浇混凝土结构的基础上适当从严要求，对于采用清水混凝土或装饰混凝土构件装配的混凝土结构施工尺寸偏差应适当加严。

9.1.3.2 外墙板接缝的防水性能应符合设计要求，装配式混凝土结构的墙板接缝防水施工质量是保证装配式外墙防水性能的关键，施工时应按设计要求进行选材和施工，并采取严格的检验验证措施。

9.1.3.3 预制构件吊装前，应按设计要求在构件和相应的支承结构上标识中心线、标高等控制尺寸，按标准图或设计文件校核预埋件及连接钢筋等，并做出标识。

9.1.3.4 预制构件安装就位后，应根据水准点和轴线校正位置，并且预制构件的安装验收应满足设计要求。

9.1.4 PI 体系结构质量检测

1 在笼模上预留一定数量的检测孔，在浇筑混凝土达到设计强度后，按照现浇混凝土的检测方式进行检测，如采用回弹法、钻芯法等，并应满足相关现行规范要求。

2 应按照国家现行《混凝土结构工程施工质量验收规范》GB 50204—2015 的规定进行验收。

9.2 钢结构

9.2.1 一般规定

9.2.1.1 装配式钢结构建筑的验收应符合现行国家标准《建筑工程施工质量验收统一标准》GB 50300—2013 和其他相关专业验收规范的规定。当专业验收规范对工程中的验收项目未做出有关规定时，应由建设单位组织监理、设计、施工等相关单位制定专项验收要求。

9.2.1.2 装配式钢结构建筑的施工现场应具有健全的质量管理体系、相应的技术标准、施工质量检验制度和综合施工质量水平评定考核制度。

9.2.1.3 装配式钢结构建筑施工质量应按下列要求进行验收：

1 工程质量验收均应在施工单位自检评定合格的基础上进行；

2 参加工程施工质量验收的各方人员应具备相应的资格；

3 检验批的质量验收应按主控项目和一般项目；

4 隐蔽工程在隐蔽前应由施工单位通知有关单位验收并形成验收文件；

5 对涉及结构安全、节能、环境保护和主要使用功能的试块、试件及材料应在进场时或施工中按规定进行见证检验；

6 对涉及结构安全、节能、环境保护和使用功能的重要分部工程应在验收前按规定进行抽样检测。

9.2.1.4 装配式钢结构建筑施工质量验收合格应符合下列规定：

1 符合工程勘察、设计文件的规定；

2 符合相关专业验收规范的规定。

9.2.1.5 单位工程、分部工程、分项工程和检验批的划分应符合现行国家标准《建筑工程施工质量验收统一标准》GB 50300—2013 和其他相关专业验收规范的规定。对于相关专业验收规范未涵盖的分项工程和检验批，可由建设单位组织监理、施工等单位协商确定。

9.2.1.6 获得产品认证或来源稳定且连续三次检验均一次合格的材料、部品构件，进场验收时其检验批的容量可扩大一倍。

9.2.1.7 同属一厂家生产的同批材料、部品，用于同期施工且属于同一工程项目的多个单位工程时，可合并进行进场验收。

9.2.1.8 作为商品的建筑部品，除满足现行国家有关标准的要求外，还应具有产品标准、出厂检验合格证、质量保证书和使用说明文件。

9.2.2 主控项目

9.2.2.1 钢结构的施工质量要求和验收标准应按现行国家标准《钢结构工程施工质量验收规范》GB 50205—2001 的有关规定执行。

9.2.2.2 钢结构主体工程焊接工程验收应按现行国家标准《钢结构工程施工质量验收规范》GB 50205—2001 的有关规定，在焊前检验、焊中检验和焊后检验基础上按设计文件和现行国家标准《钢结构焊接规范》GB 50661—2011 的规定执行。

9.2.2.3 钢结构主体工程紧固件连接工程应按现行国家标准《钢结构工程施工质量验收规范》GB 50205 规定的质量验收方法和质量验收项目执行，同时应符合现行行业标准《钢结构高强度螺栓连接技术规程》JGJ 82—2011 的规定。

9.2.2.4 钢结构防腐蚀涂装工程应按国家现行标准《钢结构工程施工质量验收规范》GB 50205—2001、《建筑防腐蚀工程施工及验收规范》GB 50212—2014、《建筑防腐蚀工程质量检验评定标准》GB 50224—2010 及《建筑钢结构防腐技术规程》JGJ/T 251—2011 的规定进行验收；金属热喷涂防腐和热镀锌防腐工程，应按现行国家标准《金属和其他无机覆盖层热喷涂锌、铝及其合金》GB/T 9793—2012 及《热喷涂金属件表面预热处理通则》GB/T 11373—2017 等有关规定进行质量验收。

9.2.2.5 钢结构防火涂料的粘结强度、抗压强度应符合现行国家标准《钢结构工程施工质量验收规范》GB 50205—2001 的规定，防火涂料的厚度应符合现行国家标准《建筑设计防火规范》GB 50016—2014 关于耐火极限的设计要求，试验方法应符合现行国家标准《建筑构件耐火试验方法》GB/T 9978 的规定。

9.2.2.6 钢楼梯应按现行国家标准《钢结构工程施工质量验收规范》GB 50205—2001 的规定进行验收。

9.2.3 一般项目

9.2.3.1 装配式结构尺寸允许偏差应符合设计要求，并应符合《钢结构工程施工质量验收规范》GB 50205—2001 的规定。

9.2.3.2 外墙板接缝的防水性能应符合设计要求。

检查数量：按批检验。每 1000m² 外墙面积应划分为一个检验批，不足 1000m² 时也应划分为一个检验批；每个检验批每 100m² 应至少抽查一处，每处不得少于 10m²。

检验方法：检查现场淋水试验报告。

9.3 钢混组合结构

9.3.1 一般规定

9.3.1.1 装配式结构工程的质量验收除应符合本规程规定外，尚应符合现行国家标准《建筑工程施工质量验收统一标准》GB 50300—2013、《混凝土结构工程施工质量验规范》GB 50204—2015 和《钢结构工程施工质量验收规范》GB 50205—2001 的有关规定。其中，装配式混凝土结构按混凝土结构子分部工程进行验收；装配式组合钢-混凝土结构中钢结构按钢结构子分部工程进行验收、混凝土结构按混凝土结构子分部工程的分项工程进行验收。

9.3.1.2 装配式组合钢-混凝土结构焊接、螺栓等连接用材料的进场验收应符合现行国家标准《钢结构工程施工质量验收规范》GB 50205—2001 的有关规定。

9.3.1.3 构件验收时，除应按现行国家标准《混凝土结构工程施工质量验收规范》GB 50204—2015 的要求提供文件和记录外，尚应提供本书技术文件 9.1.1.9 的文件和记录。

9.3.1.4 结构混凝土的浇筑应在钢构件安装并经隐蔽验收后进行。

9.3.1.5 钢构件在防火成品板安装前的表面除锈和防腐涂料涂装应符合设计文件和现行国家标准的规定。

9.3.1.6 钢构件在防火成品板安装前的表面除锈和防腐涂料涂装应符合设计文件和现行国家标准的规定。

9.3.1.7 钢结构成品板防火保护工程施工在各工序、工程隐蔽及相关专业交接时，应按相关标准进行隐蔽验收，并经监理人员检查确认后进行。

9.3.1.8 钢结构成品板防火保护工程应在钢结构安装工程检验批和钢结构普通涂料涂装工程检验批的施工质量验收合格后进行。

9.3.1.9 钢结构成品板防火保护工程施工应在室内装修前和不被后继工程所损坏的条件下进行。

9.3.1.10 钢结构防火保护用成品板检测应符合现行国家标准《建筑构件耐火试验方法》GB/T 9978 的规定。

9.3.2 主控项目

9.3.2.1 现浇混凝土强度应符合设计要求。

检查数量：按现行国家标准《混凝土结构工程施工规范》GB 50666—2011 的规定确定。

检验方法：按现行国家标准《混凝土强度检验评定标准》GB/T 50107—2010 的要求进行。

9.3.2.2 钢筋采用焊接连接时，其焊接质量应符合现行行业标准《钢筋焊接及验收规程》JGJ 18—2012 的有关规定。

检查数量：按现行行业标准《钢筋焊接及验收规程》JGJ 18—2012 的规定确定。

检验方法：检查钢筋焊接施工记录及平行加工试件的强度试验报告。

9.3.2.3 钢筋采用机械连接时，其接头质量应符合现行行业标准《钢筋机械连接技术规程》JGJ 107—2016 的有关规定。

检查数量：按现行行业标准《钢筋机械连接技术规程》JGJ07—2016 的规定确定。

检验方法：检查钢筋机械连接施工记录及平行加工试件的强试验报告。

9.3.2.4 构件采用焊接连接时，钢材焊接的焊缝尺寸应：满足计要求，焊缝质量应符合现行国家标准《钢结构焊接规范》GB 50661—2011 和《钢结构工程施工质量验收规范》GB 50205—2001 的有关规定。

检查数量：全数检查。

检验方法：按现行国家标准《钢结构工程施工质量验收规范》GB 50205—2001 的要

求进行。

9.3.2.5　构件采用螺栓连接时，螺栓的材质、规格、拧紧力矩应符合设计要求及现行国家标准《钢结构设计规范》GB 50017—2017 和《钢结构工程施工质量验收规范》GB 50205—2001 的有关规定。

检查数量：全数检查。

检验方法：按现行国家标准《钢结构工程施工质量验收规》GB 50205—2001 的要求进行。

9.3.2.6　钢构件的成品板防火保护工程的验收按工程进程分为隐蔽验收、施工质量验收、消防验收：

1　隐蔽验收由监理单位（或建设单位）、施工单位参加，并签署意见；

2　施工质量验收按《建筑工程施工质量验收统一标准》GB 50300—2013 规定的程序进行；

3　消防验收由建设单位组织设计、监理、施工及公安消防机构等单位根据《消防法》等有关消防技术标准进行专项验收。

9.3.2.7　消防验收时，建设单位应提供下列资料：

1　公安消防机构的审批文件、竣工图及相关文件；

2　《建筑工程消防验收申请表》；

3　监理单位的消防《监理报告》；

4　施工质量检测记录、各分项工程中间验收记录、隐蔽工程验收记录、分项工程检验批质量验收等记录；

5　产品质量合格证明文件；

6　抽检产品粘结强度、抗压强度检测报告及材料的燃烧性能检测报告等相关文件。

9.3.3　一般项目

9.3.3.1　装配式结构尺寸允许偏差应符合设计要求，并应符合表 9-1 中的规定。

检查数量：按楼层、结构缝或施工段划分检验批。在同一检验批内，对梁、柱，应抽查构件数量的 10%，且不少于 3 件；对墙和板，应按有代表性的自然间抽查 10%，且不少于 3 间；对大空间结构，墙可按相邻轴线间高度 5m 左右划分检查面，板可按纵、横轴线划分检查面，抽查 10%，且均不少于 3 面。

装配式结构尺寸允许偏差及检验方法　　表 9-1

项目		允许偏差（mm）	检验方法
构件中心线对轴线位置	竖向构件（柱、墙）	10	尺量检查
	水平构件（梁、板）	5	
构件标高	梁、柱、墙、板底面或顶面	±5	水准仪或尺量检查
构件垂直度	柱、墙 ＜5m	5	经纬仪或全站仪量测
	≥5m 且 ＜10m	10	
	≥10m	20	
构件倾斜度	梁	5	垂线、钢尺量测

项目			允许偏差（mm）	检验方法
相邻构件平整度	板端面		5	钢尺、塞尺量测
	梁、板底面	不抹灰	3	
	柱墙侧面	外露	5	
		不外露	10	
构件搁置长度	梁、板		±10	尺量检查
支座、支垫中心线位置	板、梁、柱、墙		10	尺量检查
墙板接缝	宽度		±5	尺量检查
	中心线位置			

9.3.3.2 外墙板接缝的防水性能应符合设计要求。

检查数量：按批检验。每 1000m² 外墙面积应划分为一个检验批，不足 1000m² 时也应划分为一个检验批；每个检验批每 100m² 应至少抽查一处，每处不得少于 10m²。

检验方法：检查现场淋水试验报告。

9.3.4　PI体系结构质量检测

9.3.4.1 钢板组合剪力墙的质量检测和验收应满足《钢板组合剪力墙技术规程》JGJ/T 380-2015 的规定，如采用敲击法、钻心法、超声波法等。

9.3.4.2 钢结构应按照国家现行《钢结构工程施工质量验收规范》GB 50205-2001 的规定进行验收。

10 装配式结构 BIM 模型

10.1 装配式结构的 BIM 设计流程

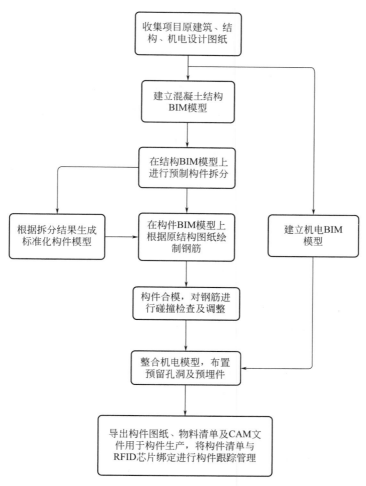

图 10-1 装配式结构 BIM 设计流程图

10.1.1 装配式结构的规划、设计、制作、运输、施工、竣工交付及运营维护管理等过程宜采用 BIM 技术，首先应明确装配式结构的 BIM 设计流程，如下：

1 收集数据，并确保数据的准确性。

2 与施工单位确定预制加工界面范围，并针对方案设计等进行协商讨论。

3 获取预制厂商产品的构件模型，或根据厂商产品参数规格，建立构件模型库，按标准模数进行设计和拆分，替换施工作业模型原构件。建模应当采用适当的应用软件，保证后期可执行必要的数据转换、机械设计及归类标注等工作，将施工作业模型转换为预制加工设计图纸。

4 施工作业模型按照厂家产品库进行分段处理，并复核是否与现场情况一致。

5 将构件预装配模型数据导出，进行编号标注，生成预制加工图及配件表，经设计单位审定复核后，送厂家加工生产。

6 构件到场前，施工单位应复核施工现场情况，如有偏差应当进行调整。

7 通过构件预装配模型指导施工单位按图装配施工。

10.1.2 施工图设计阶段可应用 BIM 模型进行建筑物的性能分析，如日照性能分析、采光性能分析、风环境分析、节能分析、噪音分析等，以满足绿色建筑的要求。

10.1.3 深化设计阶段可应用 BIM 模型对预制构件中的钢筋、连接件、预埋件、机电管线等进行碰撞检查。叠合板现浇层、预制外挂墙板中的机电管线宜在 BIM 模型中进行综合布线设计。

10.1.4 预制构件生产阶段可基于 BIM 模型的整体数据库，在预制构件上附加二维信息码或 RFID 无线射频芯片，内置信息宜包含以下内容：

工程信息：工程名称，栋号；

设计信息：构件的几何、非几何信息（包含定位尺寸和坐标）；生产信息：包含材料信息、批次、生产人员、质检等信息；运输信息：包含运输班次、交接人员等信息；

施工信息：包含交接信息、测量及安装信息、竣工信息、质检信息等；

监理信息：监理人员信息。

现场安装前应扫描构件的二维码或者射频芯片获取相关信息，确认无误后方可开始安装。

10.1.5 现场施工阶段可应用 BIM 模型进行施工模拟，确定构件的吊运、装配顺序；并形成现场施工阶段的风险防控文档。

10.2 装配式结构预制构件 BIM 模型要求

10.2.1 BIM 模型应采用统一的数据格式，满足各专业、各阶段的信息交流要求。选用的 BIM 平台软件应支持国家现行的相关标准，可实现专业软件间信息的无损传递，支持的数据格式应包含国际通用的 IFC 标准。

10.2.2 BIM 模型应用宜覆盖工程项目全寿命周期，且宜在工程项目全寿命周期的在各个阶段建立、共享和应用，并应保持协调一致。

10.2.3 BIM 任务信息模型应满足工程项目全寿命期各个阶段各个相关方协同工作的需要，包括信息的获取、更新、修改和管理。

10.2.4 BIM 模型的建模深度应满足我国现行《建筑工程设计文件编制深度规定》中的相关要求，可划分为 5 个建模深度等级：

A 级：满足规划设计的深度要求；

B 级：满足施工图设计的深度要求；

C 级：满足深化设计阶段的深度要求；

D级：满足现场信息化施工的要求，最终形成完整的竣工交付模型；

E级：满足运营维护的要求，为信息化的运维管理系统提供基础数据。

构件信息详细程度应与建模深度等级具有对应关系。

10.2.5 模型及相关信息应记录信息所有权的状态、信息的建立者与编辑者、建立和编辑的时间以及所使用的软件工具及版本等。模型数据的存储宜采用高效的方法和介质，并应满足数据安全的要求。

10.2.6 在装配式结构的 BIM 设计中，应模拟工厂加工的方式，以"预制构件模型"的方式来进行系统集成和表达，建立 BIM 预制构件库。

10.2.7 BIM 预制构件库应对构件的内容、深度、命名原则、分类方法、数据格式、属性信息、版本及存储方式等方面进行分类管理，构件的分类及编码宜在构件属性中体现。

10.2.8 装配式结构的节点 BIM 设计部分应建立标准节点库，标准节点无法满足要求的应采用构件拼接的方法进行节点设计。

10.2.9 装配式结构 BIM 预制构件应该包括可以实现构件模型与构件加工图纸双向参数化信息连接的参数信息，包括图纸编号、构件 ID 编码、物理数据、保温层、钢筋信息和外架体系预留孔等。

10.2.10 装配式结构 BIM 模型拆分设计过程为：按照标准模数进行初步拆分、拆分归并、优化拆分方案、拆分结果呈现。

10.2.11 装配式结构 BIM 模型构件编码应按照以下规则进行：工程名称-栋号-楼层-梁（板、墙、柱）-XXX（XXX 为数字编号）。

10.2.12 装配式结构 BIM 模型完成后，应该对以下几方面的内容进行模型检查：模型完整性检查、模型规范性检查、满足设计指标及规范检查、标准构件满足施工及厂家要求检查、模型碰撞冲突检查。

装配式组合钢-混凝土结构 BIM 模型构件参数应不仅包括设计阶段信息，还可以在施工过程中及竣工后不断增加参数信息，以保证施工质量记录可追溯。

10.2.13 对于模型碰撞冲突发现的问题应该进行综合协调。综合协调的流程按照"先专业内、后专业间"的原则分阶段进行协调。

10.3 装配式结构 BIM 模型的交付

10.3.1 设计单位应保证交付物的准确性。模型和模型构件的形状和尺寸以及模型构件之间的位置关系准确无误。设计单位在交付前应对交付物进行检查，确保 BIM 交付物的准确。

10.3.2 交付物应保证几何信息和非几何信息能够有效传递。

10.3.3 互用数据交付接收方前，应首先由提供方对模型数据及其生成的互用数据进行内部审核验收。数据接收方在使用互用数据前，应进行确认和核对。

10.3.4 装配式建筑工程各阶段交付物中的 BIM 模型所包含的构件及构件的几何信息、非几何信息应满足要求。

10.3.5 构件预装配模型应当正确反映构件的定位及装配顺序，能够达到虚拟演示装配过程的效果。

10.3.6 构件预制加工图应当体现构件编码，达到工厂化制造要求，并符合相关行业出图规范。

10.3.7 合同交付物中 BIM 模型和与之对应的图纸、信息表格和相关文件共同表达的内容深度，应符合现行《建筑工程设计文件编制深度规定》的要求。

10.3.8 装配式结构的 BIM 设计应进行施工模拟。施工模拟应将 BIM 模型与施工进度计划进行匹配，把模型的每个构件赋予具体的时间进度参数，以实现三维建筑模型与施工进度的联动，同时实现建筑信息模型随时间进度逐渐生成。

附录 A 门式刚架结构

A.1 构件设计

1 门式刚架轻型房屋钢结构的承重构件，应按承载能力极限状态和正常使用极限状态进行设计。

2 构件设计时，荷载、作用组合应符合下列原则：

1) 屋面均布活荷载不与雪荷载同时考虑，应取两者的较大值；

2) 积灰荷载与雪荷载或屋面均布活荷载中的较大值同时考虑；

3) 施工或检修荷载不与屋面材料或檩条自重以外的其他荷载同时考虑；

4) 多台吊车的组合应符合现行《建筑结构荷载规范》GB 50009—2012 的规定；

5) 风荷载与地震作用不同时考虑。

3 地震设计状况下，荷载和地震作用基本组合的分项系数应按表 A.1.1 采用，当重力荷载效应对结构的承载力有利时，表 A.1.1 中的 γ_G 不应大于 1.0。

地震设计状况时荷载和作用分项系数　　　　表 A.1.1

参与组合的荷载和作用	γ_G	γ_{Eh}	γ_{Ev}	说明
重力荷载及水平地震作用	1.2	1.3	—	—
重力荷载及竖向地震作用	1.2	—	1.3	8 度、9 度抗震设计时考虑
重力荷载、水平地震及竖向地震作用	1.2	1.3	0.5	8 度、9 度抗震设计时考虑

4 门式刚架轻型房屋带夹层时，夹层的纵向抗震设计可单独进行，对内侧柱列的纵向地震作用应乘以增大系数 1.2。

5 板件屈曲后强度利用应符合《门式刚架轻型房屋钢结构技术规程》CECS102：2002 规定。

6 刚架构件的强度计算和加劲肋设置、稳定、变形值应符合《门式刚架轻型房屋钢结构技术规程》CECS102：2002 规定。

7 隅撑应按轴心受压构件设计，其轴力设计值 N 按照《门式刚架轻型房屋钢结构技术规程》CECS102：2002 规定计算。

8 墙梁、檩条的强度、稳定验算按照《门式刚架轻型房屋钢结构技术规程》CECS102：2002 的规定。

9 工字形截面构件的翼缘板是三边自由一边支承的板件，不利用其屈曲后的强度，按翼缘板件达到强度极限承载力时不失去局部稳定的条件控制宽厚比，故工字型截面构件受压翼缘板自由外伸宽度 b 与其厚度之比 t 小于等于 $15\sqrt{235/f_y}$。

10 工字形截面构件是四边支承板件，可利用其屈曲后的强度，腹板的宽厚比按现行

《冷弯薄壁型钢技术规范》GB50018 确定。工字型截面构件腹板的计算高度 h_w 与其厚度 t_w 之比小于等于 $250\sqrt{235/f_y}$。

11 当地震作用组合的效应控制结构设计时，工字形截面构件受压翼缘板自由外伸宽度 b 与其厚度 t 之比，不应大于 $13\sqrt{235/f_y}$；工字形截面梁柱构件腹板的计算高度 h_w 与其厚度 t_w 之比不应大于 160。

A.2 连接设计

1 连接节点处的三角形短加劲板长边与短边之比宜大于 1.5，不满足时可增加板厚。

2 端板螺栓宜成对布置。螺栓中心至翼缘板表面的距离，应满足拧紧螺栓时的施工要求，不宜小于 45mm。螺栓端距不应小于 2 倍螺栓孔径；螺栓中距不应小于 3 倍螺栓孔径。当端板上两对螺栓间最大距离大于 400mm 时，应在端板中间增设一对螺栓。

3 当端板连接只承受轴向力和弯矩作用或剪力小于其抗滑移承载力时，端板表面可不做摩擦处理。

4 屋面梁与摇摆柱连接节点应设计成铰接节点，采用端板横放的顶接连接方式。

5 当被连接板件的最小厚度大于 4mm 时，其对接焊缝、角焊缝和部分熔透对接焊缝的强度，应分别按现行《钢结构设计规范》GB 50017 的规定计算。当最小厚度不大于 4mm 时，正面角焊缝的强度增大系数取 β_f 取 1.0。焊接质量等级的要求按《钢结构工程施工质量验收规范》的规定执行。

6 当 T 形连接的腹板厚度不大于 8mm 时，并符合下列规定时，可采用自动或半自动埋弧焊接单面角焊缝：

1）单面角焊缝适用于仅承受剪力的焊缝，单面角焊缝仅可用于承受静力荷载或间接承受动力荷载的、非露天和不接触强腐蚀介质的结构构件；

2）焊脚尺寸、焊喉及最小根部熔深应符合表 A.2-1 要求；经工艺评定合格的焊接参数、方法不得变更；

3）柱与底板的连接，梁端板的连接，吊车梁及支承局部吊挂荷载的吊架等，除非设计专门归档，不得采用单面角焊缝；

4）有地震作用控制结构设计的门式刚架轻型房屋钢结构构件不得采用单面角焊缝连接。

7 牛腿上、下翼缘与柱翼缘的焊接应采用坡口全熔透对接焊缝，焊缝等级为二级，牛腿腹板与柱翼缘板间的焊接应采用双面角焊缝，焊脚尺寸不小于牛腿腹板的 0.7 倍。

单面角焊缝参数　　　　　　　　　　　　　　　　　　　　　　表 A.2-1

腹板厚度 t_w	最小焊脚尺寸 k	有效厚度 H	最小根部熔深 J（焊丝直径 1.2～2.0）
3	3.0	2.1	1.0
4	4.0	2.8	1.2
5	5.0	3.5	1.4
6	5.5	3.9	1.6

续表

腹板厚度 t_w	最小焊脚尺寸 k	有效厚度 H	最小根部熔深 J（焊丝直径 1.2～2.0）
7	6.0	4.2	1.8
9	6.5	4.6	2.0

8　柱子在牛腿上、下翼缘 600mm 范围内，腹板与翼缘的连接焊缝采用双面角焊缝。

9　端板连接节点设计包括连接螺栓设计、端板厚度确定、节点域剪应力验算、端板螺栓处构件腹板强度、端板连接刚度验算应符合《门式刚架轻型房屋钢结构技术规范》GB 51022 的规定。

10　柱在牛腿上、下翼缘的相应位置处应设置横向加劲肋；在牛腿上翼缘连接应采用围焊；在吊车梁支座对应的牛腿腹板处应设置横向加劲肋。牛腿与柱连接处承受剪力 V 和弯矩 M 的作用，其截面强度和连接焊缝应按现行《钢结构设计规范》GB 50017 规定进行计算。

11　柱脚锚栓应采用 Q235 钢或 Q345 钢支座，锚栓的端部应设置弯钩或锚件，且应符合《混凝土结构设计规范》GB 50010 的有关规定。锚栓的最小锚固长度 l_a（投影长度）符合表 A.2-2 的规定，且不应小于 200mm。锚栓直径 d 不宜小于 24mm，且应用双螺母。

锚栓的最小锚固长度　　　　　　表 A.2-2

锚栓钢材	混凝土强度等级					
	C25	C30	C35	C40	C45	≥C50
Q235	20d	18d	16d	15d	14d	14d
Q345	25d	23d	21d	19d	18d	17d

12　吊车梁承受动力荷载，其构造和连接节点应符合：

1）焊接吊车梁的翼缘板与腹板的拼接焊缝宜采用加引弧板的熔透对接焊缝，引弧板割去处应予打磨平整。焊接吊车梁的翼缘板和腹板的连接焊缝严禁采用单面角焊缝；

2）在焊接吊车梁或吊车桁架中，焊透的 T 形接头宜采用对接与角接组合焊缝；

焊接吊车梁的横向加劲肋不得与受拉翼缘相焊，但可与受压翼缘焊接。横向加劲肋宜在距受拉下翼缘 50～100mm 处断开，其与腹板的连接焊缝不宜在肋下端起落弧。当吊车梁受拉翼缘与支撑相连时，不宜采用焊接；

3）吊车梁与制动梁的连接，可采用高强度螺栓摩擦型连接或焊接，吊车梁与刚架上柱的连接处宜设长圆孔。吊车梁与牛腿处垫板宜采用焊接连接，吊车梁之间应采用高强度螺栓连接。

13　在设有夹层的结构中，夹层梁与柱可采用刚接，也可采用铰接。当采用刚接时，夹层梁翼缘与柱翼缘应采用全熔透焊接，腹板采用高强度螺栓与柱连接。柱与夹层梁上、下翼缘对应处应设置水平加劲肋。

14　轴柱处托架或托梁宜与柱采用铰接连接。当托架或托梁挠度较大时，也可采用刚接连接，但柱应考虑有此引起的弯矩影响。屋面梁搁置在托架或托梁上宜采用铰接连接，当采用刚接，则托梁应选择抗扭性能较好的截面。托架或托梁连接尚应考虑屋面梁产生的水平推力。

附录 B 空间网格结构

B.1 构件设计

1 网格结构的内力和位移可按弹性理论计算，网壳的整体稳定性计算应考虑结构的非线性影响。分析网格结构和双层网壳结构时，可假定节点为铰接，杆件只承受轴向力；分析单层网壳时应假定节点为刚接，杆件承受轴力、弯矩、剪力、扭矩等。

2 分析空间网格结构时，应根据结构形式、支座节点的位置、数量和构造情况以及支承结构的刚度，确定合理的约束条件。对于网架、双层网壳和立体桁架，支承节点的边界约束条件应按实际构造假定为两向或一向可侧移、无侧移的铰接支座或弹性支座；对于单层网壳，可采用不动铰支座、刚接支座或弹性支座。

3 空间网格结构根据结构类型、平面形状、荷载形式、节点构造、边界约束条件及不同设计阶段等可采用有限元法或基于连续化假定的方法进行计算：

1）网架、双层网壳和立体桁架宜采用空间杆系有限元法进行计算；

2）单层网壳应采用空间梁系有限元法进行计算；

3）在结构方案选择和初步设计时，网架、网壳结构也可分别采用拟夹层板法、拟壳法进行计算。

4 计算风荷载时，对于单个球面网壳和圆柱面网壳的风荷载体型系数，可按现行《建筑结构荷载规范》GB 50011—2010 确定，但对于多个连接的球面壳和圆柱面网壳以及复杂形体或跨度较大的空间网格结构，应通过风洞试验或专门研究确定其风荷载体型系数。

5 对于自振周期大于 0.25s 的空间网格结构，宜进行风振计算。

6 对用作屋盖的网架结构，其抗震验算应符合下列规定：

1）在抗震设防烈度 8 度的地区，对于周边支承的中小跨度网架结构应进行竖向抗震验算，其他网架结构均应进行竖向和水平向抗震验算；

2）在抗震设防烈度 9 度的地区，对各种网架应进行竖向和水平向抗震验算。

7 对于网壳结构，其抗震验算应符合下列规定：

1）在抗震设防烈度 7 度的地区，网壳矢跨比大于等于 1/5 时，应进行水平抗震验算，否则应进行竖向和水平向抗震验算；

2）在抗震设防烈度 8 度或 9 度的地区，对各种网壳结构应进行竖向和水平向抗震验算。

8 单层网壳以及厚度小于跨度 1/50 的双层网壳均应进行稳定性计算。

9 网壳的稳定性可按考虑几何非线性的有限元法（即荷载-位移全过程分析）进行计算，分析中假定材料为弹性，也可考虑材料的弹塑性。对于大型和复杂的网壳结构宜采用考虑材料弹塑性的全过程分析方法。

146

10　网架结构杆件的最大长细比应符合《空间网格结构技术规程》JGJ 7 的规定。

11　杆件截面的最小尺寸应根据结构的跨度与网格大小按计算确定，普通型钢不宜小于∟50×3，钢管不宜小于 $\Phi60×3.5$。

12　空间网格结构杆件分布应保证刚度的连续性，受力方向相邻的弦杆其杆件截面面积之比不宜超过 1.8 倍，多点支撑的网架结构其反弯点处的上、下弦杆宜按构造加大截面。

13　空间网格结构在恒荷载与活荷载标准值作用下的最大挠度应符合《空间网格结构技术规程》JGJ 7 的规定。

14　网架结构杆件及双层网壳结构杆件截面承载力应满足《钢结构设计规范》GB 50017 的轴心受拉、受压构件强度和稳定性的要求。

15　单层网壳结构杆件应满足《钢结构设计规范》GB 50017—2017 的为压弯构件抗弯强度、稳定性或拉弯构件抗弯强度的要求。

16　网架结构杆件的长细比应满足《空间网格结构技术规程》JGJ 7—2010 的规定。

17　网壳结构杆件的稳定性应满足《空间网格结构技术规程》JGJ 7—2010 的规定。

18　对于按弹性全过程分析求得的极限承载力，安全系数系数 K 可取 2.0，当按全弹性过程分析且单层球面网壳、柱面网壳和椭圆抛物面网壳时，安全系数系数 K 可取 4.2。

19　单层球面网壳跨度小于 50m、单层柱面网壳拱向跨度小于 25m、单层椭圆抛物面网壳跨度小于 30m 时，或进行网壳初步稳定性计算时，其稳定允许承载力可按现行《空间网格结构技术规程》JGJ 7 附录 E 计算。

B.2　连接设计

1　空心球的钢材采用应符合《空间网格结构技术规程》JGJ 7—2010 第 5.2.1 条的规定。

2　用于制造螺栓球节点的钢球、高强度螺栓、套筒、紧固螺钉、封板、锥头的材料应符合《空间网格结构技术规程》JGJ 7—2010 第 5.3.2 条的规定。

3　嵌入式毂节点可用于跨度不大于 60m 的单层球面网壳及跨度不大于 30m 的单层圆柱面网壳，并应符合《单层网壳嵌入式毂节点》JG/T136 的规定。

4　空间网格结构中杆件汇交密集、受力复杂且可靠性要求高的关键部位节点可采用铸钢节点。铸钢节点的设计和制作应符合国家现行有关标准的规定。

5　焊接结构及非焊接结构的铸钢节点的材料应符合《空间网格结构技术规程》JGJ 7—2010 第 5.5.2 条～第 5.5.3 条的规定

6　销轴式节点适用于约束线位移、放松角位移的转动铰节点。

7　空间网格结构的支座节点应根据其主要受力特点，分别选用压力支座节点、拉力支座节点、可滑移与转动的弹性支座节点以及兼受轴力、弯矩与剪力的刚性支座节点。

8　焊接空心球的设计及钢管杆件与空心球的连接应符合下列构造规定：

1）架和双层网壳空心球的外径与壁厚之比宜取 25～45；单层网壳空心球的外径与壁厚之比宜取 20～35；空心球外径与主钢管外径之比宜取 2.4～3.0；空心球壁厚与主钢管的壁厚之比宜取 1.5～2.0；空心球壁厚不宜小于 4mm。

2）不加肋空心球和加肋空心球的成型对接焊接，应分别满足图 B.2-1 和图 B.2-2 的要求。加肋空心球的肋板可用平台或凸台，采用凸台时，其高度不得大于 1mm。

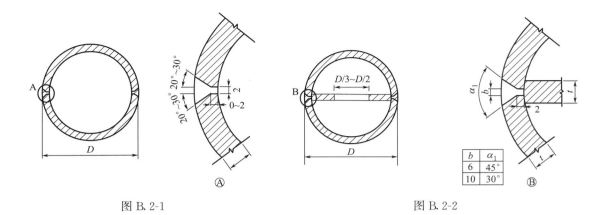

图 B.2-1   图 B.2-2

3）钢管杆件与空心球连接，钢管应开坡口，在钢管与空心球之间应留有一定缝隙并予以焊透，以实现焊缝与钢管等强，否则应按角焊缝计算。钢管端头可加套管与空心球焊接（图 B.2-3）。套管壁厚不应小于 3mm，长度可为 30～50mm。

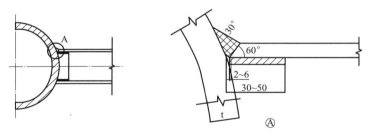

图 B.2.2-3

4）角焊缝的焊脚尺寸 h_f 应符合下列规定：

① 当钢管壁厚 $t_c \leqslant 4mm$ 时，$1.5t_c \geqslant h_f > t_c$；

② 当 $t_c > 4mm$ 时，$1.2t_c \geqslant h_f > t_c$

9 杆件端部应采用锥头（图 B.2.2-4a）或封板连接（图 B.2.2-4b），其连接焊缝的承载力应不低于连接钢管，焊缝底部宽度 b 可根据连接钢管壁厚取 2～5mm。锥头任何截面的承载力应不低于连接钢管，封板厚度应按实际受力大小计算确定，封板及锥头底板厚度不应小于表 B.2-1 中数值。锥头底板外径宜较套筒外接圆直径大 1～2mm，锥头底板内平台直径宜比螺栓头直径大 2mm。锥头倾角应小于 40°。

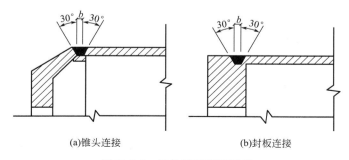

(a)锥头连接   (b)封板连接

图 B.2-4　杆件端部连接焊缝

封板及锥头底板厚度　　　　　　　　　　　　　　表 B. 2-1

高强度螺栓规格	封板/锥头底厚(mm)	高强度螺栓规格	锥头底厚(mm)
M12、M14	12	M36～M42	30
M16	14	M45～M52	35
M20～M24	16	M56X4～M60X4	40
M27～M33	20	M64X4	45

10　焊接空心球节点的空心球受压和受拉承载力计算方法按照《空间网格结构技术规程》JGJ 7—2010 第 5.2.2 条，空心球受压弯或拉弯承载力计算方法按照《空间网格结构技术规程》JGJ 7—2010 第 5.2.3 条。

11　螺栓球节点中的高强度螺栓的规格、选用要求及其抗拉承载力计算方法应按照《空间网格结构技术规程》JGJ 7—2010 第 5.3.4 条。

12　嵌入式毂节点嵌入件几何尺寸的设计计算方法应按照《空间网格结构技术规程》JGJ 7 第 5.4.4 条，毂体各嵌入槽轴线间夹角及毂体其他主要尺寸的计算方法按照《空间网格结构技术规程》JGJ 7—2010 第 5.4.6 条。

13　铸钢节点设计时应采用有限元法进行实际荷载工况下的计算分析，其极限承载力可根据弹塑性有限元分析确定。当铸钢节点承受多种荷载工况且不能明显判断其控制工况时，应分别进行计算以确定其最小极限承载力。极限承载力数值不宜小于最大内力设计值的 3.0 倍。

14　网架和双层网壳空心球的外径与壁厚之比宜取 25～45；单层网壳空心球的外径与壁厚之比宜取 20～35；空心球外径与主钢管外径之比宜取 2.4～3.0；空心球壁厚与主钢管的壁厚之比宜取 1.5～2.0；空心球壁厚不宜小于 4mm。

15　当空心球直径过大、且连接杆件又较多时，为了减少空心球节点直径，允许部分腹杆与腹杆或腹杆与弦杆相汇交，其构造要求应满足《空间网格结构技术规程》JGJ 7 第 5.2.7 条

16　螺栓球节点中杆件端部应采用的形式并给出了对杆件端部形式、尺寸及构造要求应满足《空间网格结构技术规程》JGJ 7—2010 第 5.3.7 条。

17　销轴式节点的销板孔径宜比销轴的直径大 1～2mm，各销板之间宜预留 1～5mm 间隙。

18　组合结构节点上弦节点构造、钢筋混凝土带腹板与腹杆连接的节点构造、组合网架与组合网壳结构节点构造应满足《空间网格结构技术规程》JGJ 7—2010 第 5.7.1 条～第 5.7.3 条。

19　支座节点的竖向支承板的厚度、支座节点底板厚度及锚孔径以及支座节点锚栓的直径与数量的构造要求应满足《空间网格结构技术规程》JGJ 7—2010 第 5.9.9 条的要求。

附录 C 模块化钢结构

C.1 一般规定

1 模块化建筑结构设计的基本原则应符合现行国家标准《工程结构可靠性设计统一标准》GB 50153 的规定。结构设计使用年限为 50 年或 25 年时，其相应的结构重要性系数分别不应小于 1.0 或 0.95。

2 荷载计算应符合现行国家标准《建筑结构荷载规范》GB 50009—2012 的规定。当设计使用年限为 25 年时，其风荷载和雪荷载标准值可按 50 年重现期的取值乘以 0.9 计算。

3 结构的计算与构造应符合现行国家标准《钢结构设计规范》GB 50017—2017、《冷弯薄壁型钢结构技术规范》GB 50018—2002 和《建筑抗震设计规范》GB 50011—2010 的规定。

4 应保证结构的规则性，抗侧力构件的平面布置宜规则对称，侧向刚度沿竖向宜均匀变化。按抗震设计的不规则多层集装箱房屋结构应采取必要的加强措施。

5 应选用合理的结构体系，保证在使用、运输和安装过程中的强度与刚度；结构连接和节点构造应便于安装。

6 设计文件应明确提出防火和防腐蚀的技术要求与防护措施。

C.2 结构计算

1 集装箱组合房屋结构的布置和组合应形成稳定的结构体系。箱体叠置的低层房屋结构可组成叠箱结构体系，其层数不宜超过 3 层；箱体与框架组合的多层房屋结构可组成箱框结构体系，层数不宜超过 6 层，其框架可采用纯框架或中心支撑框架。

2 叠箱结构体系的计算应符合下列规定：

1）不超过 3 层的叠置箱体房屋，当箱体无开孔、无悬挑且箱间连接可靠时，可不进行叠箱结构整体承载力与变形的验算。

2）叠箱结构在竖向荷载作用下可以箱体结构角柱的作用力进行角件间连接的计算，此作用力应计入箱体结构因倾覆作用而产生的角柱附加轴向压力或拉力。

3）进行叠箱结构体系抗震计算时，可按底部剪力法计算层间剪力，并以此剪力验算箱体的连接和层间位移。

3 多层箱框结构体系：应按箱体和框架整体结构进行内力计算，箱体结构和框架结构所承受的地震作用层间剪力应按各自的抗侧力刚度进行分配。当为叠箱与底框架组合结构体系时，底框架的地震作用效应乘以增大系数 1.2。

4 多层箱框结构层间最大水平位移与层高之比，在风荷载作用下不宜超过 1/400；在多遇地震作用下不应超过 1/300。

C.3　连接设计

1　集装箱组合房屋结构的连接节点应合理构造，传力可靠并方便施工；节点与连接的计算和构造应符合现行国家标准《钢结构设计规范》GB 50017 及《建筑抗震设计规范》GB 50011 的规定。

2　箱体之间的连接宜采用角件相互连接的构造，其节点连接应保证有可靠的抗剪、抗压与抗拔承载力；框架与箱体间的水平连接宜用连接件与箱体角件连接的构造，其节点连接应为仅考虑水平力传递的构造。

3　重要构件或节点连接的熔透焊缝不应低于二级质量等级要求；角焊缝质量应符合外观检查二级焊缝的要求。

4　箱体的现场连接构造应有施拧施焊的作业空间与便于调整的安装定位措施。

C.4　地基基础设计

1　集装箱组合房屋的地基基础设计应符合现行国家标准《建筑地基基础设计规范》GB 50007 的规定。

2　集装箱组合房屋宜采用天然地基，当低层房屋结构的地基土承载力小于 60kPa 或多层房屋结构的地基土承载力小于 100kPa 时，以及地基土为软土等不良地基时，应进行地基处理。

3　基础形式宜采用扩展基础，其埋深不应小于冰冻线深度或 0.5m，底面应有素混凝土垫层。

4　单层集装箱组合房屋的地基土满足承载力要求且无地表水滞留时，可将集装箱底地基土夯实、找平后，以素混凝土基墩支承箱体。多箱叠置荷载较大时，箱底四角可以角件底座与基础连接。

5　箱底基础或基墩均应高出地面，以满足架空地板的构造要求，同时，箱底以下沿箱体周边应以砌体封堵。

装配式建筑案例及策划专辑

目　　录

广州万科府前一号 PC 预制装配式混凝土结构技术设计在工程中的综合应用

1 前言

随着建筑事业的发展，国内一些建筑物已陆续采用国际先进的建筑科学技术，PC预制装配式混凝土结构在建筑行业的应用，比较符合当今建筑行业发展要求，已走在了建筑行业的前端。

PC是英语词组 Prefabricated Concrete Structure 的缩写，意为"预制装配式混凝土结构"的简称，其工艺是以预制混凝土构件为主要构件，经装配、连接，结合部分现浇而形成的混凝土结构。PC构件是以工厂化制作而形成的成品混凝土构件。具备绿色环保节能、构件工厂预制和制作精度控制水平高、劳动生产率高以及成本低的提高住宅整体质量特点，在日本及中国香港地区被广泛使用，并成为两地产业化住宅市场的主流，但国内由于技术原因一直处于开发、研究阶段。

2 项目概况

广州万科·府前一号项目位于广州市南沙区行政中心南侧，建筑面积 103280 m²，其中 3 栋 30 层、5 栋 28 层高层住宅，E1-E5、F1-F3 等八栋高层住宅剪力墙外墙板、楼梯和阳台节点采用了 PC 预制装配式混凝土结构，考虑构件的热塑性和吊装等原因，PC 结构一般设计厚度在窗户 150mm，山墙 75mm，重量控制在 4.28t 之内，PC 结构装配前由工厂化生产完成。参建单位介绍：

施工单位：上海建工五建集团有限公司

监理单位：广州市宏达工程顾问有限公司

设计单位：广东省建筑设计研究院

建设单位：广州临海房地产有限公司

图1　外墙PC构件图　　　　　　　　图2　PC构件吊装过程图

图 3　户型图

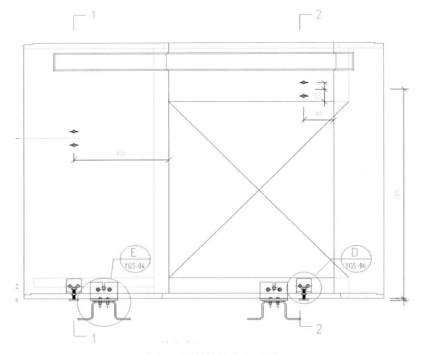

图 4　预制外墙背立面图

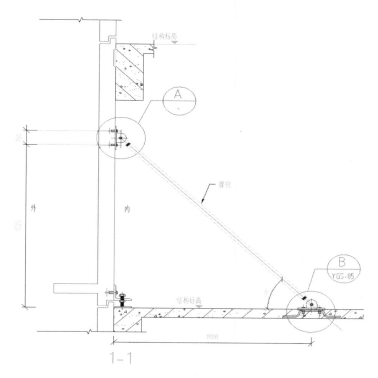

图 5 1-1 剖面图

3 建筑工业化技术主要应用情况

3.1 具体措施

3.1.1 预制装配式方法，外墙墙板采用 PCF 构件加钢筋混凝土剪力墙结构，楼面板和梁为现浇钢筋混凝土；

3.1.2 配式构件的产业化。外墙、阳台、楼梯等预制构件全部采用在工厂流水加工制作，制作的产品直接用于现场装配。

主要构件参数（图 6）

产品型号	栋号	楼层(层)	数量(件)	重量(T)
PC1L	E5	3F~30/F	214	1.97
	F2, F3	3F~28/F		
	E1, E2, E3	3F~28/F		
	E4, F1	3F~30/F		
PC1L′	E5	3F~30/F	214	1.97
	F2, F3	3F~28/F		
	E1, E2, E3	3F~28/F		
	E4, F1	3F~30/F		
PC1R	E6	3F~30/F	214	1.97
	F2, F3	3F~28/F		
	E1, E2, E3	3F~28/F		
	E4, F1	3F~30/F		
PC1R′	E6	3F~30/F	214	1.97
	F2, F3	3F~28/F		
	E1, E2, E3	3F~28/F		

图 6

3.2 主要指标计算结果

类型	①预制构件体积 （m³）	②预制与现浇的总体积 （m³）	预制率 ①②×100％	装配率＝ 两倍预制率
外墙、预制 楼梯、阳台	4340	31000	14％	28％

4 设计特点

府前一号项目位于广州市南沙区行政中心南侧，建筑面积103280m²，其中3栋30层、5栋28层高层住宅，E1-E5、F1-F3等八栋高层住宅剪力墙外墙板、楼梯和阳台节点采用了PC预制装配式混凝土结构。外墙21种（考虑不对称），阳台5种，楼梯1种，合计27种构件。模具共需33套，模具最高周转222次（楼梯提前生产解决），模具最低周转88次，模具平均周转161次，基本保证满负荷运转。

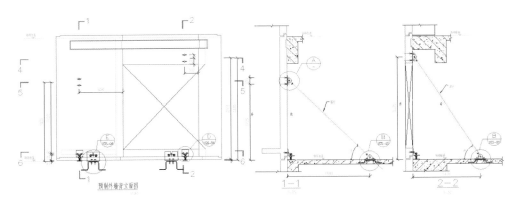

图7 飘窗台立面图

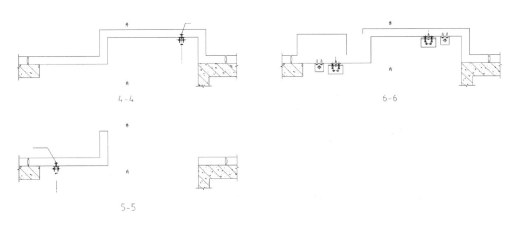

图8 飘窗台剖面图

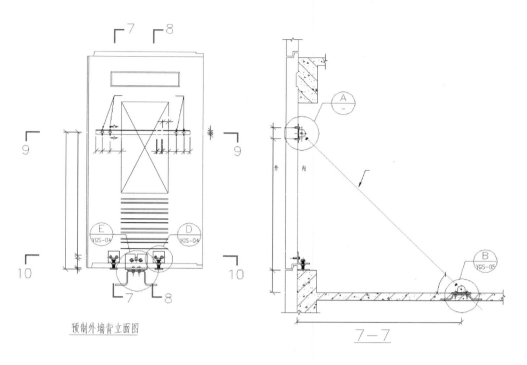

预制外墙背立面图

图 9　卫生间立面图

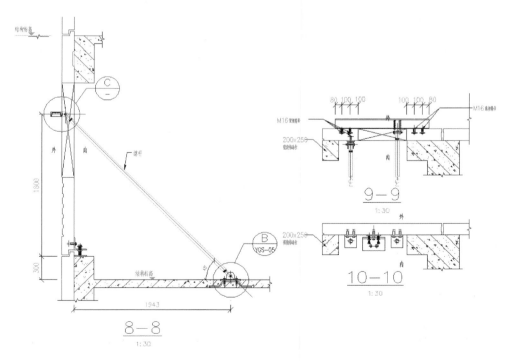

图 10　卫生间剖面图

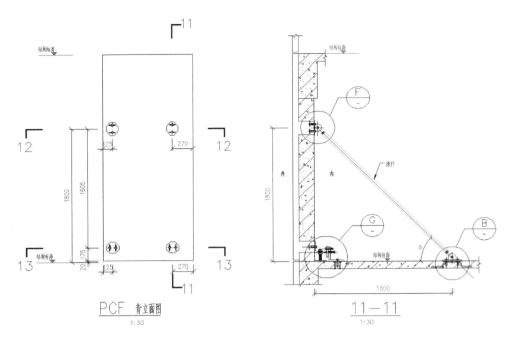

图 11　山墙立面图

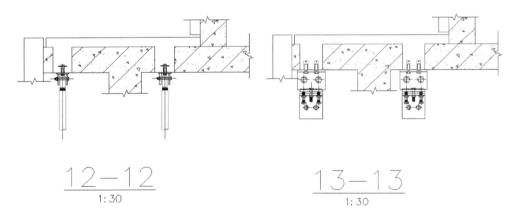

图 12　山墙剖面图

5　施工特点

5.1　施工情况

5.1.1　施工重点、难点

　　1　PC生产周期较长，需要提前根据楼栋的节点图纸下料配模板，准确性、精确性要求高；

　　2　PC结构在运输过程中容易受损、运输量小；

3 严控 PC 结构在吊装过程中安全和质量；

4 严控 PC 结构在拼装过程垂直度和水平度；

5 PC 预埋件尺寸精确度高；

6 PC 结构拼缝处容易渗漏。

5.1.2 主要特点

1 现场结构施工采用预制装配式方法，外墙墙板采用 PCF 构件加钢筋混凝土剪力墙结构。楼面板和部分梁为现浇钢筋混凝土；

2 预制装配式构件的产业化。外墙、阳台、楼梯等预制构件全部采用在工厂流水加工制作，制作的产品直接用于现场装配；

3 产业化程度高，资源节约与绿色环保；构件工厂预制和制作精度控制；构件的深化加工设计图与现场的可操作性的相符性；施工垂直吊运机械选用与构件的尺寸组合；装配构件的临时固定连接方法；校正方法及应用工具；装配误差控制；预制构件连接控制与节点防水措施；施工工序控制与施工技术流程；专业多工种施工劳动力组织与熟练人员培训。

5.2 工艺流程（图 13）

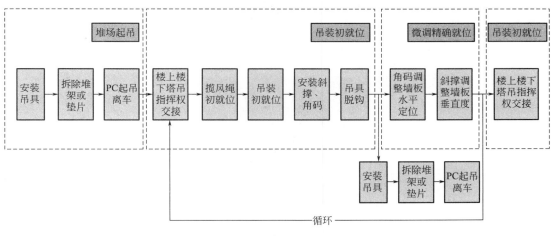

图 13

5.2.1 流程图

1 PC 构件堆场起吊流程

步骤一	安装吊具吊灯		人员配置： 1 个指挥，2 个安装人员 注意事项： 吊具安装正确； 工人高空作业安全保证

步骤二	安装安全吊带、缆风绳		安全吊带应跨过 PC 洞口安装缆风绳应安装在吊梁上,绳下端应低于吊装时构件底部 2m 左右
步骤三	拆除堆放架(堆场起吊)		不得损坏构件
步骤四	拆除固定架(车上起吊)		不得损坏构件 构件起吊中和后,车辆应保持平衡
步骤五	起吊		1. 安装人员检查完毕后准备起吊,无关人员撤退到安全距离; 2. 起吊链条与构件水平面夹角应尽量保持垂直 90°或不应小于 60°。 3. 两条链条长度应保持一致

2 PC 吊装就位流程

步骤一	指挥交接		楼上与堆场的塔吊指挥员交接指挥权
步骤二	揽风绳初就位		构件到达施工范围内,四个工人通过缆风绳初步调整 PC 至吊装位置上方 1.5m 处
步骤三	吊装初就位		吊装工—指挥员—吊装组长 1.吊装组长指挥塔吊、工人; 2.前后左右 4 个工人手扶 PC 构件(人靠边) 3.塔吊缓慢将构件移至安装位置上方 20cm 处; 4.塔吊点放形式,轻轻将 PC 构件放置就位;
步骤四	安装斜撑、角码		PC 放置就位后: 2 个人安装斜撑、2 个人安装调节角码; 注意:吊具不得脱开构件,且塔吊应保持受力状态
步骤五	吊具脱钩		斜撑、角码安装完成且可靠受力后,吊装即算完成,拆除吊具,起吊,准备下一个构件的吊装施工

3 PC 构件微调精确就位流程

PC 构件微调精确就位宜安排在上块吊装施工完成，下块构件未到楼层上这段时间内完成，以提升施工效率。调整原则如下：

1）外墙板应以整体效果及误差的相互容错进行精度调整；

2）PC 外墙板中线及版面垂直度的偏差，应以中线为主进行调整；

3）PC 外墙板不方正时，应以竖缝为主进行调整；

4）PC 外墙板接缝不平时，应以满足外墙面平整为主，内墙面不平或翘曲时，在内装饰层调整；

5）PC 外墙板山墙大角与相邻板的偏差，以保证大角垂直为准；

6）两块 PC 外墙板拼缝不平整，应以楼地面平整线为准进行调整。

步骤一	标高调整		通过水平仪测定 PC 标高：通过拧动标高调节螺栓调节 PC 标高 注意：微调允许值 5mm；如偏差过大，需拆除斜撑、角码并用塔吊重新初就位
步骤二	水平调整		参照地面水平辅线控制线、通过调节进出 L 角码内螺栓调节 PC 进出位置； 注意：微调允许值 5mm；如偏差过大，需拆除斜撑、角码并用塔吊重新初就位
步骤三	垂直度调整		通过靠尺或铅垂测定构件垂直度，通过扭动斜撑调节构件垂直度

4 PC 吊装后续工作流程（图 14）

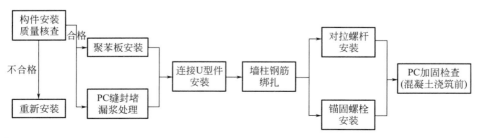

图 14

步骤一	构件质量检查	具体标准详见支持性附件表格	
步骤二	聚苯板安装		安装挤塑板,安装水平连接件 注意:挤塑板安装不得缺漏
步骤三	PE 棒和水泥 砂浆封堵 PC 缝		PE 帮在砂浆封堵前填入缝内 砂浆封堵应用 1：3 水泥砂浆 封堵
步骤四	U 型连接件安装		
步骤五	对拉螺杆、锚固螺杆安装		安装紧固,螺栓拧不动为止 注意:不得缺漏
步骤六	混凝土浇筑前 PC 加固检查		检测斜拉杆、对拉螺杆、加固 措施是否松动可靠

5 施工全景

图 15 水平度测量

图 16 PC 起吊

图 17　PC 板起吊下放，斜撑调整

图 18　安装完毕后下钩

图 19　精度调整

5.2.2　构件生产主要要点（图 20、图 21）

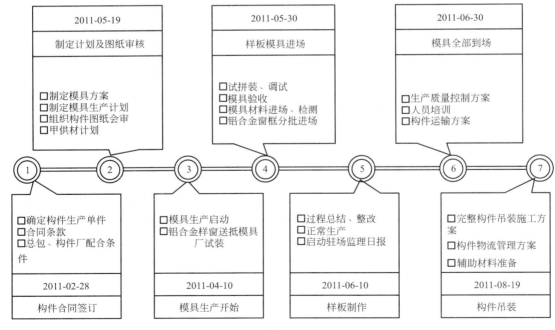

2011-05-19	2011-05-30	2011-06-30
制定计划及图纸审核	样板模具进场	模具全部到场
□制定模具方案 □制定模具生产计划 □组织构件图纸会审 □甲供材计划	□试拼装、调试 □模具验收 □模具材料进场、检测 □铝合金窗框分批进场	□生产质量控制方案 □人员培训 □构件运输方案

① ② ③ ④ ⑤ ⑥ ⑦

□确定构件生产单件 □合同条款 □总包、构件厂配合条件	□模具生产启动 □铝合金样窗送抵模具厂试装	□过程总结、整改 □正常生产 □启动驻场监理日报	□完整构件吊装施工方案 □构件物流管理方案 □辅助材料准备
2011-02-28	2011-04-10	2011-06-10	2011-08-19
构件合同签订	模具生产开始	样板制作	构件吊装

图 20

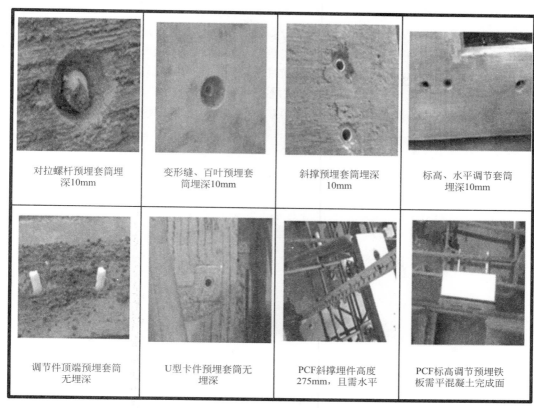

图 21

5.2.3 机械设备及人员安排

分工	名单			
吊具安装	明翔		赵莹	
PC 扶正就位	龙锦	张福和	张文全	熊赵玲
上螺栓	龙锦	张福和		
安装斜拉杆			张文全	熊赵玲
调节标高	宗鑫磊			
PE 棒、锚固螺栓	戴富大			
吊装总指挥	宗兆河			
PC 总指挥	龚永兴			
塔吊	型号：ST7030			
拖车	型号：TS20			

6 项目小结

传统施工方式难以保证施工品质。现场作业多，人工成本高，效率低下，周期长，污染严重等问题，发达国家逐步走向预制装配式的生产方式，将内外墙、楼板、梁、楼梯、厨房、卫生间等构件和模块，以及某些剪力墙、柱等竖向承重构件转向工厂化加工，然后在现场装配，通过预留的锚固钢筋与现场浇筑的承重构件，最终形成住宅产品，即 PC 预制装配式混凝土结构。广州万科府前一号项目中采用了该新工艺，通过工程应用实践和不断的总结完善，形成完整的 PC 预制装配式混凝土结构技术。

同时在施工过程中总结以下经验，应当在其他装配式项目中注意：

1. 滴水线易崩角，应当设计为鹰嘴形式；

2. 凸窗生产及吊装施工安装困难，构件重心点及吊点中心应重合；

3. PC 板大小不一，装车运输需排版防止侧翻，车上起吊顺序难以排班。应与构件厂、运输公司联系优化装车顺序，可以实现车上起吊，起吊时需按特殊顺序调整；

4. PCF 格构钢筋加工困难，若烧焊容易变形，保护层厚度无法满足，应采用商品格构筋。

广州容柏生建筑结构设计事务所
装配式建筑案例介绍

1. 长沙远大小天城（J57）项目

建设单位：天空城市投资有限公司

设计单位：广州容柏生建筑结构设计事务所

小天城（J57）项目位于湖南省长沙市长沙县星沙镇远大城，北临远大三路，在长沙火车站与黄花机场之间。本项目为一栋超高层综合楼，总建筑面积 17.97 万 m^2，地上主楼 57 层，建筑高度 205.35m，建筑面积 16.96 万 m^2，主要功能为公寓、办公和酒店，建筑效果见图 1。地下室两层，建筑面积 1.01 万 m^2，主要功能为停车库与设备房。

图 1　建筑效果图

　　主楼平面为十字形，采用束筒结构体系，结构平面布置见图 2～图 5。束筒结构在两个方向平面布置基本对称，包括中心筒的 3 个筒体和四周 8 个小筒体。主楼采用比较普遍的深梁密柱框架构成的束筒结构体系，各筒体壁相互连接，形成一个多格束筒，该结构是由一组筒体由共同的内筒壁相互连接形成的多格筒体，增加了筒体的"腹板"，从而大大减少在侧向荷载作用下的剪力滞后效应，各内立柱受力更均匀，受力性能比单个框筒结构更好。该结构体系的抗剪和抗扭转能力都非常强。

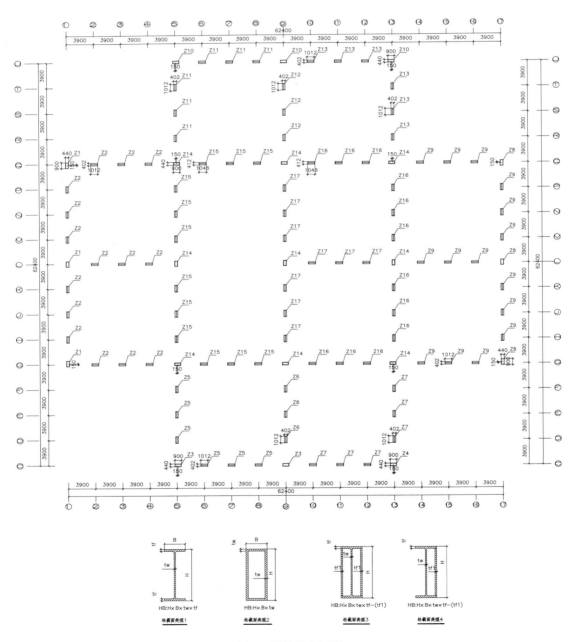

图 2　结构柱布置图

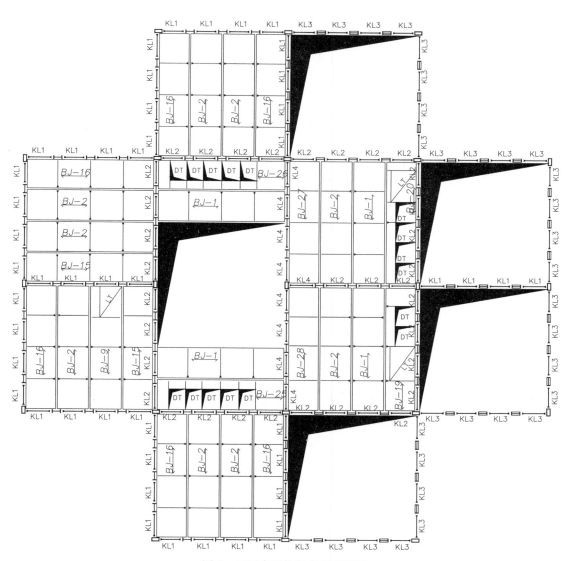

图 3　二层水平构件布置平面图

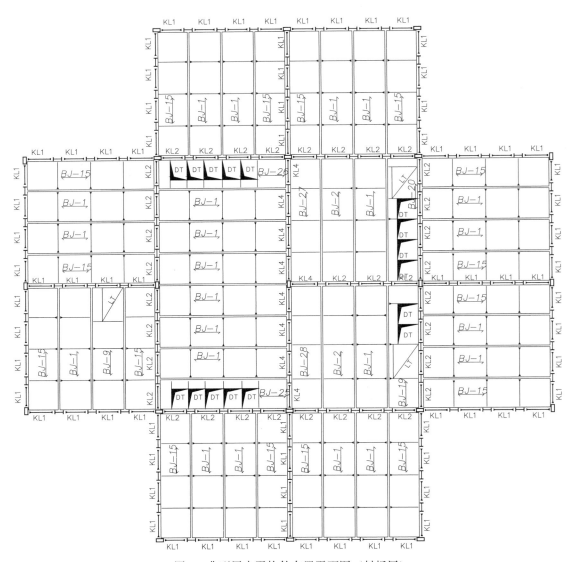

图 4　典型层水平构件布置平面图（封板层）

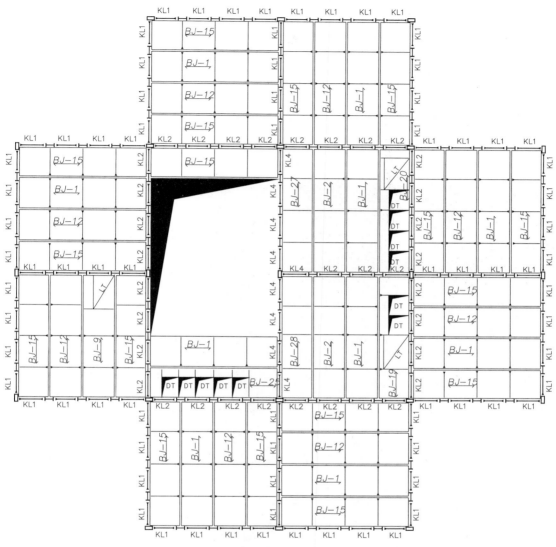

图 5　典型层水平构件布置平面图（开洞层）

2　银川阅海湾 CBD 天空之城项目

建设单位：宁夏蓝山投资置业有限公司
设计单位：广州容柏生建筑结构设计事务所
合作单位：厦门华旸建筑工程设计有限公司

天空之城项目地块位于银川市阅海湾中央商务区内。地块西邻亲水大街，北临沈阳路，东临经四路，南临环二路，环二路以南即是阅海湾 CBD 的环湾景观带和中阿之轴景观带，是城市的行政中轴线和旅游文化中轴线。本地块总用地面积 4.19 万 m²，总建筑面积约 32.9 万 m²。

175

    项目包括一栋92层的塔式主楼、一栋22层的板式附楼及附楼周围的三层裙房。地下室连成一体设计，主楼下部为三层地下室，其他部分为二层地下室。主塔楼的建筑效果见图1。塔楼主体高度为349.2m，共92层。建筑顶部设有伊斯兰风格的装饰性钢构塔架及塔针，塔针顶部标高为416.8m。本项目1F门厅层，2F会议层，51F、75F健身娱乐层，59F、74F大堂层，90～92F观光层层高5.4m，53F、73F设有变配电室的避难层层高为4.5m，其余楼层层高均为3.6m。350m的高度范围内布置了92层的建筑楼层，体现了远大可建装配式板架体系在竖向空间利用上的一大优势。

图1　建筑效果图

　　本项目采用钢结构"束筒"结构体系，结构平面在两个方向布置基本对称，包括1个中心筒和4个边筒体。主楼采用比较普遍的深梁密柱框架构成的筒体结构体系，各筒体壁相互嵌在一起，形成一个多格束筒。该结构体系具有较强的抗侧能力且同时具有较好的抗剪切和抗扭转能力。另外，束筒结构是一组筒体由共同的内筒壁相互连接形成的多格筒体，增加了筒体的"腹板"，从而大大减少在侧向荷载作用下的剪力滞后效应，各内立柱受力更均匀。

　　束筒沿高度的变化示意如图2所示，平面组成如图3所示。束筒的各个边筒在不同高度处截断，形成了一阶梯形的层次变化，满足建筑造型需求的同时，建筑物顶部的风荷载也大大减小，从而使结构的受力更加合理。中心筒体沿高度不变，一直延伸至屋面层。在50层及以下，抗侧体系为1个中心筒和4个边筒组成，51层~74层，配合建筑立面逐渐退台内收，每8层收一次边筒，结构抗侧体系由1个中心筒和4个边筒逐步过渡到仅由1个中心筒抗侧。

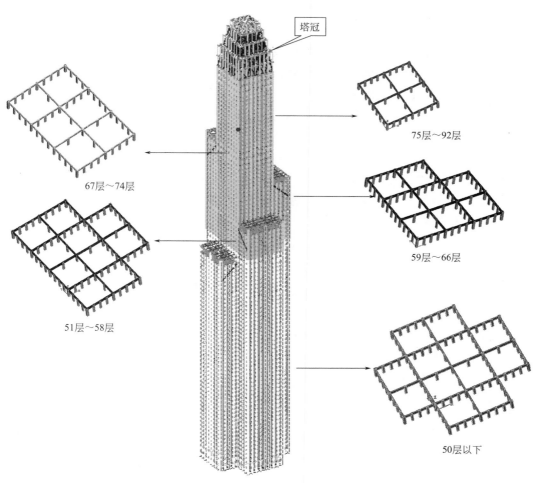

图2　束筒高度变化示意图

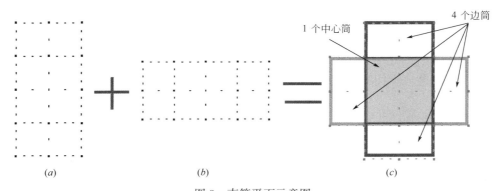

图 3　束筒平面示意图
（a）纵向筒体；（b）横向筒体；（c）束筒体系

3　珠海横琴总部大厦二期项目

建设单位：珠海横琴总部大厦发展有限公司

设计单位：广州容柏生建筑结构设计事务所

合作单位：广东省建筑设计研究院

珠海横琴总部大厦二期项目主要分为购物中心、商业街及两栋超高层办公楼三部分建筑单体，主要包含金融服务、商务办公、零售超市、宴会餐饮、娱乐会所等功能，总建筑面积达 489931.75m² 。T2 塔楼为 58 层高的办公楼，T3 塔楼为 62 层高的办公楼，屋顶标高分别为 265.4m、273.2m，幕墙顶标高分别为 273.5m、284.5m，T2 塔楼及 T3 塔楼标准层平面均为圆角正方形，顶部楼层东南及西北两个对角逐渐外扩，形成"龙头"造型，塔楼的一些概括如表 1 所示。

<table>
<tr><td colspan="2" align="right">塔楼工程概况表</td><td></td><td align="right">表 1</td></tr>
<tr><td colspan="2">塔楼</td><td>T2 塔楼</td><td>T3 塔楼</td></tr>
<tr><td rowspan="11">层高及
建筑功能</td><td>顶部办公层</td><td>4.2m—办公</td><td>4.2m—办公
6.7m—观景平台</td></tr>
<tr><td>避难层</td><td>4.8m/5.5m/6.0m—
设备用房及避难区</td><td>4.8m/6.0m—设备用房及避难区</td></tr>
<tr><td>办公标准层</td><td>3.8m/4.8m—办公</td><td>4.2m—办公</td></tr>
<tr><td>四层</td><td>4.9m—办公、屋顶花园</td><td>4.9m—办公、屋顶花园</td></tr>
<tr><td>三层</td><td>4.9m—办公、宴会厅</td><td>4.9m—办公、宴会厅</td></tr>
<tr><td>二层</td><td>4.9m—办公</td><td>4.9m—办公</td></tr>
<tr><td>首层</td><td>7.0m—大堂及商业</td><td>7.0m—大堂及商业</td></tr>
<tr><td>地下一层</td><td colspan="2">7.0m—商业、设备用房</td></tr>
<tr><td>地下二层</td><td colspan="2">4.0m—停车库及设备用房</td></tr>
<tr><td>地下三层</td><td colspan="2">4.0m—停车库及设备用房</td></tr>
</table>

塔楼	T2 塔楼	T3 塔楼
地面以上高度	265.4m	273.2
屋面幕墙构架高度	273.5m	284.5m
地面以上层数	58	62
平面:长 X 宽	44.2m×44.2m	52.0m×52.0m
核心筒尺寸:长 X 宽	21.8m×19.85m	23.65m×24.5m
塔楼高宽比	6.38	5.61
核心筒高宽比	13.78	12.03

图 1　建筑效果图

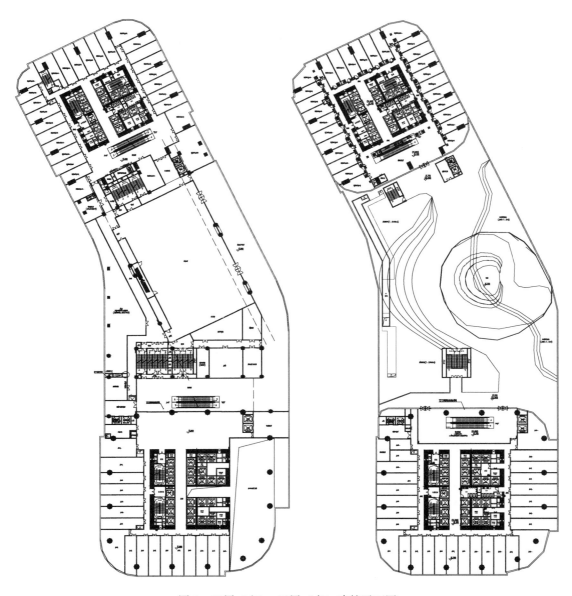

图 2　四层（左）、五层（右）建筑平面图

　　结合建筑功能、立面造型、抗震（风）性能要求、施工周期以及造价合理等因素，塔楼的结构体系为带伸臂加强层的钢组合框架（钢管混凝土柱＋钢梁）＋钢板组合剪力墙（核心筒）混合结构，共同构成多道防线，提供结构必要的重力荷载承载能力和抗侧刚度。

　　结构体系如所示：中心为钢板组合剪力墙（核心筒），外围为钢组合框架（钢管混凝土柱＋钢梁）。

　　核心筒采用外包钢板剪力墙，具有承载力高，抗震延性好，施工方便等特点；连梁采用方钢管混凝土梁，与外包钢板剪力墙匹配，可实现 SPI 体系的快速施工。

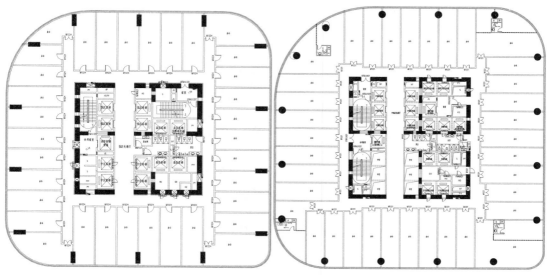

图 3　T2（左）T3（右）塔楼中区办公标准层建筑平面图

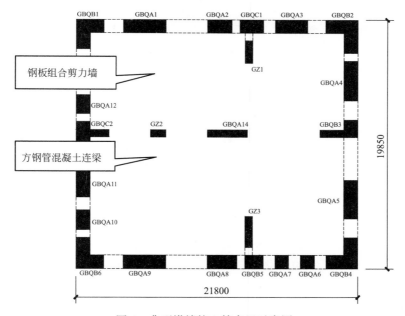

图 4　典型塔楼核心筒布置示意图

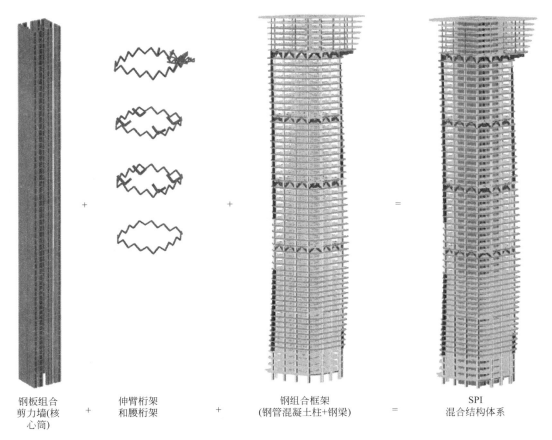

钢板组合　　+　　伸臂桁架　　+　　钢组合框架　　=　　SPI
剪力墙(核　　　　　和腰桁架　　　　(钢管混凝土柱+钢梁)　　混合结构体系
心筒)

图 5　典型塔楼整体结构体系示意图

中国南方航空大厦

1 项目概况

中国南方航空大厦是南航集团的总部办公楼，是集商务办公、大型会议、餐饮购物、文化展览等现代服务功能为一体的综合体。项目位于广州白云新城，工程总建筑面积19.48 万 m²，其中地下建筑面积 6.40 万 m²，地上建筑面积 13.08 万 m²；主塔楼高度150m，地下 4 层，地上 36 层。主体结构全部采用装配式钢结构技术，总用钢量 1.8 万 t（图 1）。

主要参建单位：

建设单位：广州南航建设有限公司

设计单位：广东省建筑设计研究院

施工单位：广州机施建设集团有限公司

监理单位：广州建筑工程监理有限公司

图 1　效果图

2 设计概况

依照建筑产业化、绿色节能、创新发展的设计理念，主塔楼采用全包钢组合构件的框架-核心筒结构体系，裙楼及地下室楼板采用空心楼盖，主体结构梁采用新型 U 形梁设计，楼板部分采用现浇叠合楼板，部分采用现浇钢楼层板；转换层采用大型钢箱梁结构。本项目主体结构梁、柱、墙为全装配式钢结构，地下室以上主体结构实现全装配化。其中主体结构采用的双层钢板内灌混凝土组合剪力墙技术，为广东省第一例（图2、图3、表1）。

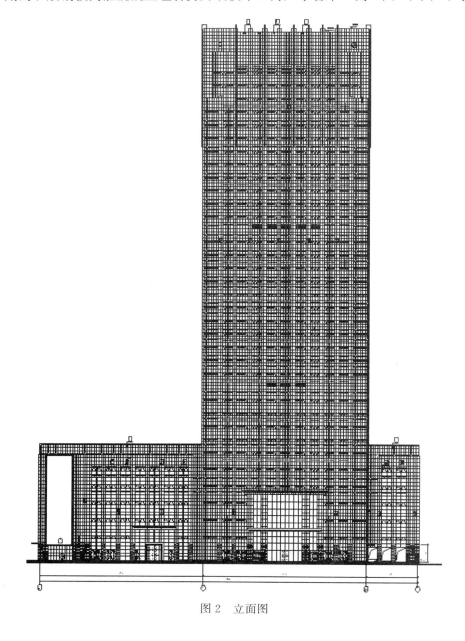

图 2　立面图

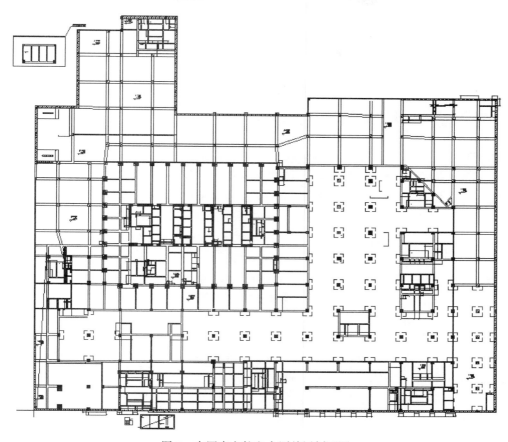

图3 中国南方航空大厦首层剖面图

主要构件参数　　　　　　　　　　　　　　表1

构件名称	部位	单件最大质量(t)	尺寸(长×宽×高)m
墙	核心筒	10.02	0.6×0.6×0.016×12
柱	建筑外框	7.58	Φ1.05×0.02×11.8
板	各层楼板		1×5×0.15
梁	各层楼板	5	0.550×0.450×0.01×14
钢桁架	新闻发布中心	13	0.8×2.1×7.75
大型箱形梁	裙楼种植屋面	23.17	0.8×1.7×28

3　技术重点、难点及解决措施

3.1　钢结构加工难度大

3.1.1　大直径钢管柱工厂加工制作难度大

工程外框钢柱共有8种规格，分别为Φ610×16、Φ925×12、Φ800×12、Φ1050×16、

$\Phi1050\times18$、$\Phi1050\times20$、$\Phi1050\times25$、$\Phi1050\times30$，加工量多，加工难度大，精度高，工作量十分巨大。为了节省材料，采用定长定宽钢板，同时，对每根大直径钢管柱都采取振动时效法（VSR）进行焊接残余应力的消除，以保证本工程外框柱的加工质量。

3.1.2 U形梁构件制作难度大

U形梁长度为13m左右，重约4.5t，经对U形钢梁构造深入分析后可知：焊缝坡口大部分采取的是单面加衬垫板的V形坡口形式，焊缝熔敷金属填充量大，很容易产生焊接变形。若没有很好的制造工艺来指导、控制的话，是很难以达到本工程的高精度要求的。因此本工程U形钢梁工厂组焊，将采取以下工艺原则：首先，在自制可调式专用胎架上进行钢梁的整体成型（卧式装配法），接着采取先内后外的整体对称焊接方法（多种焊接方法的组合应用）；利用地样放样检测测量技术；控制U形钢梁组装外形尺寸精度。按照上述的原则，实现钢梁高精度质量目标。

3.2 钢柱吊装分段及吊装难度大

钢柱最大直径 $\Phi1050$，钢柱单位重量达到 1.2t/m，塔楼外框柱截面种类多，钢柱截面自下而上变化。所以，钢柱根据塔吊性能进行分段是钢结构工程的重难点之一。另外，钢柱分段重量重。塔楼高度达到150m，钢柱分段多导致吊次增加，如何合理安排钢柱吊装又是工程重难点之一。因此，对钢柱进行分段吊装，1~7层钢柱按两层一吊进行分段，7层以上钢柱按三层一吊进行分段，钢柱吊装时在钢柱顶设置四个吊点，钢柱对接处设置临时连接耳板。钢柱当天吊装当天形成稳定单元体系，钢柱矫正精度采用缆风绳和钢柱精度调节器，确保钢柱的吊装精度。

3.3 复杂节点的处理

由于钢板墙、钢柱和钢梁结构的特殊性，存在以下节点：各柱脚节点、各钢柱与钢梁连接节点、各柱牛腿、钢梁与钢梁连接节点、钢骨梁与混凝土连接节点。每个节点因受力需要设计为不同的构造，因此构造的焊接设计、组装、焊接方法都是需要严格的顺序和特殊的方法，难度较大。因此本项目通过计算机辅助软件及结构放样，进行详细的工艺设计：包括节点受力分析、焊接剖口、焊接手段、装配顺序等。辅助采用电渣焊，小型跟踪焊机焊接内部手工无法焊接的部位，保证节点焊接的质量。

3.4 厚板焊接

本工程有大量使用厚钢板，工程最大板厚为42mm，当厚板焊接时，容易产生焊接变形、层状撕裂，焊后残余应力较多。钢板间的拼焊和对接焊缝等级要求较高，基本为全熔透一级焊缝，对焊接工艺和焊工要求很高。另外构件结构复杂，大量T、K接头导致焊缝应力集中，焊缝拘束度大，易出现层状撕裂，故对厚钢板检验要求，焊缝设计和焊接过程温度、顺序控制要求不同于一般工程。因此本项目根据"焊缝等级可达、变形控制、层状撕裂预防和残余应力消减"的原则，在工程构件焊接前对各复杂节点做焊接工艺评定，制定具体的焊接方案，应用合理的焊接坡口形式和节点形式优化保证构件质量；另外对于焊后应力的消除将采用"VSR振动时效法"、超声冲击与锤击等方法对构件进行焊后消应。

4 主要施工创新技术

4.1 内置钢管双层钢板组合剪力墙施工技术

4.1.1 概况

内置钢管双层钢板组合剪力墙是由钢管柱、钢板剪力墙及内灌混凝土组成，钢管柱对混凝土起到套箍作用，有效提高的混凝土的抗压强度，钢板与混凝土相互结合，充分发挥混凝土抗压、钢板抗拉的优点，从而大大减少了核心筒剪力墙的厚度，减轻墙体自重，减小结构地震力的同时节省基础造价。

传统的混凝土外包钢板结构一般是通过在钢板内设栓钉来加强混凝土与钢板的连接效果。该种做法使钢板内腔空间变小，不利于工人的焊接操作，本项目经过与设计院的沟通，采用腔内设角钢肋（图5，图6），有效提高腔内空间，提高焊接质量。该设计成果委托华南理工大学进行了相关试验（图7，图8），证实其受力性能达到工程应用的要求。

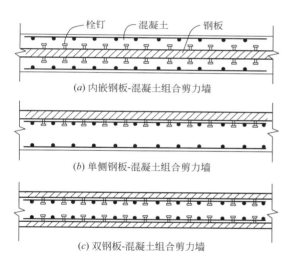

(a) 内嵌钢板-混凝土组合剪力墙

(b) 单侧钢板-混凝土组合剪力墙

(c) 双钢板-混凝土组合剪力墙

图4 传统双层钢板剪力墙构造

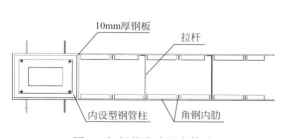

图5 钢板剪力墙基本构造

图6 钢管钢板组合剪力墙实物单元

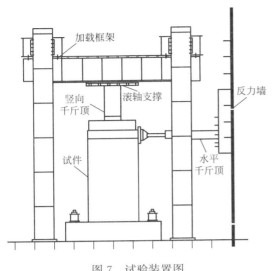

图 7　试验装置图

图 8　室内试验

4.1.2　工艺流程

双层钢板剪力墙工艺流程见图 9。

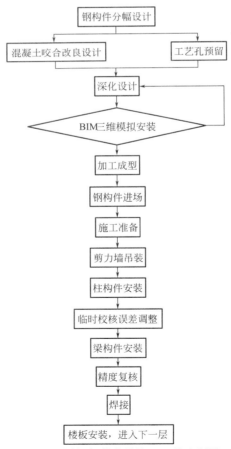

图 9　双层钢板剪力墙施工工艺流程图

4.1.3 主要工序

（1）安装过程（图10~图15）

图10　分幅吊装

图11　精度校核

图12　校正

图13　临时固定

图14　混凝土浇筑

图15　工艺孔混凝土浇筑

（2）施工控制要点

1）吊装精度控制

为了减少钢板墙核心筒拼装施工时造成的误差，除采用传统的 GPS 定位，激光测量技术外，在安装过程中，项目采用了对角平行安装施工技术，即在同一节钢板墙安装中，利用两台塔吊在核心筒对角同时安装构件，以保证核心筒不会在安装钢构件过程中造成重心偏移变形（图 16）。

图 16　对角平行安装施工

2）内灌混凝土质量控制

由于钢板剪力墙一次安装 2～3 层，内灌混凝土时浇筑高度大，因此采用在层间设置工艺孔的形式，以减少混凝土浇筑高度，混凝土浇筑完成后，应对工艺孔进行回装图 17。回装要求：是采用反面贴铁衬垫的方式来单面焊成型，贴条宽度宜在 30～40mm 之间，回装钢板厚度、强度及材料必须与腹板材质一致；回装钢板四边必须是 45°的斜口，并确保满焊焊接和焊接检测合格。

3）大面积钢板防腐技术

为有效提高钢板剪力墙的防腐效果，项目采用在钢板上喷射砂浆作为保护层，由于钢板面积较大，为提高砂浆的粘结效果，首先在钢板上设置固定钢钉，并进行挂网后再进行砂浆喷涂（图 18、图 19），并分两次进行砂浆施工，其中第一次采用砂浆机械喷涂，第二次采用人工砂浆批荡。

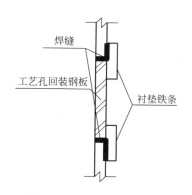

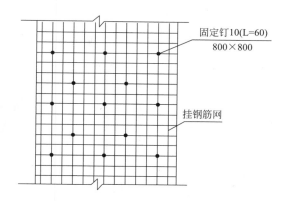

图 17　工艺孔回装示意图　　　　　图 18　防火层固定钉布置图

图 19　钢丝网挂设效果

4.2　U形钢组合梁技术

4.2.1　概况

为满足业主对塔楼层数、层高及建筑使用空间的要求，塔楼 14m 跨的框架梁限高 470mm，为了实现此结构高度，提供合理的结构强度、刚度、延性，减轻结构自重，在塔楼范围采用局部填灌混凝土的宽扁 U 形钢组合梁（图 20），在保证承载能力的情况下，极大提高施工速度，同时有效增加建筑物使用净空。

4.2.2　工艺流程

施工工艺流程见图 21。

4.2.3　主要工序

（1）安装过程

1）测量控制

钢梁吊装前必须先利用激光投射仪测量两端连接点是否对中、螺栓孔尺寸与位置是否对应，从而评估钢梁安装后施工水平，并对连接口及钢梁进行调整；测量控制点分别设置在钢板墙和钢管柱上，建立相应的测量控制网；平面控制点经自检并进行误差调整后，采用 3 台套的

GPS定位仪组成测量控制网对控制点的三维坐标再次复测核实，以确保控制点的定位精度。

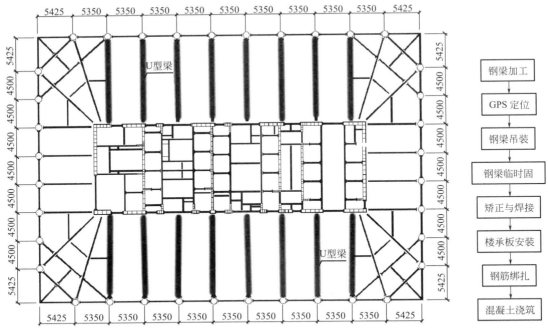

图 20　U 形组合梁平面布置图

图 21　U 形钢组合梁施工工艺流程图

2）钢构件吊装施工

为便于安装施工防止钢梁变形，钢梁吊装采用 4 点吊装方案，起吊点设置在梁两端 1/4L 处；起吊前应再次检查钢梁吊耳、钢缆、锁扣及吊钩是否有破损等情况；在钢梁吊装到位时先用钢板及螺栓固定，然后校正后三边焊接，最后盖上封板后焊接第四边。

（2）施工控制要点

与柱及墙体连接质量控制

因为 U 形梁跨度约 14.5m，与钢管混凝土柱刚接，与剪力墙铰接图 22，梁端受力较

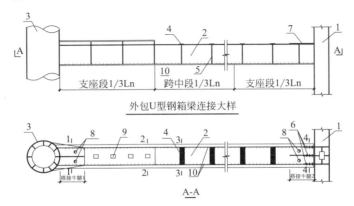

图 22　U 形钢组合梁连接示意图

192

大。故在 U 形梁靠近钢管混凝土柱一侧梁端做水平加腋，以传递梁端荷载。同时，因为钢管混凝土柱直径为 1050mm，节点形式改为内加强板，节点大样如图 23 所示。

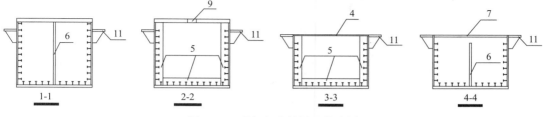

图 23　U 形钢组合箱梁连接大样

4.3　钢结构大型钢箱转换桁架安装施工关键技术

4.3.1　概况

由于建筑（16～19）轴 X（J-S）轴范围首层为新闻发布中心，上 2 层、3 层中空，大开洞范围为 28m×32m，建筑限制 4 层楼盖梁高为 2.6m，局部 2.2m。大跨度构件上部须支承上部 5～7 层，其中 5、6 层为商业，7 层裙房屋面有 0.6m 的覆土。转换构件采用双向钢-混凝土组合桁架（共 4 榀）（图 24），桁架高度 2.6m，端部高度 2.2m。

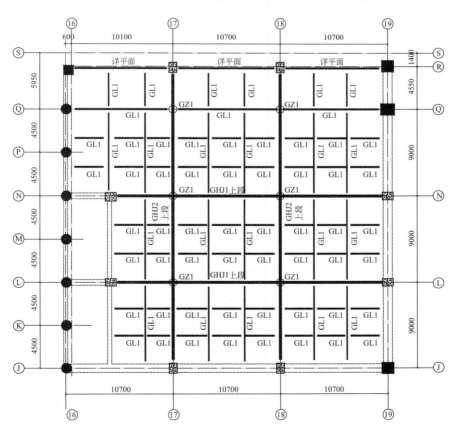

图 24　桁架结构平面图

193

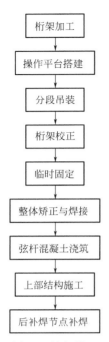

图 25　桁架施工
工艺流程图

4.3.2　工艺流程

工艺流程见图 25。

4.3.3　主要工序

（1）安装过程

1）操作平台搭设

采用钢管脚手架进行平台搭设，平台宽度为桁架宽度的两倍且不小于 2m；支架立杆横纵间距、步距应经验算达到要求；钢桁架腹板焊接平台及钢梁两侧应设置人行通道，如图 26 所示。

2）钢箱转换桁架节安装施工

钢箱转换桁架节吊装采用 4 点吊装方案，起吊点设置在桁架节两端 1/4L 处；起吊前应再次检查钢吊耳、钢缆、锁扣及吊钩是否有破损等情况；在钢构件吊装到位时先进行校正，然后用钢板及螺栓固定，待桁架整体安装完成并拆卸千斤顶后再进行焊接施工；千斤顶拆卸应在钢箱转换桁架焊接前进行，拆卸顺序应按照"由中间开始，逐步向四周辐射"的原则拆卸。

3）钢结构的焊接

焊接前应对整体位置进行调整，如图 27 所示。焊前应预热，焊后立即在焊缝两侧各 100mm 的范围内进行后热处理，并外包石棉布进行保温。

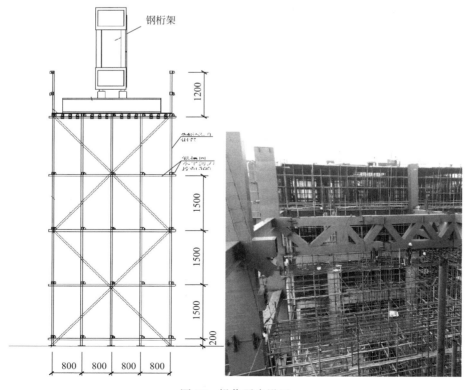

图 26　操作平台设置

图 27　钢箱转换桁架安装及调整

4）混凝土浇筑

钢桁架弦杆浇筑采用边浇筑边振捣方式，并从相邻浇筑孔观察浇筑情况；在钢桁架浇筑时，人工用木槌敲击弦杆上部，根据声音判断混凝土是否密实；钢管内的混凝土浇筑工作应连续进行，保证混凝土连续供应。

5）后补焊接节点施工

为减少钢箱转换桁架对立柱的不良侧压力，应在钢箱转换桁架端部下弦杆设置一个后补焊接缺口，如图 28 所示，缺口长度为 200mm；后补焊接节点应在上部结构施工完成后相隔 28 天方可补焊施工；补焊钢板应与钢箱转换桁架采用相同材质、厚度的钢板，焊口采用单面焊接。

图 28　后补焊接节点设置

（2）施工控制要点

1）精度控制

在工厂加工时，应在钢箱转换桁架上部钢立柱上设置十字标靶，用于桁架安装校准。当每节桁架段吊装后，可采用激光定位仪对准十字标靶进行校正，出现安装偏差可用缆风绳及千斤顶进行调整；平面控制点经自检并进行误差调整后，采用 3 台 GPS 定位仪组成测量控制网对控制点的三维坐标再次复测核实，以确保控制点的定位精度。

2）混凝土浇筑

弦杆浇筑施工前应进行浇筑实验，以确定混凝土的坍落度及相关配合比，以保证弦杆浇筑密实；在浇筑前应检查钢桁架和楼板内没有杂物和积水，浇筑顺序应从桁架端部开始，并按照浇筑孔顺序进行浇筑。

4.4 预应力叠合板与 28m 跨度钢箱梁组合结构施工

4.4.1 概况

本工程裙楼屋面层 3～11 轴×C～G 轴处采用大跨度箱梁，大跨度箱梁跨度为 28.75m，箱梁宽度为 0.8m，每条大跨度箱梁总重量为 23.17t。钢梁截面为 800×1700× 16×30，跨中变截面为 800×2000×16×30，钢梁上铺设叠合板（图 29）。

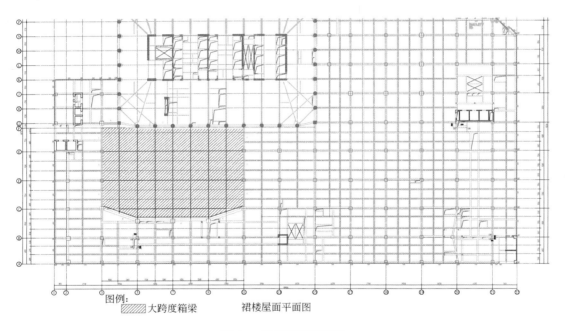

图例：▨ 大跨度箱梁　　　裙楼屋面平面图

图 29　裙楼屋面平面图

4.4.2 工艺流程

施工工艺流程见图 30。

4.4.3 主要工序

（1）安装过程

1）临时支撑

支撑架架体沿着钢箱梁方向搭设一个 3.2m 宽支撑架，支架立杆横纵间距均为 0.8m，横杆步距 1.5m；支架立杆下端设木垫板，支架顶部满铺钢网片。为了便于钢箱梁安装焊接，钢箱梁接缝位置两侧 800mm 位置横桥向各放置两根并排 I40a 工字钢做为临时支墩，如图 31、图 32 所示。

2）钢箱梁的吊装与固定

根据工程特点对钢箱梁进行分段编号，按照编号的顺序进行吊装。单根梁一般可从一端顺次向另一端的顺序进行吊装。每条钢箱梁分四段安装，钢箱梁分段最大重量为 7.1t，采用 C7050 塔吊来进行吊装，每个分段共计 2 个吊点，并且在出厂前已经焊接并经过着色探伤检验合格，吊具选用 Φ36.5 钢丝绳可以承载 11.7t 拉力，选用 7/8 卸扣承载重量为 6.5t。

3）钢箱梁分段吊装

吊装前在分段上系设好 2 根防风缆，以控制分段在空中的姿态。当分段挂钩与钢梁顶板两个吊点挂好结束后，安全员对其进行检查验收，合格后，再由吊装指挥员指挥吊车司机将分段缓慢起升。在达到预定起升高度时（超过临时支架顶表面 1m 以上），吊装指挥塔吊缓慢转动吊臂到预定安装位置上方后，塔吊缓慢落钩将分段吊运至临时支架顶面 5cm 左右停下，然后人工参照事先放出钢梁底板边线、中心线将钢梁初步定位后吊车再继续落钩至安装位置；钢箱梁吊装至既定位置后，若位置与设计位置存在误差，需对钢梁吊装位置进行细部精确调整，调整按照先平面位置再高程的顺序进行，如图 33 所示。

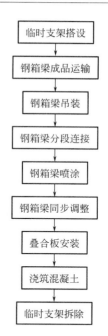

图 30　工艺流程图

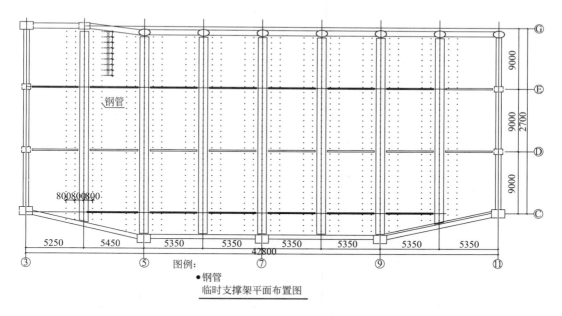

图 31　临时支撑平面布置图

4）钢箱梁的连接

当一跨钢箱梁拼装完毕后，测量复核无误后，对其进行焊接。钢箱梁构件制作加工时在钢箱梁分段拼接处预留方形工艺孔，如图 34 所示，以便构件拼装时确保暗柱每条边焊接完整。

5）钢箱梁整体同步调整

图 32　钢箱梁临时支撑

图 33　钢箱梁分段吊装现场施工图

图 34　钢箱梁工艺孔留设

当钢箱梁水平和垂直方向都调整完之后，要对钢箱梁进行整体同步调整，即整体释放，卸除支撑于梁底的千斤顶，使得临时支撑的受力减少，结构主力受力增大，最终结构产生整体下挠的变形。由于每一榀钢箱梁分为四段进行吊装，因此在每段钢箱梁焊接处两端各设置 2 个千斤顶，总共 12 个千斤顶操作，如图 35 所示。

图 35　钢箱梁整体同步调整

6）预应力叠合板安装（图 36）

预应力叠合楼板的主要施工工序如下：吊装大跨度箱形钢梁→在叠合板的支撑梁上焊接支撑桁架→吊装预应力叠合板预制板→预制底板拼缝处吊模→预设水电管线、清理板面及梁槽内杂物→布置叠合板拼缝处抗裂钢筋→布置叠合板支座负筋和板面负筋→浇筑叠合板现浇层的混凝土→养护。

图 36　叠合板吊装现场施工图

（2）施工控制要点

1）钢箱梁安装

钢箱梁安装应注意分段拼装的精度控制，左右方向的精度应在待调整的钢梁顶板处焊接四个耳板，然后用手动葫芦及钢丝绳进行左右位置微调，待调整完毕后再在钢梁的箱室外两侧腹板上各焊接两块钢板与已安装完毕的钢梁焊接固定；垂直方向的调整应在钢梁分段经过左右方向的调整以后，进行垂直方向的调整，调整通过 4 台 15t 千斤顶来调节，千斤顶要放置在 I40a 工字钢上方，千斤顶不能直接接触梁板，要在液压杆上放置 1 块 200mm×200mm×20mm 钢板块，调整时要进行精密测量，达到要求后加入钢垫片及钢楔，要求在每个腹板处均设置垫片。待调整完毕后，在钢梁底板翼缘处各焊接一块钢板与底下承载钢梁的 I40a 工字钢焊接固定。

钢箱梁焊接时，应按照：顶板，焊接，边腹板的顺序进行焊接。

2）叠合楼板安装

在叠合楼板预制底板的安装过程中，还应注意：预应力叠合板的两端放在支撑梁上，如遇到施工荷载过大或者跨度较大时，跨中需要设置临时支撑，以保证施工安全和工程质量；对于需预设孔道的楼板或柱边需预留缺角的预制底板构件，可在现场进行钻孔和切割，但以不损伤预应力筋为前提；在叠合板施工过程中，叠合板板缝处应设置条状底模进行混凝土的浇筑，模板通过钢筋吊在叠合板的地面，吊筋应经过计算确定，每隔一定间距布置一根。

3）预应力叠合板与钢箱梁连接安装

将预应力叠合板支承在焊有栓钉剪力连接件的钢梁翼缘上，预制板端与钢梁间形成一条沿钢梁纵向轴线的槽缝，预制板既承受施工荷载，又作为楼板的一部分承受竖向荷载。在预制板铺设完之后，即可在其上面铺设钢筋和浇筑混凝土现浇层。如图 37 所示。

图 37　叠合楼板安装完成

4.5　BIM 技术应用

在项目管理过程中，我们充分利用 BIM 的各项优势进行项目的精细化管理。其中，BIM 的三维可视化特性，使得各参与方能随时在三维视图中查看项目的设计，包括整体或局部、室外或室内、单专业或多专业的模型展示，从而可以从更加全面、精确的角度分析设计成果，把控设计效果，使设计可以保持极高的完成度，同时有效支持设计的评审，如图 38 所示。

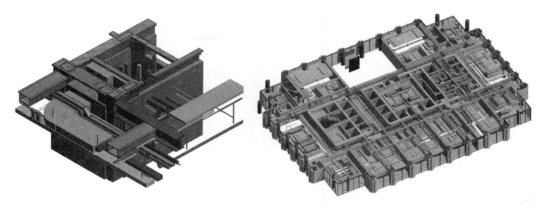

图 38　BIM 可视化技术

　　通过 BIM 5D 手机移动端记录质量安全问题。利用手机移动端文字记录、拍照、选取图片等功能可以完整的记录某处发生的质量或安全问题，并利用平面模型将问题进行直接定位，并记录该问题的状态是进行中还是已完成，做到质量安全整改到位，责任到人。同时，利用网页直接查看质量安全问题的统计记录，并可在质量安全例会当中直接来进行讨论分析，得出结论。大大节约了记录时间与沟通时间、成本，提高了工作质量与效率，详见图 39，图 40 所示。

图 39　5D 现场管理技术

　　项目施工过程中难免出现误差情况，如何有效消除误差是施工过程中的重要工作。传统的全站仪测量方式一般只局限于点对点的测量，在大局的把控明显存在许多不足之处。

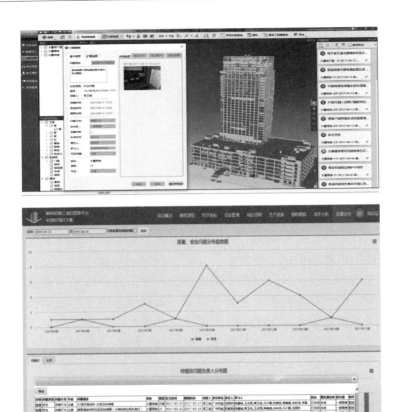

图 40 现场质量安全管理

为了实现施工精细化管理,我们创新性利用 3D 全景扫描仪进行全景扫描。通过实景扫描数据与三维模型进行对比,可以准确有效地找出误差,从而落实修正,如图 41 所示。

图 41 三维实景扫描

由于采用了多项创新技术，本项目的施工质量得到了业主的赞赏和行业的认可，施工成本比原计划节约 15%，周转材料投入比原计划节约 80%，施工进度满足要求。

5 知识产权及获奖情况

5.1 授权专利

（1）PCT 专利：

一种建筑桁架及楼板的施工方法 PCT PCT/CN2017/070783

（2）发明专利：

钢板剪力墙的施工方法　ZL201410857670.5

（3）实用新型专利：

1）一种新型 U 形钢梁　ZL201420847717.5

2）一种新型钢板剪力墙 ZL201420873331.1

3）改良的钢板剪力墙　ZL201420873696.4

4）一种新型桁架节点　ZL201620032657

5）一种建筑钢梁及其连接结构　ZL201620032455.6

6）钢结构屋面用平行十字组合钢梁塔吊基础　201621190775.0

5.2 广东省级工法

超高层钢结构内设钢管钢板剪力墙施工工法 GDGF011-2014

预应力叠合板与 28m 跨度钢箱梁组合结构施工工法　GDGF114-2015

钢结构大型钢箱转换桁架安装施工工法　GDGF115-2015

高层全钢结构 U 形钢箱梁楼板施工工法 GDGF116-2015

大面积钢板面超厚水泥砂浆保护层施工工法 GDGF179-2016

高层超高层屋面结构上安装组合成套钢梁塔吊基础施工工法 GDGF178-2016

5.3 获得奖项

中国钢结构金奖

广东省钢结构金奖

广东省新技术应用示范工程立项

广东省绿色施工示范工程立项

白沙河大桥案例介绍

1 项目概况

    白沙河大桥是广州市轨道交通六号线的标志性工程。大桥位于白沙河水道（珠江右航道）入口处，为 Y 形连续刚构—拱组合体系。主跨采用 150m 的单肋系杆拱，两侧对称布置 40m＋40m 边跨和次边跨，全长 310m。大桥是由广州市地下铁道总公司负责建设和运营，林同棪国际（重庆）工程咨询有限公司与广州瀚阳工程咨询有限公司合作承担了设计任务，中交第二航务工程局有限公司负责施工建造的轨道交通工程中最大的单肋系杆拱桥，广州瀚阳工程咨询有限公司负责实施全过程线形控制、应力监测及核心施工咨询。

2 结构概况

    白沙河大桥上部结构由次边跨、边跨现浇混凝土箱梁，主跨节段预制悬拼混凝土箱梁、钢箱拱、主跨及边跨系杆索、吊杆索组成。下部结构分为侧边墩、边墩、主墩及 Y 形钢构。大桥轴线与河道斜交，除 SH18♯墩位于大坦沙岛尖岸上外，其余桥墩均在河道中。

    白沙河大桥设计使用年限为 100 年，防洪标准为 300 年一遇，设计水位为 7.95m，属内河Ⅳ级航道，设计最高通航水位为 20 年一遇洪水位 1.56m，主通航孔净宽不小于 118m（图 1～图 3）。

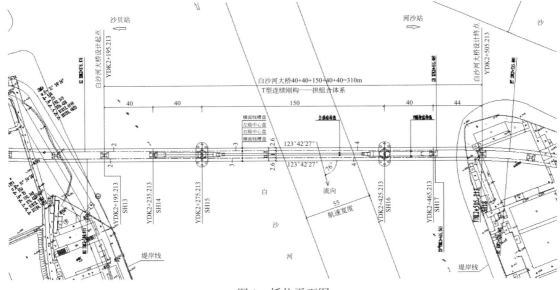

图 1　桥位平面图

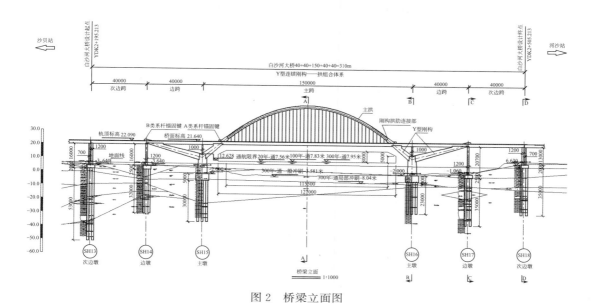

图 2　桥梁立面图

图 3　运营现状

3 建筑工业化技术主要应用情况

3.1 具体措施

结构构件	施工方法		构件所处位置	构件体系	重量/体积	备注
	预制	现浇				
次边墩			下部结构	采用与区间典型高架相似形式薄壁墩,与次边跨现浇主梁固结	1291m³	—
边墩				与Y形钢构形成超静定结构		—
主墩				与Y形钢构固结连接		—
Y形刚构				Y形钢构由前、后悬臂、边跨现浇主梁等结构组成,在主墩顶部设置一立柱与边跨主梁固结。钢构顶现浇主梁前后两端与钢构前后悬臂顶固结	1546m³	—
次/边跨主梁			上部结构	采用支架现浇,与主跨主梁、桥墩、Y形钢构形成固结连接	1461m³	—
主跨主梁				采用预应力混凝土节段预制构件,两端通过现浇合拢段与边跨现浇主梁后期固结连接	736m³	—
主拱结构				主拱结构为钢箱拱,在节段间主拱箱板的连接为熔透焊接,纵向加劲肋的连接为等高强度螺栓栓接	510t	—
建筑总重量(仅混凝土及拱结构重量)			13340.1t		预制构件总重量	2460.4t
主体工程预制率					18.5%	

3.2 主要指标计算结果

类型	①预制构件体积(m³)	②预制与现浇的总体积(m³)	预制率①÷②×100%
主梁	736	2197	33.5%

4 设计特点

白沙河大桥位于广州轨道交通六号线沙贝至河沙区间白沙河水道-珠江右航道白沙河入口处,属内河Ⅳ级航道,通航净高8.0m,净宽不小于118m。大桥的主体承载结构体系为组合式单肋系杆拱,即预应力混凝土刚构与钢系杆拱结合,梁体采用节段预制预应力混凝土箱梁。

主跨主梁采用预应力混凝土节段预制构件，节段主梁分为 TA、TB 及 TC 三类构造。TA 类节段为标准节段，长度为 2.6m，顶宽 11.2m，底宽 2.4m，顶板厚度为 25cm，底板及腹板厚度为 30cm。TB 类与 TC 类节段为端头过渡段，长度为 2.6m，顶宽 11.2m，底宽 2.4m，TB 类节段顶板、底板厚度均为 35cm，腹板厚度为 30cm，TC 类节段顶板、底板厚度均为 45cm，腹板厚度为 40cm。所有节段主梁内部均设置 40cm 厚横隔板，做为吊杆在主梁内锚固横梁。

本桥主拱结构为钢箱拱，跨度为 114m，矢高为 23.145m。拱肋箱型截面尺寸为 1.8×2m。板厚为 40mm。拱肋共分为 13 个节段。标准段在桥轴立面内水平线上的投影长度为 10.4m，一段内共设置 4 根吊杆。节段内拱轴线采用二次抛物线。标准节段内设 4 道横隔板（图 4～图 8）。

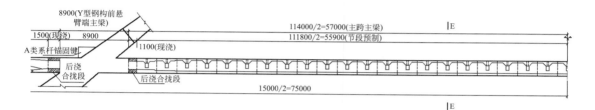

图 4　主梁预制节段立剖面图

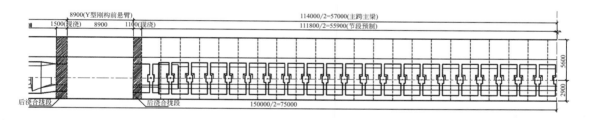

图 5　主梁预制节段平剖面图

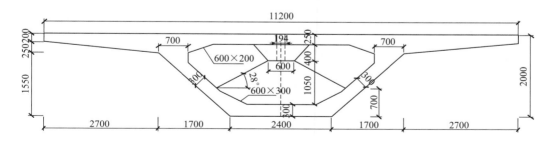

图 6　主梁预制节段断面图-TA 类节段

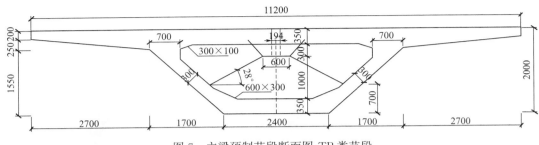

图 7　主梁预制节段断面图-TB 类节段

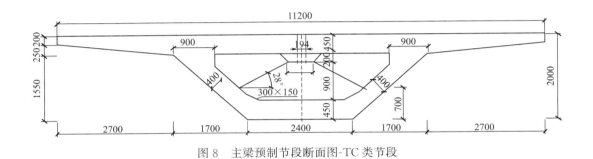

图 8　主梁预制节段断面图-TC 类节段

5　施工特点

5.1　施工概况

本桥主梁采用节段预制预应力混凝土箱梁，主梁节段制造精度、拼装精度均严格执行"制造规则"及"吊装、安装规则"。主拱采用钢箱拱节段拼装，钢拱构件节段制造精度及拼装精度均严格执行"原则标准"（表 1～表 3）。

节段梁预制允许偏差及检验方法　　　　　　　　　　　　　　表 1

序号	项目		规定值或允许偏差(mm)	检验频率		检验方法
				范围	点数	
1	混凝土抗压强度		在合格标准内			按现行国家标准《混凝土强度检验评定标准》GBJ 107
2	表面平整度		5		2	用 2m 直尺检验
3	长度		0，−2	每个节段	3	用尺量
4	断面尺寸	宽度	＋5，0		2	用尺量
		高度	±5		2	
		壁厚	＋5，0		8	
5	轴线偏移	纵轴线	5		1	用经纬仪测量
		横隔梁轴线	5		1	

序号	项目			规定值或允许偏差(mm)	检验频率		检验方法
					范围	点数	
6	预埋件	预埋钢板	位置	10	每个预埋件	1	用尺量
			高程	±5		1	用水准仪测量
			平面高差	5		1	用水准仪测量
		螺栓、锚筋等	位置	10		1	用尺量
			外露尺寸	±10		1	用尺量
7	预留孔	吊孔	位置	5	每个预留孔洞	1	用尺量
		预应力孔道	位置	节段端部 10		1	用尺量
			孔径	+3,0		1	用内卡尺量

节段梁拼装允许偏差及检验方法 表 2

序号	项目	规定值或允许偏差(mm)	检验频率		检验方法
			范围	点数	
1	轴线偏移量度	5	每跨	3	用经纬仪检查
2	相邻节段间顶面接缝高差	3	每条接缝	2	用直尺量
3	节段拼装立缝宽度	≤3	每条接缝	2	用尺量
4	梁长宽度	+10,−20	每跨	3	用尺量

钢拱节段制造精度标准 表 3

序号	项目		误差	图例及测量方法
①	断面尺寸	高 (H) 宽 (B) 断面对角线 (D) 转 (δ)	±2.0mm ±2.0mm ±2.0mm ±3.0mm	
②	构件长度	上翼缘(l_u) 下翼缘(l_l)	±2.0mm	
③		端面垂直度	1/4000	
④	弯曲度	拱肋轴向 (e) 垂直拱肋轴向(e)	±6.0mm	Lx——至折点长度
⑤		翼板、腹板平面度(δ)	$W/300$,但≤1.0mm W——纵向肋间距	

续表

序号	项目		误差	图例及测量方法
⑥	吊索锚固位置	e_v e_h	±2.0mm	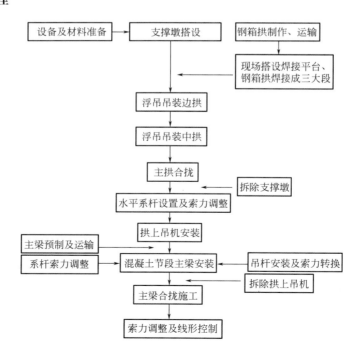

注：a. 本制造精度标准为原则标准，制造厂需根据设计构件尺寸制定合适的测量部位；

　　b. 制造厂需依据构件长度，考虑接头焊缝收缩量和坡口间隙，设定制造长度；

　　c. 所有项目测量需在测量台座上进行，并消除温差影响。

预拼装方法：采用单拱肋平面预拼（表4、表5）。

检测项目及精度 表4

序号	项目	允许偏差（mm）
①	拱轴线	$\pm X/5000$，X—至最近支点水平距离
②	端面间隙	±3.0
③	对接板的错边量	1.0

钢箱拱工地安装主要精度标准 表5

序号	项目	允许偏差（mm）
①	轴线（桥轴向）横向偏位	$\pm L/6000$（最大值）
②	拱轴线	$\pm L/3000$（测量拱顶）
③	上下游拱肋相对高差	$L/4000$（测量0、$L/8$、$L/4$、$3L/8$、$L/2$处）
④	与跨中中心线对应位置拱顶高差	$L/4000$（测量$L/8$与$7L/8$、$L/4$与$3L/4$、$3L/8$与$5L/8$处）
⑤	拱肋中心距	±12.0

5.2　工艺流程

```
设备及材料准备 → 支撑墩搭设        钢箱拱制作、运输
                    ↓                    ↓
                              现场搭设焊接平台、
                              钢箱拱焊接成三大段
                    ↓
              浮吊吊装边拱
                    ↓
              浮吊吊装中拱
                    ↓
               主拱合拢 ← 拆除支撑墩
                    ↓
          水平系杆设置及索力调整
                    ↓
              拱上吊机安装
                    ↓
主梁预制及运输 →
                   混凝土节段主梁安装 ← 吊杆安装及索力转换
系杆索力调整 →                        ← 拆除拱上吊机
                    ↓
              主梁合拢施工
                    ↓
          索力调整及线形控制
```

主要机械设备配备表

表 6

序号	名称	型号	数量	备注
1	起重船	500t	1艘	
2	起重船	50t	1艘	
3	拱上吊机	提升能力55t	2台	自重≤50t
4	拖轮	800马力	2艘	
5	驳船	250t	2艘	混凝土主梁、设施设备、材料装运
6	交通船	50t	1艘	
7	振动锤	CZ90型	1台	
8	发电机组	200kW	1台	
9	气焊设施		8套	未含拱肋焊拼专业设备
10	汽车吊	25t	1	材料、设施设备转运
11	履带吊	70t	1	箱梁转运
12	材料运输车	东风加长	1	材料、设施设备转运
13	运梁车	60t	2	混凝土主梁运输
14	顶升千斤顶	50t/200t	8台/4台	钢箱拱标高调节
15	张拉设备		8套	

图 9　主拱现场焊接

图 10　主拱吊装

图 11　主拱吊装

图 12　主拱合拢

图 13　桥梁预制节段吊装

图 14　大桥完成与相接主梁合拢

6 新技术应用情况及科技创新情况

白沙河大桥采用无支座体系桥梁节段预制技术对桥梁节段进行制造，使用三维数控方法指导制造过程，严格控制制造质量。预制节段吊装施工阶段采用短线法三维控制系统对桥梁线形进行控制，保证施工质量。

知识产权情况   表7

名称	知识产权类别/专利号	知识产权人
桥梁节段预制技术三维数控方法	发明专利/ZL201010288130.1	广州瀚阳工程咨询有限公司
无支座体系桥梁节段预制的制造方法	发明专利/ZL201110387842.3	广州瀚阳工程咨询有限公司
SUN-SEG-3D 短线法节段预制三维控制系统	软件著作权/2010SR036580	广州瀚阳工程咨询有限公司

图 15 无支座体系桥梁节段预制制造方法、桥梁节段预制技术
三维数控方法发明专利及 SUN-SEG-3D 短线
法节段预制三维控制系统软件著作权

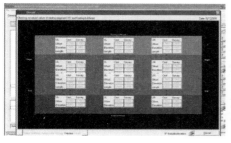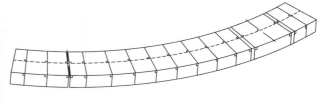

图 16 短线法节段预制三维控制系统

图 17　桥梁节段预制现场

7　项目总结

白沙河大桥通过使用无支座体系桥梁技术，改善桥梁受力状态，使得桥梁设计轻盈美观，有效的延长桥梁运维寿命，减少后期维养支出。采用桥梁节段预制的制造技术，实现了桥梁的工业化生产和施工，有效地提高了制造质量，避免材料浪费，并极大地减少了对环境的影响。通过短线法三维控制技术对桥梁架设进行严格控制，保证桥梁节段架设质量，控制桥梁线形。

根据有关统计，支架现浇施工每立方混凝土碳排放量达到 230kg，而桥梁节段预制拼装施工每立方混凝土碳排放量约为 185kg，单计原材料，碳排放量比现浇施工降低 20%。现浇施工工期相对较长，对集中性、密集型劳动力有依赖，设备周转次数少，施工配套设施费用高，工程造价较高；而节段预制拼装架设速度快，上下部结构可以平行作业，缩短施工工期，在达到一定规模后（长度≥2.5km），可具有节约建设及运营投资等综合造价的优点。

装配式型钢混凝土组合大板结构（米阁2项目）工程案例

1 项目概况

项目名称：米阁2
地点：青海省西宁市
建设单位：青海平兴建设集团
施工单位：广东草根民墅房屋制造有限公司（装配施工）
项目功能：住宅

2 建筑、结构概况

2.1 项目简介

（1）该项目为简约现代风格住宅，户型呈四方形，布置合理，功能分区明显，房间布局紧凑，充分利用建筑空间。

（2）首层左侧为客厅、餐厅、厨房相连，右侧一客房、厕所、沐浴间、洗衣间，中间为过道及楼梯间。二层左侧为两间客房，右侧为主人房（独立卫生间）及公共卫生间，中间为楼梯间、过道及阳台。屋面结构层为混凝土平屋面，在平层面上面增加轻钢斜屋面，丰富造型效果及解决屋面隔热、排水问题。

（3）单层建筑约71m²，总建筑面积142m²。层高2.85m，净高2.7m，总建筑高度为6.75m，楼板厚度150mm，内墙厚度150mm，外墙厚度250mm。

2.2 主要平、立、剖面图及效果图（图1～图6）

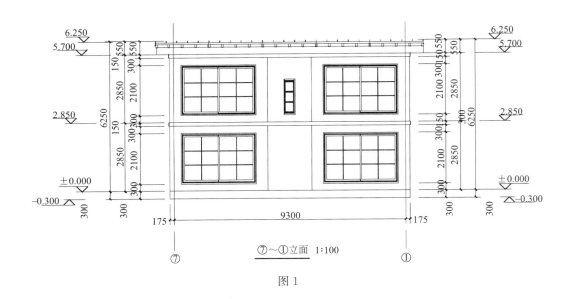

⑦～①立面 1:100

图 1

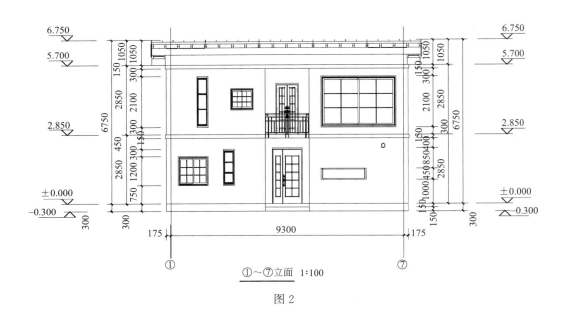

①～⑦立面 1:100

图 2

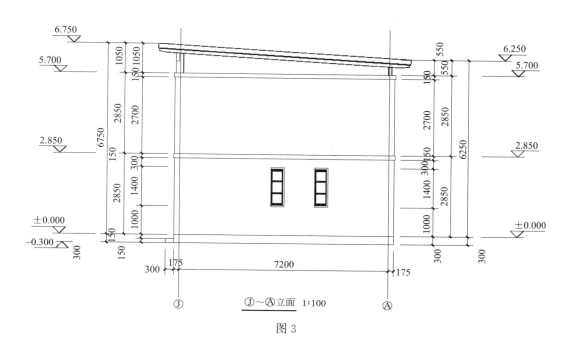

图 3

Ⓙ～Ⓐ立面 1:100

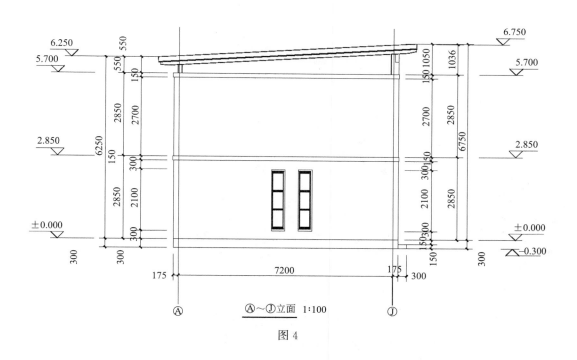

图 4

Ⓐ～Ⓙ立面 1:100

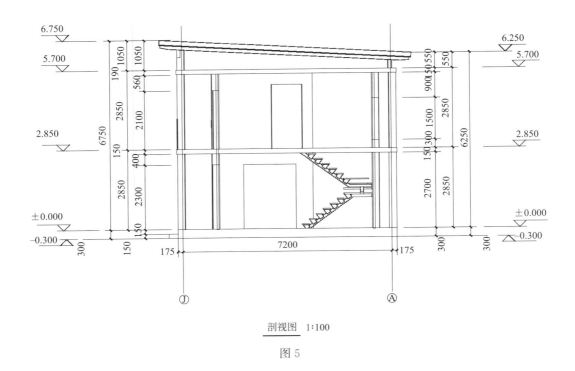

剖视图 1:100

图 5

图 6 效果图

3 建筑工业化技术主要应用情况

3.1 具体措施

（1）该项目为新型装配式混凝土圆孔大板结构，主体由墙板及楼板预制构件装配组合成型。结构不设梁、柱。主体工程预制率 97.52％。

（2）墙板预制构件最大尺寸为 4410mm×2680mm×250mm。

（3）楼板预制构件最大尺寸为 2790mm×1855mm×150mm。

（4）最大重量构件为 QB1-14 墙板，重量约 3.65t。

（5）全预制楼板厚度为 150mm，楼板与墙板连接处，在墙板抽孔对应位置预留直径 80mm 圆孔与墙板插筋连接。

（6）内墙板构件：结构层 150mm；外墙构件：结构层 150mm＋保温层 50mm＋保护层 50mm。墙板结构层，竖向每间隔 150mm 抽孔，抽孔直径约 65mm。墙板左右端部及间隔 900～1200mm 在抽孔处预埋结构支撑钢管。

（7）墙板构件预埋预留给排水管线及接口，强弱电预埋预留开关底盒及后期穿线管线。

（8）墙板集成内外墙面装饰效果。

（9）该项目预制构件总体积为 64.54m³，主体结构总体积为 66.18m³。

（10）主体各部位采用的主要施工方法（预制还是现浇）。预制构件应用于结构的主要部位。主要预制构件的最大尺寸、最大重量，构件主要参数，预制构件总重量（体积）、主体结构总体积，预制件带装修情况以及各类管线配套情况。

表 1

结构构件	施工方法		预制构件所处位置	构件体系（详细描述，可附图）	重量（或体积）	备注
	预制	现浇				
墙板	√		全幢		44.11	
楼板	√		全幢		20.43	
……						
建筑总重量（体积）			66.18	预制构件总重量（体积）		64.54
主体工程预制率						97.52％
其他			是否精装修 是否应用整体卫浴 其他工业化措施			

墙板构件一览表　　　表 2

编号	宽度(mm)	高度(mm)	厚度(mm)	面积(m²)	体积(m³)
QB1-01	3950	2680	250	10.59	2.65
QB1-02	4410	2680	250	11.82	2.95
QB1-03	1930	2680	250	5.17	1.29

编号	宽度（mm）	高度（mm）	厚度（mm）	面积（m²）	体积（m³）
QB1-04	4410	2680	150	11.82	1.77
QB1-05	3950	2680	250	10.59	2.65
QB1-06	4410	2680	250	11.82	2.95
QB1-07	2610	2680	250	6.99	1.75
QB1-08	3950	2680	250	10.59	2.65
QB1-09	2610	2680	150	6.99	1.05
QB1-10	1930	2680	250	5.17	1.29
QB1-11	2610	2680	150	6.99	1.05
QB1-12	3950	2680	250	10.59	2.65
QB1-13	2610	2680	250	6.99	1.75
QB1-14	4410	2680	250	11.82	2.95
QB1-15	2680	2680	150	7.18	1.08
QB1-16	1630	2680	150	4.37	0.66
QB1-17	3430	2680	150	9.19	1.38
QB2-01	3950	2680	250	10.59	2.65
QB2-02	4410	2680	150	11.82	1.77
QB2-03	1930	2680	250	5.17	1.29
QB2-04	4410	2680	150	11.82	1.77
QB2-05	3950	2680	250	10.59	2.65
QB2-06	2610	2680	250	6.99	1.75
QB2-07	4410	2680	250	11.82	2.95
QB2-08	3950	2680	250	10.59	2.65
QB2-09	2610	2680	150	6.99	1.05
QB2-10	1930	2680	250	5.17	1.29
QB2-11	2610	2680	150	6.99	1.05
QB2-12	3950	2680	250	10.59	2.65
QB2-13	4410	2680	250	11.82	2.95
QB2-14	2610	2680	250	6.99	1.75
QB2-15	2680	2680	150	7.18	1.08
QB2-16	1930	2680	150	5.17	0.78
QB2-17	1490	2680	150	3.99	0.60

楼板构件一览表　　　　　表3

编号	宽度（mm）	高度（mm）	厚度（mm）	面积（m²）	体积（m³）
LB1-01	3690	1855	150	6.84	1.03
LB1-02	5790	1855	150	10.74	1.61

编号	宽度（mm）	高度（mm）	厚度（mm）	面积（m²）	体积（m³）
LB1-03	5790	1855	150	10.74	1.61
LB1-04	3690	1855	150	6.84	1.03
LB1-05	3800	1855	150	7.05	1.06
LB1-06	5790	1855	150	10.74	1.61
LB1-07	5790	1855	150	10.74	1.61
LB1-08	3690	1855	150	6.84	1.03
LB2-01	5790	1855	150	10.74	1.61
LB2-02	3690	1855	150	6.84	1.03
LB2-03	3690	1855	150	6.84	1.03
LB2-04	5790	1855	150	10.74	1.61
LB2-05	5790	1855	150	10.74	1.61
LB2-06	3690	1855	150	6.84	1.03
LB2-07	3690	1855	150	6.84	1.03
LB2-08	5790	1855	150	10.74	1.61

3.2 主要指标计算结果

（1）装配率：工业化建筑中预制构件、建筑部品的数量（或面积）占同类构件或部品总数量（或面积）的比率。

- 预制构件数量 50
- 同类构件数量 50
- 装配率＝100％

（2）预制率：工业化建筑室外地坪以上的主体结构和围护结构中，预制构件部分的混凝土用量占对应构件混凝土总用量的体积比。

主体工程预制率＝预制构件总重量（体积）÷建筑总重量（体积）×100％

- 预制构件混凝土体积：64.54m³
- 对应构件混凝土总体积：66.18m³
- 预制率＝97.52％

（3）工业化产值率：

- 工厂生产产值：117616 元
- 建筑总造价：426000 元
- 工业化产值率：27.61％

类型	①预制构件体积（m³）	②预制与现浇的总体积（m³）	预制率①②×100％
墙板	44.11	45.13	97.74％
楼板	20.43	21.05	97.05％
……			
合计	64.54	66.18	97.52％

3.3 成本分析

3.3.1 与同类型或类似项目类似户型的成本分析

项目	（本项目）	（对比的工程）
面积（m²）	142	198
总价（元）	426000	514800
单价（元/m²）	3000	2600
差价（元/m²）	400	

3.3.2 造价测算对比分析

分部分项的项目名称	面积（m²）	合计（元）	单方造价（元/m²）	差价
本项目预制楼板	142	38056	268	
对比项目现浇楼板	198	45540	230	38
本项目预制墙	221	79560	360	
对比项目砌筑墙＋抹灰＋保温	301	81270	270	90
本项目预制楼梯				
对比项目现浇楼梯				
……				
本项目措施增加费用1				
本项目措施增加费用2				
……				
合计增加	-	-	-	128

4 设计特点

本项目采用广东草根民墅研发的"SCP绿能住宅体系（装配式型钢混凝土组合大板结构简称SCP）"采用PC墙、PC楼板、轻钢坡屋面等部品部件组成，PC墙、PC楼板为工厂预制构件，预埋吊装及安装螺丝、预埋水电管线及安装洞口。

连接模式：（1）墙与墙（Q-Q）预埋钢丝套绳及Ω槽，后插钢筋锁扣栓接，节点部位灌注微膨胀高强度灌浆料。（2）墙与板（Q-B）楼地面预留出筋与墙板连接或楼板预留抽孔与墙板抽孔插筋连接。（3）板与板（B-B）楼板拼接处伸出钢筋，采用钢筋搭接焊接。本工程PC构件连接方式，具有安装简单、连接速度快、施工质量好、精度高等特点，在国内同类建筑中属技术先进、价格相对低廉的预制房屋产品。

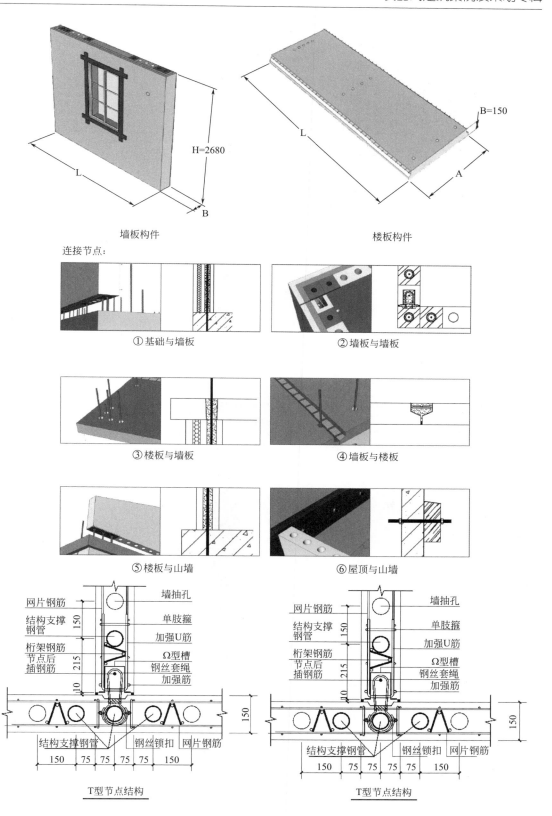

墙板构件　　　　　　　　　　　　楼板构件

连接节点：

①基础与墙板　　　　　　　　②墙板与墙板

③楼板与墙板　　　　　　　　④墙板与楼板

⑤楼板与山墙　　　　　　　　⑥屋顶与山墙

网片钢筋　　　　　墙抽孔
结构支撑钢管　　　单肢箍
　　　　　　　　　加强U筋
桁架钢筋　　　　　Ω型槽
节点后插钢筋　　　钢丝套绳
　　　　　　　　　加强筋

结构支撑钢管　钢丝锁扣　网片钢筋

150　75　75　75　75　150

T型节点结构

网片钢筋　　　　　墙抽孔
结构支撑钢管　　　单肢箍
　　　　　　　　　加强U筋
桁架钢筋　　　　　Ω型槽
节点后插钢筋　　　钢丝套绳
　　　　　　　　　加强筋

结构支撑钢管　钢丝锁扣　网片钢筋

150　75　75　75　75　150

T型节点结构

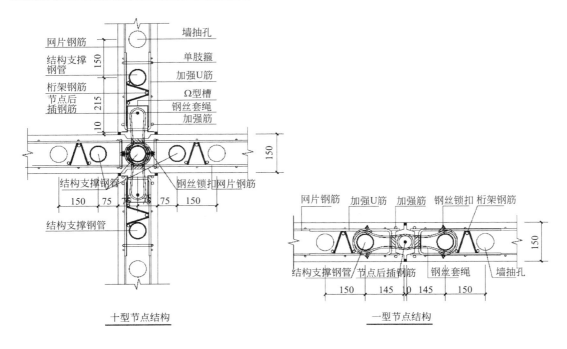

十型节点结构　　　　　　　　　一型节点结构

5　水电管线预留预埋

（1）墙板抽孔除了减轻墙体重量、用作结构连接作用外，对应位置已预埋电气底盒，可利用墙板抽孔进行电气线路敷设（图7）。

（2）墙板已预埋给水管线（垂直部分），预留内牙接口，水平管线在现场安装（图8）。

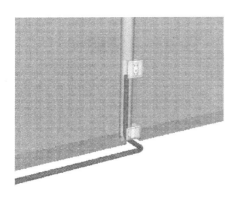

图7　对应抽孔处预留底盒

图8　预埋给水管线及接口

6　施工特点

6.1　施工概况

（1）本工程主要工作任务为预制构件装配，干作业施工为主，湿作业量相对少；预制墙板预埋结构支撑钢管，墙板安装就位后，连接节点顶部焊接加强钢板，加强结构连接的钢度，连接节点（Ω槽）空腹及插筋抽孔，采用自密实高强度灌浆料填充。

（2）部分结构梁采用型钢制作，两端为 150×150×200 空腹，用自密实高强度灌浆料（或细石 C35 混凝土）填充。

（3）楼地板全部采用架空木地板，架空层为 50mm，空间内填充保湿陶粒，所有水平电线管线、给水管在架空层内敷设。水电管线敷设线路必须提前规划设计，不允许随意交叉敷设，尽量避免与架空木方冲突，以减少木方施工时需断开避让。

（4）卫生间地板砖及墙面砖工程采用现场施工方法，施工前必须对卫生间地面及墙脚四周做两道以上防水处理。因楼地面及墙面为 PC 构件，不需要抹灰找平，瓷砖粘贴采用快速施工新工艺。

（5）楼梯、阳台栏杆等为单独配套工程，PC 构件及主体施工预留连接预埋件及焊接钢筋。

6.2 工艺流程

（1）施工设备、施工工具一览表

名称	规格	单位	数量	备注
焊机		台	1	
焊条	422（或以上）	包	4	
水准仪		台	1	
经纬仪		台	1	
角磨机		个	2	
气割设备		套	1	
冲击钻		个	2	
手电钻		把	2	
砂浆搅拌机		台	1	
手电筒		把	2	
平板车	12米	台	3	
吊车	25T	台	1	

（2）主体吊装各工序人员安排计划表

工种级别	按工程施工阶段投入劳动力情况		
	墙、板吊装	墙、板灌浆连接、焊接	梁吊装
吊装工	4		4
起重工	2		2
钢筋工		2	

工种 级别	按工程施工阶段投入劳动力情况		
	墙、板吊装	墙、板灌浆连接、焊接	梁吊装
泥工(灌浆)	2	4	2
电工	1	1	1
焊工		2	1
施工员	2	2	2
架子工	2	2	2

（3）墙板生产工艺流程

模台清扫→边模安装固定→窗模安装固定→模具涂脱模剂（水洗剂）→钢筋笼就位→放保护层马凳→预埋件放置→钢筋、预埋件检查→料斗上料→振动棒初振动→模台附着式振动器振动并补填缺料→[放保温板（混凝土微凝）→布置保温连接件→防放钢筋网→料斗上料→振动棒振动]→赶平→表面修面（混凝土初凝）→水平脱模→冲洗水洗面→成品立起堆放养护→装运集中堆放（强度达到70%）→养护。

（4）楼板生产工艺流程

模台清扫→边模试装→模具涂脱模剂（水洗剂）→钢筋绑扎→边模安装固定→放保护层马凳→预埋件放置→钢筋、预埋件检查→料斗上料→振动棒初振动→模台附着式振动器振动并补填缺料→赶平→表面修面（混凝土初凝）→构件水平脱模→冲洗水洗面→成品水平堆放养护→装运集中堆放（强度达到70%）→养护。

（5）项目实施照片

1模具组装

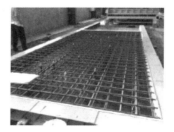

2布置钢筋

3布置预埋件

4混凝土灌注

5保温板铺设

6表面赶平

7 本技术体系获发明专利及实用新型专利

8 项目总结

8.1 标准化设计

轴线模数 150mm，固定楼层高度 2850mm，固定外墙厚度 250mm（保温），固定内墙厚度 150mm，固定楼板厚度 150mm，采用企业标准化门窗尺寸。

所有户型均基于以上参数进行开发设计。

8.2 标准化、模板化生产

因墙高、墙厚、门窗等采用标准化设计，生产模具可以通用化，适用于不同户型的构件生产，减少模具投入，节约成本。

8.3 构件运输

（1）陆运：所有构件均为板式（二维）构件，采用平躺式堆叠运输方式。墙板无出筋、楼板出筋位于企口处，有利于构件装车、固定、堆叠，充分利用车辆运输空间及装载重量。

（2）海运：自主研发专用集装箱；墙板构件采用垂直（立式）堆放装箱方式，楼板采用平躺式堆叠装箱方式；墙与墙之间设限位木块；墙顶部与箱体固定，防止墙板装卸倾倒；二维构件有利于构件装车、固定，充分利用集装箱空间及装载重量。

8.4 施工

（1）缩短工期：施工周期仅需 10 天，通过预制生产和装配式生产方式，大幅度减少建造周期。

（2）节省材料：工厂化集中生产，降低了建筑主材（钢材、木材、水泥、砂、石）的损耗；装配化施工的方式，降低了建筑辅材（面砖、地砖、涂料、各种电气照明设备等）及耗材（水、电等）的损耗。仅抽孔插筋及连接节点插筋部位使用钢筋，钢筋工程量较少，发外加工并分类标记后运至施工现场。

（3）低碳环保：现场装配施工相较传统的施工方式，极大程度减少了建筑垃圾的产生、建筑污水的排放、建筑噪声的干扰、有害气体及粉尘的排放。由于采用预制装配为主的施工方法，减少了大量的现场湿作业。

（4）提高质量：最大程度改善结构精度，减少门窗渗漏、楼地面渗漏、墙体开裂、混凝土蜂窝、批灰脱落等质量通病。

（5）场地及周边道路要求高：现场要设置 PC 构件临时堆场、施工工具及设备存放点、高强灌浆料堆放点，大型预制构件运输车进出及吊车停靠位置。

广花一级公路地下综合管廊案例

1 项目概况

广花一级公路地下综合管廊敷设在道路东侧，南起白云区夏花一路，北至花都区雅瑶中路。桩号 K2＋640～K18＋300，拟建设综合管廊长度约 15.86km，配套建设 1 座控制中心及 18 座变电所。综合管廊主要采用矩形三舱断面（电力舱＋燃气舱＋综合舱），管廊断面尺寸 $B×H=10.2m×4.6m$；污水入廊段约 2.2km 采用矩形四舱断面（电力舱＋燃气舱＋综合舱＋污水舱），管廊断面尺寸 $B×H=12.7（13.6）m×4.6m$；平沙立交段采用顶管矩形两舱断面（电力舱＋综合舱），管廊断面尺寸 7.7m×4.5m，长度约 367m；流溪河段采用直径 6.0m 圆形断面，长度约 2.2km。根据各管线单位提供的管线建设需求，本工程入廊管线包括给水、天然气、电力（220kV、110kV）、通信（包括数码电视）、污水（局部段）5 类管线。

本综合管廊项目是由广东建胜市政建设投资有限公司负责建设和运营，广州市市政工程设计研究总院承担了设计任务，广东省基础工程公司、广州市市政集团等单位负责施工建造，广州珠江监理有限公司等单位负责现场监理工作。

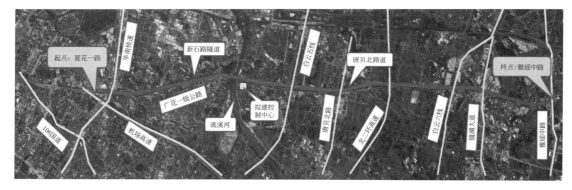

图 1　本综合管廊工程范围示意图

2 结构概况

本工程设计使用年限 100 年，抗震设防烈度 7 度，抗震设防类别为乙类，地下工程防水等级为二级。

综合管廊标准断面：管廊为单箱三室断面和单箱四室断面，其中单箱三室外尺寸4600mm×10100mm 单箱四室外尺寸 4600mm×13500mm（图 2～图 4）。

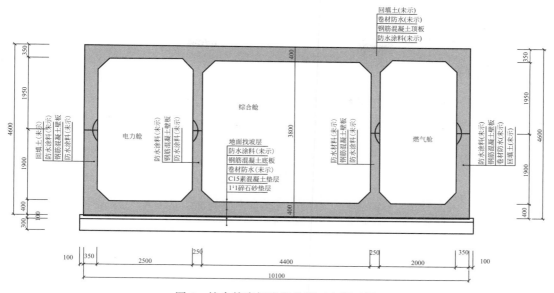

图2 综合管廊标准段单箱三室断面图

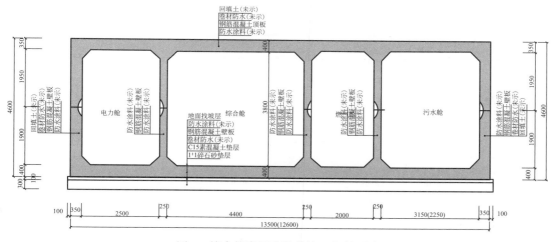

图3 综合管廊标准段单箱四室断面图

图4 管廊示意图

3 建筑工业化技术主要应用情况

3.1 具体措施

采用现浇底板、叠合式预制墙板和叠合式预制顶板的预制拼装综合管廊。

质量		现浇管廊	远大叠合装配整体式综合管廊
质量	结构安全质量	整体现浇,结构安全好	预制叠合,等同现浇,结构安全好
	防水质量	现场混凝土质量控制难度大	构件工厂生产,结合现浇,防水性能好
	运输	相对灵活、成本较低	构件重量小,运输效率高、成本较低
	产品规格	任意规格产品	任意规格产品
	节能减排	现场施工杂乱、噪音与粉尘污染大	节能减排效果好
成本(四舱)	模板(m²)	1155.6	0
	脚手架(m²)	360	0
	工人数	75	25
	标准段24米成本估算	124万	120万
进度	标准段24米施工工期(天)	25	5

3.2 主要指标计算结果

类型	①预制构件体积(m³/m)	②预制与现浇的总体积(m³/m)	预制率①÷②×100%
三舱标准断面	6.71	11.72	57.3%

4 设计特点

结合目前国内外预制拼装技术及管廊研究成果,本文提出了一种现浇底板(构件1)+叠合式预制墙板(构件2、3)及叠合式预制顶板(构件4、5、6)+可靠的连接的预制拼装综合管廊形式。

4.1 特色一

采用现浇底板(构件1)能满足基坑坑底不同地质的要求,施工简单方便,施工现浇底板时无需换撑从而减少现场的工作量和施工风险。

现浇底板(构件1)与叠合侧墙(构件2)的位置设置腋角,增强管廊角部弯矩最大区域的构件刚度,符合结构受力特点。

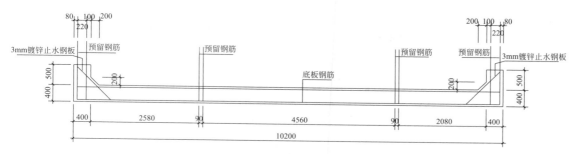

图 5　构件 1（现浇底板）剖面图

4.2　特色二

预制叠合外墙（构件 2）外侧预制壁板上下端部内侧局部切削 20mm（如图 6 所示），增加综合管廊角部受力钢筋的握裹力，增强预制构件和后浇混凝土之间的联系从而保障综合管廊的整理受力。

同时预制叠合外墙（构件 2）外侧预制壁板拼缝处做成锯齿状（如图 6 所示），增加预制叠合外墙拼缝处的现浇混凝土厚度，充分利用现浇混凝土层结构的自防水性能从而解决拼缝处防水困难的问题。

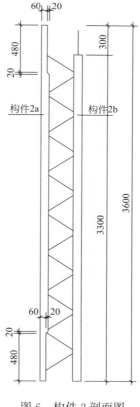

图 6　构件 2 剖面图

4.3 节点构造大样

（1）横向拼缝连接

构件 2 之间在管廊内侧方向采用直缝连接，板边切边处采用密封胶填实；在管廊外侧方向形成宽度为 20cm 的锯齿状错缝，增强结构整体性的同时能提高结构的额防水性能；并且在拼缝处放置成品钢筋网片满足拼缝处结构的抗剪要求，横向拼缝大样如图 7 所示。

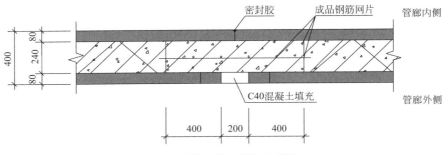

图 7　构件 2 横向拼缝大样图

构件 3 之间在管廊内、外侧方向均采用直缝连接，板边切边处采用密封胶填实，横向拼缝大样如图 8 所示。

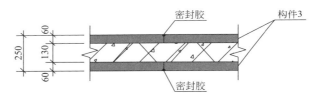

图 8　构件 3 横向拼缝大样图

构件 4、5、6 之间在沿管廊走向方向均采用直缝连接，板边切边处采用密封胶填实，并且在拼缝处设置钢筋网片增强构件之间的联系从而提高预制拼装管廊的整体性，横向拼缝大样如图 9 所示。

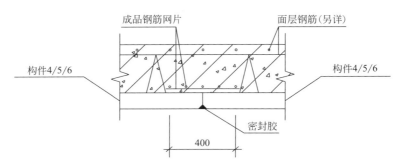

图 9　顶板（构件 4/5/6）横向拼缝大样图

（2）变形缝大样

在预制拼装综合管廊的外围（构件 1、2、4、5、6）设置带钢边的橡胶止水带来满足变形缝处的防水要求；在构件 1-6 的内外侧或者上下侧设置聚硫密封膏封闭止水，间隙处采用沥青浸透纤维板填实，变形缝大样如图 10～图 12 所示。

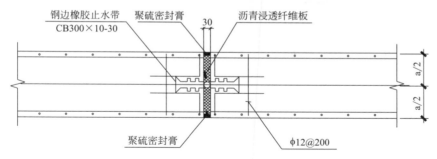

图 10　底板变形缝大样图

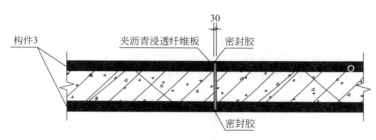

图 11　构件 3 变形缝节点大样图

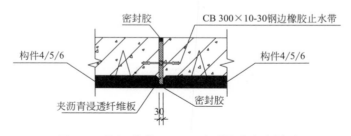

图 12　顶板（构件 4/5/6）变形缝节点大样图

5　施工特点

5.1　施工概况

本项目采用叠合式预制拼装综合管廊，预制墙板制造精度、拼装精度均严格执行《装配式混凝土结构技术规程》、《混凝土叠合楼盖装配整体式建筑技术规程》及《混凝土结构工程施工质量验收规范》等。

5.2　工艺流程

场平→基坑开挖及支护→垫层施工→现浇底板→安装墙板→绑扎钢筋→现浇墙板→养护成型→回填

（1）现浇底板

（2）叠合墙安装（构件 2 和构件 3）

（3）叠合顶板安装（构件 4、5、6）

（4）现浇叠合墙板，管廊形成

主要机械设备配备表

序号	名称	型号	数量	备注
1	起重船	500t	1艘	
2	起重船	50t	1艘	
3	拱上吊机	提升能力55t	2台	自重≤50t
4	拖轮	800马力	2艘	
5	驳船	250t	2艘	混凝土主梁、设施设备、材料装运
6	交通船	50t	1艘	
7	振动锤	CZ90型	1台	
8	发电机组	200kW	1台	
9	气焊设施		8套	未含拱肋焊拼专业设备
10	汽车吊	25t	1	材料、设施设备转运
11	履带吊	70t	1	箱梁转运
12	材料运输车	东风加长	1	材料、设施设备转运
13	运梁车	60t	2	混凝土主梁运输
14	顶升千斤顶	50t/200t	8台/4台	钢箱拱标高调节
15	张拉设备		8套	

6 项目总结

叠合板式结构体系预制拼装是引进、吸收国外的新技术、新工艺，在我国建筑市场上已经开始有所应用，并在推广过程中。该工法主要通过叠合式预制墙板的安装，辅以现浇叠合层及加强部位混凝土结构，形成共同工作的墙板。该体系施工便于项目的计划与组织，能够有效地保证项目的进度优化、质量控制和节约成本，符合国家节能环保的产业政策。主要特点如下：

（1）采用工业化的方式生产叠合式预制墙板构配件，便于生产的工业化、标准化及叠合式预制墙板构配件的质量控制。

（2）叠合式预制墙板构件吊装采用集中吊装，便于施工现场的布置及施工的组织，能有效地进行进度优化与控制。

（3）叠合板式预制墙板为预制混凝土构件，辅以必要的现浇叠合层钢筋混凝土结构，大大提高了结构体系的整体性。

（4）叠合式预制墙板支撑体系采用专用的斜支撑等专用配套支撑体系，增强了支撑体系施工的专业化管理。

（5）现浇结构支模采用定制的钢模板及边缘构件或采用木胶模板，操作简洁、方便。

（6）叠合式预制墙板替代了绝大部分传统墙板施工中的模板。

（7）叠合式预制墙板施工，由于其外观质量易于控制，表面平整、光滑，大大减少了墙体抹灰工程。

根据有关统计，现浇施工每立方混凝土碳排放量达到230kg，而叠合式预制拼装施工每立方混凝土碳排放量约为185kg，单计原材料，碳排放量比现浇施工降低20%。现浇施工工期相对较长，对集中性、密集型劳动力有依赖，设备周转次数少，施工配套设施费用高，工程造价较高；而预制拼装吊装速度快，现场作业少，缩短施工工期，在达到一定规模后（长度≥2.5km），可具有节约建设及运营投资等综合造价的优点。

石丰路保障性住房建筑产业化施工策划

1　工程概况

石丰路保障性住房项目位于广州市白云区，其中标段一总建筑面积 159989.5m²，主要包括 28 层住宅 C-1 栋及公建配套 G-5 栋；33 层住宅 A-7、A-8 栋及公建配套 G-4 栋；30 层住宅 B-2 栋；33 层住宅 A-5、A-6 栋及公建配套 G-3、G-6 栋；地下室 2 层。各建筑概况如表 1 所示。

表 1

单体编号	层数	建筑高度	层高
A-5、A-6	29F/-2F	84.8m	1F 层高 4.5m，标准层层高 2.8m
G-3	1F	6.3m	4.5m
A-7、A-8	33F/-2F	96.1m	1F 层高 4.5m，标准层层高 2.8m
G-4	1F	6.4m	4.5m
B-2	30F/-2F	87.6m	1F 层高 4.5m，标准层层高 2.8m
C-1	28F	83.8m	1F、2F 层高 4.5m，标准层层高 2.8m
G-5	2F	10.9m	1F、2F 层高 4.5m
G-6	1F	4.5m	4.5m
地下室	-2F	-	-1F 层高 4.3m，-2F 层高 4.2m

本工程塔楼采用钢筋混凝土剪力墙结构，设计使用年限 50 年，结构安全等级二级，地基基础设计等级甲级，抗震设防烈度为 7 度。

2　工业化概况

A 户型共有 13 种 PC 墙，每种 PC 墙共有 120 个，A 户型 PC 墙总数量合计1560 个。

B 户型共有 14 种 PC 墙，每种 PC 墙共有 29 个，B 户型 PC 墙总数量合计 406 个；本标段预制楼梯共有 338 个。

C-1 栋含有梁墙一体主梁、次梁、KT 板、全预制阳台，标准层中梁墙一体约 50m³、次梁 30m³、KT 板（含全预制阳台）约 60m³。

A户型			
建筑高度	结构形式	预制部位	预制率
96.1m	剪力墙结构	外围护墙板、楼梯	9.56%

B户型			
建筑高度	结构形式	预制部位	预制率
87.6m	剪力墙结构	外围护墙板、楼梯、叠合板	32.08%

C户型			
建筑高度	结构形式	预制部位	预制率
83.8m	剪力墙结构	外围护墙板、叠合梁、板、走道、楼梯、阳台、凸窗、空调板	53.4%

A户型(外墙板)

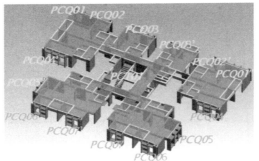

B户型(外墙板)

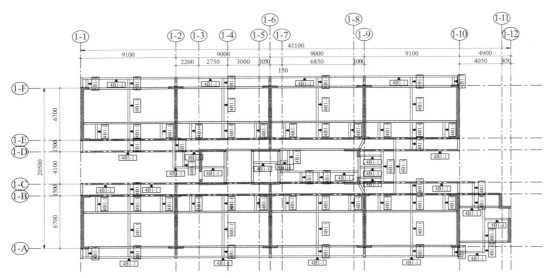

C-1栋(主梁-梁墙一体；次梁-牛担板；楼盖-KT板；阳台-全预制板)

3 成本分析

A户型装配率不变，B户型装配率增加到 32.8％，C户型装配率增加到 53.4％。

B户型增加装配率造价分析

序号	汇总内容	金额：（元）
1	分部分项合计（差价）	2068010.23
1.1	装配率调整需扣除的分部分项工程造价	−1744573.23
1.2	装配率调整后实际发生的分部分项工程造价	3812583.46
2	措施合计（增加）	80230.52
2.1	安全防护、文明施工措施项目费	80230.52
3	税金（增加）	236306.48
4	总差价	2384547.23

C户型增加装配率造价分析

序号	汇总内容	金额：（元）
1	分部分项合计（差价）	4509798.29
1.1	装配率调整需扣除的分部分项工程造价	−8081171.08
1.2	装配率调整后实际发生的分部分项工程造价	12590969.37
2	措施合计（增加）	174962.13
2.1	安全防护、文明施工措施项目费	174962.13
3	税金（增加）	515323.65
4	总差价	5200084.07

4 整体施工流程

本项目施工过程包括构件安装工、模板工、铁工及混凝土工的交叉作业，为保证装配式结构施工合理有序，装配式结构标准层应按以下 AB 户型、C 户型流程施工。

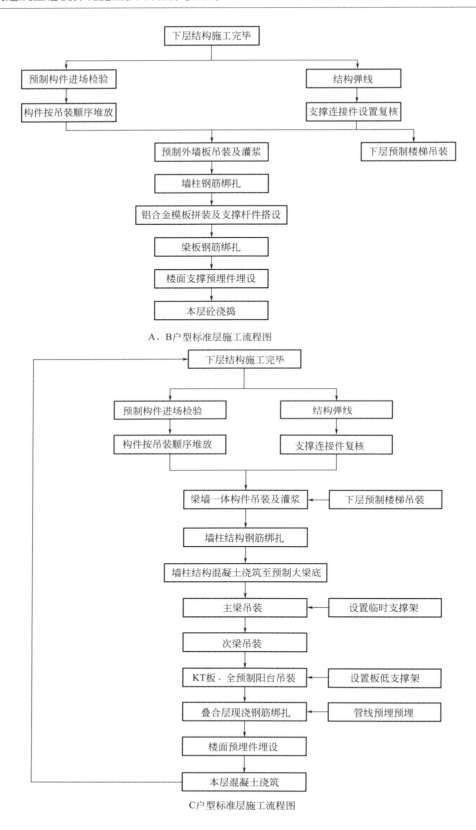

A、B户型标准层施工流程图

C户型标准层施工流程图

预制构件按吊装顺序堆放　　　　　　　　进货验收

梁墙一体构件吊装

梁支撑架搭设　　　　　　　　　　　主梁吊装

次梁吊装

拉设安全网铺设

安装叠合楼板支架

叠合板吊装

水电管线铺设

铺设上层钢筋

浇筑混凝土

5 PC 构件吊装

（1）吊装顺序

A户型PC墙吊装顺序图

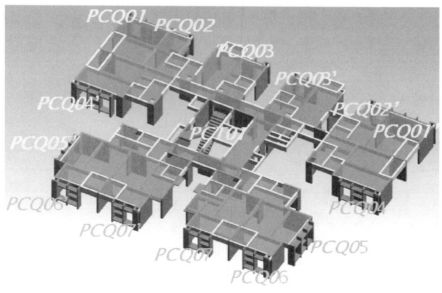

B户型PC墙吊装顺序图

　　每层预制外墙板吊装沿着外立面顺时针方向逐块吊装，不得混淆吊装顺序。A 户型及 B 户型 PC 墙吊装顺序。

　　C-1 栋预制构件的种类较多，且目前预制方案还未最终确定，需要进行详细的规划。

　　（2）吊装工艺

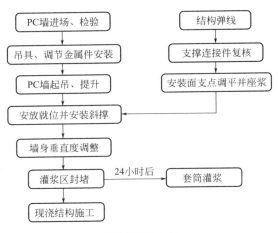

以外墙吊装为例

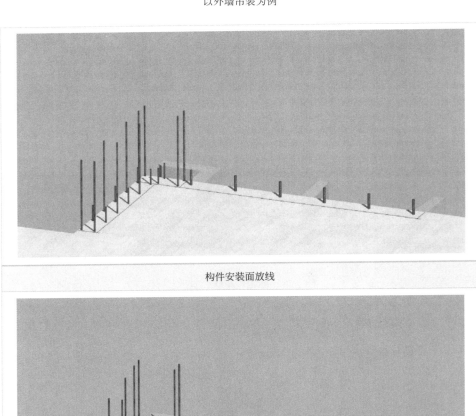

构件安装面放线

对安装面进行座浆处理

吊装梁、吊装钢索连接安装

构件稳步起吊

构件对准就位，缓慢放下

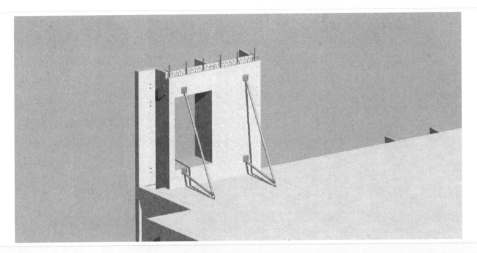

下放到位后，安装斜支撑，构件调节垂直度

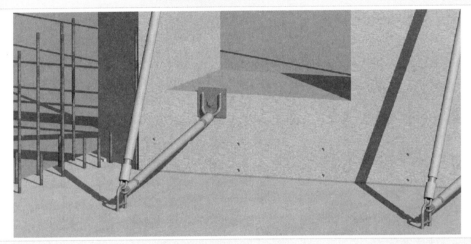

灌浆区封堵

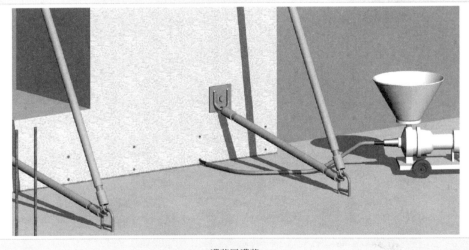

灌浆区灌浆

整体卫浴案例介绍

1 项目概况

项目名称：广州万科尚城
地点：黄埔区黄埔东路与丹水坑路交界（临地铁 13 号线南岗站）
建设单位：广州市万卓置业有限公司
勘察设计单位：广州宝贤华瀚建筑工程设计有限公司
施工单位：广东上城建设有限公司
监理单位：华中建设工程有限公司
项目功能：住宅

2 建筑、结构概况

广州万科尚城项目：
万科尚城位于黄埔老城核心住区，是万科打造的大型复式社区。万科尚城分 3 期共 19 栋，35 和 53 层，2 梯 5 户设计，产品为纯南全复式住宅 65～95m² 三至四房，总户数 3900 户。

该项目装配式整体卫生间产品由广州鸿力复合材料有限公司提供。

装配式整体卫生间是由工厂预制的一体化防水底盘、墙板、顶板（天花板）构成的整体框架，在现场积木式拼装，配上各种功能洁具形成的独立卫生间单元。具有标准化生产、快速安装、防漏水等多种优点，可在最小的空间达到最佳的整体效果。

3 建筑工业化技术主要应用情况

3.1 具体措施

鸿力装配式整体卫生间、整体厨房框架结构配件（底盘、墙体、天花）均在工厂模块化生产，运输到现场后搭积木式安装。

框架构件底盘、墙板、天花不受规格尺寸限制，可根据实际需求定制；底盘及天花可根据具体卫生间地面尺寸进行调整；墙板标准构件尺寸为 $W1200 \times H2400$mm，可在标准构件的基础上价高加宽，通过蝴蝶芯连接。

装配式整体卫生间底盘重量为 45kg$/$m^2，底盘内厚度为 60mm（其中铝蜂窝厚度为 40mm，地面瓷砖厚度为 10mm，玻璃钢材料厚度为 10mm）；底盘边沿不锈钢边框高度为 80mm（含底盘后 60mm）；体积 m^3 ＝卫生间实际面积 m$^2 \times 0.08$。

装配式整体卫生间墙板重量为 30kg$/$m^2，墙板厚度为 40mm（其中铝蜂窝板厚度为 30mm，瓷砖厚度为 10mm）。体积 m^3 ＝卫生间地面周长 m$\times$卫生间高度 m$\times 0.04$.

装配式整体卫生间天花重量为 5kg$/$m^2；天花厚度为 20mm（其中铝蜂窝 18mm，铝塑板厚 2mm）。体积 m^3 ＝卫生实际间面积 m$^2 \times 0.02$。

3.2 主要指标计算结果

装配率、预制率、工业化产值率（工厂生产产值/建筑总造价）

【说明】预制率、装配率应按照国家工业化评价标准要求进行计算、主要强调预制率的计算。

鸿力装配式整体卫生间主要指标

名称	比率数据	说明
预制率	100%	全部由工厂根据卫生间实际尺寸及选材标准化生产卫生间底盘、墙板、天花构件，卫生间本身预制率100%
装配率	100%	卫生间在项目现场搭积木式安装，卫生间本身装配率100%
工业化产值率	90%	鸿力装配式整体卫生间包含了一体化防水底盘、墙板、集成天花、洁具辅件，其中工厂生产产值为建筑总造价的90%，现场安装占建筑总造价的10%

3.3 成本分析

成本增加情况

项目	传统卫生间(不含税)				鸿力整体卫生间(含17%增值税)			
	材料	数量 m²	综合单价 元/m²	合计 元	材料	数量 m²	综合单价 元/m²	合计 元
防水工程	防水施工	10.6	50	530				——
隐蔽工程	管线排布			1000				——
墙	高端瓷砖	18	230	4140	蜂窝瓷砖	16.56	422	6988.32
地	高端瓷砖	3.04	449	1364.96	蜂窝玻璃钢 高端瓷砖	3.04	826	2511.04
顶	铝扣板	3.04	215	653.6	集成天花	3.04	280	851.2
洁具辅件	高端套餐			15000	高端套餐			15000
合计				22688.56				25350.56

以1400mm×2200mm的卫生间为例，对比情况如下

在配置完全一致的基础上，营改增前，鸿力装配式整体卫生间因含税，比传统卫生间约高11.7%；营改增后鸿力整体卫生间比传统卫生约低5%；具体价格对比需要根据当地实际项目对比才能更加准确。

4 设计特点

4.1 设计思路

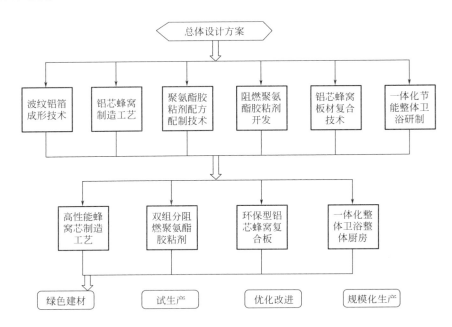

4.2 鸿力整体卫生间框架构件及代表性构件和连接节点

构件 A：一体化防水底盘

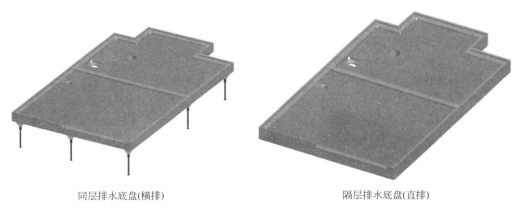

同层排水底盘(横排)　　　　　隔层排水底盘(直排)

一体化防水底盘优势：

（1）设置合理的走水坡度；

（2）使用集成排水技术、减少楼板开孔、降低安装成本，减少漏水几率；

合理的功能区域划分、使用更舒适；

（3）铝芯蜂窝＋玻璃钢（5层）＋瓷砖复合而成、更轻、更强。

构件 B：复合墙板

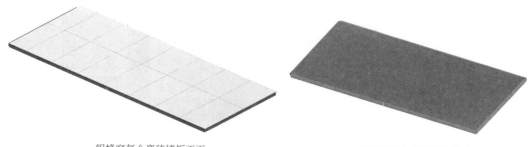

铝蜂窝复合瓷砖墙板正面　　　　　　　　　铝蜂窝复合瓷砖墙板背面

复合墙板优势：

（1）基材由铝蜂窝芯＋PUR＋玻璃纤维组成；

（2）面材可选：各个品牌瓷砖/大理石等多种面材；

（3）多种专利边框型号可选，由航空铝材制成；

（4）转角由航空铝材链接墙板，有防水胶条，实现无缝衔接；

（5）解决卫生间墙面引起的漏水、渗水、掉砖等常见问题。

构件 C：整体天花

整体天花优势：

（1）用铝蜂窝和铝塑板复合而成；

（2）色彩丰富、表面平整、质感良好；

（3）易成型、强度高等优点是整体天花的最佳选择；

（4）集成天花，采用科学照明系统，构建温馨环境。

表性构件和连接节点

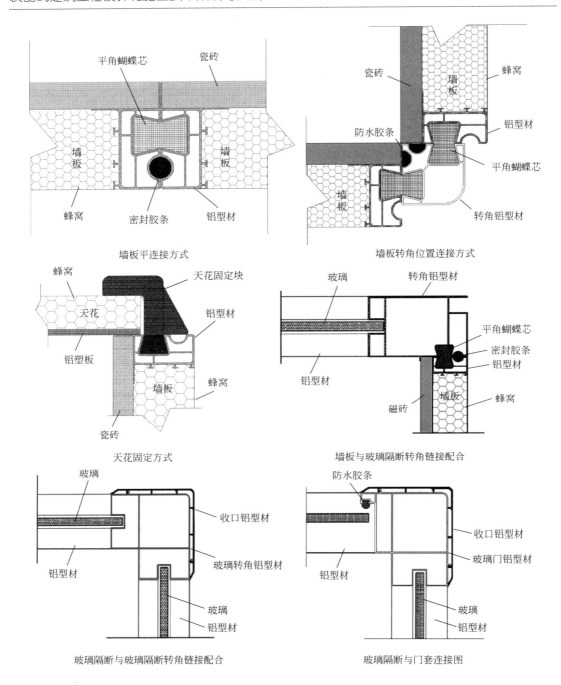

墙板平连接方式

墙板转角位置连接方式

天花固定方式

墙板与玻璃隔断转角链接配合

玻璃隔断与玻璃隔断转角链接配合

玻璃隔断与门套连接图

5　施工特点

5.1　施工概况

施工重点、难点、特点，施工总体平面布置。

鸿力装配式整体卫生间采用搭积木式安装，施工相对传统工法来说相当容易，实现了安装过程的标准和可控制，质量有保障。具体安装流程如下：

1. 底盘安装：一体防水底盘排水孔位与现场排水管对接，底盘调平后，用螺纹方式将底盘与排水管连接并密封。

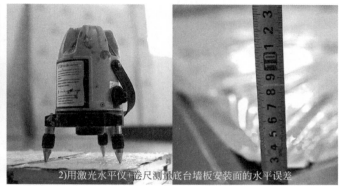

2)用激光水平仪+卷尺测量底台墙板安装面的水平误差

2. 墙板安装：将墙板放置于底台端面上，用Z字角码将其与底盘反扣连接，墙板与墙板之间用蝴蝶芯连接，阴角、阳角位置用转角铝型材连接，调平后顶部用平角码固定，并用角码将墙板与实体墙连接。

用玻璃吸盘抬起另外的一块
转角墙板进行拼装

按图拼装下一块墙板至全部的瓷砖墙板安装完成

5)瓷砖墙板用美缝剂勾缝 修缝美观

3. 天花安装：将天花直接搭接在墙板上，并用固定接头将其固定在墙板上。

4. 洁具及五金配件安装：将洁具和五金配件正常安装固定在相应位置即可。

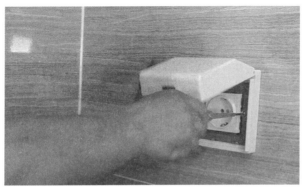

5.2 工艺流程

鸿力装配式整体卫生间框架由底盘、墙板、天花构成；大部分标准构件在生产过程中实现了标准模块化，其关键点在于生产过程的品质管理。所需的生产设备包括蜂窝拉升机、瓷砖切割机、板材热压机、型材切割机、墙板切割机等。

在运输、安装方面没有特殊要求，安装人员仅需要公司培训 7～10 天即可由熟手带队上岗安装。

6 新技术应用情况及科技创新情况

广州鸿力复合材料有限公司首创铝芯蜂窝聚氨酯复合玻璃纤维，在模具热压条件下复合瓷砖、人造石、天然石等材料获得的装配式整体卫生间、整体厨房的底盘、墙体、天花，具有重量轻、强度高、刚性好、质感稳重、成本低、安装简易等特点。而且由于面材可以自由选择，花纹颜色可以自由设计，产品覆盖了从六星级酒店、高档别墅、精装房、快捷酒店、平常百姓家卫生间装修的全部市场。

1. 蜂窝技术创新性应用

六边形蜂巢结构是自然界的最佳选择，代表了最有效劳动的成果。航天飞机、人造卫星、宇宙飞船在内部大量采用蜂窝结构，卫星的外壳也几乎全部是蜂窝结构。这些航天器又统称为"蜂窝式航天器"。鸿力创新将铝蜂窝植入到整体卫生中，是铝蜂窝复合板的开创者，铝蜂窝材料装配式整体卫生间的发明者、领军者、标准制定者。

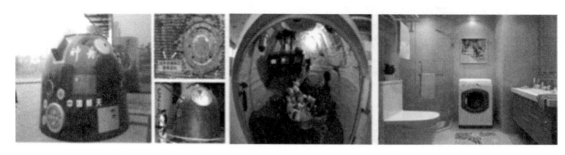

2. 鸿力铝蜂窝材料装配式整体卫生间产品优势

永不渗漏：

鸿力全定制装配式整体卫生间在各个技术要点上专业防水设计，采用独有专利，确保防水效果。

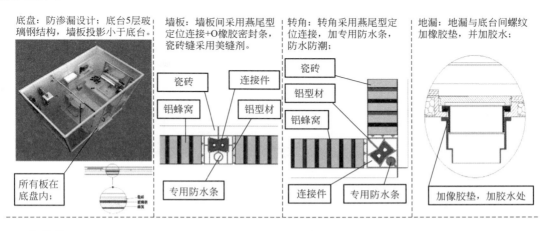

安装快：

如定制衣柜橱柜等家居产品一样，买回家安装好之后即可使用，1套装配式整体卫浴安装仅需2人4小时。

全定制：

规格大小完全按建筑基础量身定制，不管建筑基础大小规格、造型各异、窗户及通风设计如何，均可专业设计；

面材风格可选各种瓷砖、人造石、天然石等，各式各样的面材。卫浴整体形状和花纹颜色可自由设计，实现了风格可定制；

洁具辅件可自主选择品牌及档次。卫生间内所有洁具，包括花洒/马桶/洗手盆/浴巾架等可根据消费者需求选购。

环保：

材料环保：选择环保材料，无甲醛及挥发物；

生产环保：模块化结构，批量工业化生产，墙板一次模压成型，省水省电，减少环境污染；

安装环保："搭积木式"整体安装，代替传统零散拼装；干法施工，一次成型，业主省时省力又省心；安装无噪音，不扰民；无垃圾，更节能。

3. 鸿力获得的知识产权情况，部分专利如下表。

序号	专利名称	申请号/专利号	专利类型	专利授权日
1	一种蜂窝复合板及其制造方法	201210261120.8	发明专利	2015.4.15
2	一种整体卫浴间	201310496959.4	发明专利	2014.08.20
3	一种新型地砖及其制造方法	ZL 20141039668.8	发明专利	2015.09.09
4	一种复合型包装箱及其包装方法	ZL200410026682.X	发明专利	2007-05-30
5	一种加工蜂窝纸板用设备及其加工方法	ZL200410051989.5	发明专利	2007-09-19
6	一种瓷砖面材复合板及其新型施工方法	ZL 201510200374.2	发明专利	2015.04.24
7	一种整体卫浴间底盘的制造方法	ZL 201410292124.1	发明专利	2014-06-26
8	一种整体卫浴间	201320651737.0	实用新型专利	2014.04.09
9	一种蜂窝复合板材	ZL2012 20365161.7	实用新型专利	2012.07.26
10	一种平板扬声器	ZL 2012 20365066.7	实用新型专利	2012.07.26
11	一种轻质墙体	201220364848.9	实用新型专利	2013.02.13
12	一种复合材料托盘	201320411752.8	实用新型专利	2013.12.18
13	蜂窝复合板连接结构	201320217261.X	实用新型专利	2013.10.23
14	蜂窝防火隔音板	201320217267.7	实用新型专利	2013.12.18
15	整体卫浴墙板	201320411719.5	实用新型专利	2013.12.18
16	不锈钢复合板	201320217262.4	实用新型专利	2014.02.19
17	整体卫浴墙体	201320651735.1	实用新型专利	2014.04.09
18	整体卫浴底盘连接结构	201320650991.9	实用新型专利	2014.04.09
19	一种蜂窝芯复合板包装箱	201420042547.3	实用新型专利	2014.09.10
20	一种整体卫浴间底盘	201420002619.1	实用新型专利	2014.11.6

序号	专利名称	申请号/专利号	专利类型	专利授权日
21	一种整体厨房	201420762783.2	实用新型专利	2015.04.22
22	一种集成排水整体卫浴防水底盘	ZL2015 2 0324396.5	实用新型专利	2015.09.30
23	一种新型蜂窝复合墙体	201520251961.x	实用新型专利	2015.09.09
24	一种整体卫浴间底盘及其制造方法	201410002029.3	实用新型专利	2015.08.05
25	一种整体卫浴防水底盘	ZL 2015 3 0950324.1	实用新型专利	2016.06.15
26	水篦子	ZL 2016 3 0008856.3	外观设计专利	2016.08.31
27	一种用于下水道系统的带透气孔的水篦子	ZL 2016 2 0026589.7	实用新型专利	2016.08.10
28	一种玻璃墙体铝材边框结构	ZL 2016 2 0026588.2	实用新型专利	2016.08.17
29	一种整体卫浴的墙板与天花之间的固定连接结构	ZL201620433524.4	实用新型专利	2016.11.30
30	一种整体卫浴的相邻两块墙板之间的固定连接结构	ZL201620433445.3	实用新型专利	2016.12.18
31	一种整体卫浴间（美国专利）			

4. 工程及技术获奖情况

中国"智慧家居设计标准"参编单位，参与卫生间、厨房设计标准编制；

鸿力以优秀的整体卫生间、整体厨房产品获西安万科东方传奇项目"优秀合作方"。

加入中国建筑节能协会总工程师委员会并成为委员单位；

第十四届中国地产年度风云榜会议中，获"装配式整体卫浴系统首选实力品牌"；

世界酒店联盟"五洲钻石奖—年度最佳品牌酒店配套商"；

广东省科学技术厅审核，成为广东省"高新技术企业"；

中国工程建筑标准协会颁发的"绿色建筑节能推荐产品证书"

通过住房和城乡建设部住宅产业化促进中心审核，入选十二五期间绿色建材选用目录；

通过"国家陶瓷及水暖卫浴产品质量监督检验中心"检验，性能达到或超出国家标准。

公司产品成为中国住房与建设部政策研究中心科技成果推广项目；

通过抗环保/隔音/防火等性能检测，均达到或超出国家标准。

通过抗冲击/抗弯/抗压/承重/吊挂力等性能检测，超出国家标准。

7 项目总结

设计：鸿力装配式整体卫生间根据基础建筑的户型尺寸设计，并实现了面材的可定制，洁具辅件的可选择，具有个性化定制的优点；

生产：将传统卫生间湿法施工转移到工厂。在工厂机器设备的支撑下，标准工业化生产，减少了材料的浪费，节约了能源；基本没有传统卫生间现场施工所需水资源、水泥砂浆、材料裁切等带来的浪费。

运输：对于整体卫生间运输，没有特殊要求，常规物流发货即可。

施工：鸿力装配式整体卫生间正常情况下，以搭积木式安装，属于干法施工，安装速度可以保持在2人1天安装1套，在小户型及安装熟手的情况下可实现2人1天安装2套。

附录：部分项目产品实拍图片

成都万科金域缇香

上海万科泊寓翡翠公园

上海昆山万达项目

贵州圣山酒店

柏栎酒店